中 国 国 家 标 准 汇 编

2007 年修订-22

中国标准出版社 编

中 国 标 准 出 版 社
北 京

图书在版编目（CIP）数据

中国国家标准汇编：2007年修订．22/中国标准出版社编．—北京：中国标准出版社，2008
ISBN 978-7-5066-4996-4

Ⅰ．中… Ⅱ．中… Ⅲ．国家标准-汇编-中国-2007
Ⅳ．T-652.1

中国版本图书馆CIP数据核字（2008）第101057号

中国标准出版社出版发行
北京复兴门外三里河北街16号
邮政编码：100045
网址 www.spc.net.cn
电话：68523946 68517548
中国标准出版社秦皇岛印刷厂印刷
各地新华书店经销

*

开本 880×1230 1/16 印张 35 插页 3 字数 1 114 千字
2008年8月第一版 2008年8月第一次印刷

*

定价 280.00 元

ISBN 978-7-5066-4996-4

出 版 说 明

1.《中国国家标准汇编》是一部大型综合性国家标准全集，自 1983 年起，按国家标准顺序号以精装本、平装本两种装帧形式陆续分册汇编出版。《汇编》在一定程度上反映了我国建国以来标准化事业发展的基本情况和主要成就，是各级标准化管理机构，工矿企事业单位，农林牧副渔系统，科研、设计、教学等部门必不可少的工具书。

2. 由于标准的动态性，每年有相当数量的国家标准被修订，这些国家标准的修订信息无法在已出版的《汇编》中得到反映。为此，自 1995 年起，新增出版在上一年度被修订的国家标准的汇编本。

3. 修订的国家标准汇编本的正书名、版本形式、装帧形式与《中国国家标准汇编》相同，视篇幅分设若干册，但不占总的分册号，仅在封面和书脊上注明“2006 年修订-1，-2，-3，……”等字样，作为对《中国国家标准汇编》的补充。读者配套购买则可收齐前一年新制定和修订的全部国家标准。

4. 修订的国家标准汇编本的各分册中的标准，仍按顺序号由小到大排列（不连续）；如有遗漏的，均在当年最后一分册中补齐。

5. 2007 年制修订国家标准 1 410 项，全部收入在《中国国家标准汇编》第 352～367 分册和 2007 年修订-1～修订-23 分册中。本分册为“2007 年修订-22”。

中国标准出版社

2008 年 6 月

目　　录

ICS 07.040;01.080.30
A 79

中华人民共和国国家标准

GB/T 20257.4—2007
部分代替 GB 15944—1993,GB 14512—1993

国家基本比例尺地图图式　第4部分：1∶250 000　1∶500 000　1∶1 000 000 地形图图式

Cartographic symbols for national fundamental scale maps—Part 4:Specifications for cartographic symbols 1∶250 000 1∶500 000 & 1∶1 000 000 topographic maps

2007-08-30 发布　　　2007-12-01 实施

中华人民共和国国家质量监督检验检疫总局
中国国家标准化管理委员会　发布

前　言

GB/T 20257《国家基本比例尺地图图式》现分为4个部分：

——第1部分：1∶500　1∶1 000　1∶2 000地形图图式；

——第2部分：1∶5 000　1∶10 000地形图图式；

——第3部分：1∶25 000　1∶50 000　1∶100 000地形图图式；

——第4部分：1∶250 000　1∶500 000　1∶1 000 000地形图图式。

本部分为GB/T 20257的第4部分。本部分代替GB 15944—1993《1∶250 000地形图编绘规范及图式》的图式部分、CH/T 4011—1999《1∶500 000地形图编绘规范及图式》的图式部分及GB 14512—1993《1∶1 000 000地形图编绘规范及图式》的图式部分。本部分与GB 15944—1993、CH/T 4011—1999、GB 14512—1993各图式部分相比主要变化如下：

——增加了地图图式符号简要说明等内容；

——地形图颜色由六专色(GB 14512七专色)改为四色(CMYK)，按规定色值进行分色；

——地图要素分类中将“居民地”与“其他要素”调整为“居民地及设施”和“管线”，“陆地水系”与“海洋要素”合并为“水系”，“陆地地貌”和“植被”调整为“地貌”和“植被与土质”；

——公路等级按行政等级区分符号，并加注公路技术等级代码和行政等级代码及编号；

——增加了卫星定位连续运行站点、船闸、海上平台、水塔烟囱、电视发射塔、海底光缆、特别行政区界线等地物符号；

——对水井、管道井、陵园、纪念碑、地震台、天文台、环保监测站、卫星地面站、水文站、高速公路、飞机场、特殊地区界、灌丛沙堆、林地等符号进行了修改，并对多数符号的尺寸进行了调整；

——删除建筑中的窄轨铁路、渡口、徒涉场、联邦国界等符号；

——图廓外整饰进行了布局的调整。

本部分的附录A、附录C为规范性附录，附录B为资料性附录。

本部分由国家测绘局提出并归口。

本部分由国家测绘局测绘标准化研究所负责起草。

本部分主要起草人：马晓萍、肖国雄、兀伟、肖学年、段怡红、张坤、吕玉霞。

本部分所代替标准的历次版本发布情况为：

——GBCH Ⅳ—302—1985、GB 15944—1993；

——CH/T 4011—1999；

——GB 14512—1993。

引　　言

地形图图式国家标准或测绘行业标准 GB/T 7929《1：500，1：1 000，1：2 000 地形图图式》、GB/T 5791《1：5 000、1：10 000 地形图图式》、GB 12342《1：25 000、1：50 000、1：100 000 地形图图式》、GB 15944《1：250 000 地形图编绘规范及图式》、CH/T 4011《1：500 000 地形图编绘规范及图式》、GB 14512《1：1 000 000 地形图编绘规范及图式》的实施均已近 20 年，它们在我国国民经济建设和测绘生产工作中起到了重要的作用。为了适应数字测绘生产的需要，建立新的地形图数据生产与应用标准体系，有必要调整地形图图式标准结构。调整后的结构如前言所述。

本部分是 GB 15944—1993、GB 14512—1993、CH/T 4011—1999 结构调整后修订完成的。

国家基本比例尺地图图式　第4部分：1∶250 000　1∶500 000　1∶1 000 000 地形图图式

1　范围

GB/T 20257的本部分规定了1∶250 000、1∶500 000、1∶1 000 000地形图上表示的各种地物、地貌要素的符号和注记的等级、规格和颜色标准、图幅整饰规格，以及使用这些符号的原则、要求和基本方法。

本部分适用于1∶250 000、1∶500 000、1∶1 000 000地形图的编制，也是各部门使用地形图进行规划设计、决策管理、科学研究的基本依据。编制其他图种的地理底图可参照使用。

2　规范性引用文件

下列文件中的条款通过GB/T 20257的本部分的引用而成为本部分的条款。凡是注日期的引用文件，其随后所有的修改单（不包括勘误的内容）或修订版均不适用于本部分，然而，鼓励根据本部分达成协议的各方研究是否可使用这些文件的最新版本。凡是不注日期的引用文件，其最新版本适用于本部分。

GB/T 13989　国家基本比例尺地形图分幅和编号

3　一般规定

3.1　符号的分类

3.1.1　依比例尺符号：地物依比例尺缩小后，其长度和宽度能依比例尺表示的地物符号。

3.1.2　半依比例尺符号：地物依比例尺缩小后，其长度能依比例尺而宽度不能依比例尺表示的地物符号。在本部分中符号旁只标注宽度尺寸值。

3.1.3　不依比例尺符号：地物依比例尺缩小后，其长度和宽度不能依比例尺表示。在本部分中符号旁标注符号长、宽尺寸值。

3.2　符号的尺寸

3.2.1　符号旁以数字标注的尺寸值，均以毫米（mm）为单位。

3.2.2　符号旁只注一个尺寸值的，表示圆或外接圆的直径、等边三角形或正方形的边长；两个尺寸值并列的，第一个数字表示符号主要部分的高度，第二个数字表示符号主要部分的宽度；线状符号一端的数字，单线是指其粗度，两平行线是指含线划粗的宽度（街道是指其空白部分的宽度）。符号上需要特别标注的尺寸值，则用点线引示。

3.2.3　符号线划的粗细、线段的长短和交叉线段的夹角等，没有标明的均以本图式的符号为准。一般情况下，线划粗为0.1 mm，点的直径为0.15 mm，符号非主要部分的线划长为0.3 mm（如陡坎短线），非垂直交叉线段的夹角为45°或60°。

3.3　定位符号的定位点和定位线

3.3.1　符号图形中有一个点的，该点为地物的实地中心位置。

3.3.2 圆形、正方形、长方形等符号，定位点在其几何图形中心。

3.3.3 宽底符号（蒙古包等）定位点在其底线中心。

3.3.4 几种图形组成的符号（停泊场、气象站等）定位点在其下方图形的中心点或交叉点。

3.3.5 下方没有底线的符号（山洞等）定位点在其下方两端点连线的中心点。

3.3.6 不依比例尺表示的其他符号（桥梁、水闸、拦水坝、岩溶漏斗等）定位点在其符号的中心点。

3.3.7 线状符号（道路、河流等）定位线在其符号的中轴线；依比例尺表示时，在两侧线的中轴线。

3.4 符号的方向和配置

3.4.1 符号除简要说明中规定按真实方向表示者外，均垂直于南图廓线。

3.4.2 土质和植被符号，根据其排列的形式可分成三种情况：

a) 整列式：按一定行列配置，如草地、经济林等；

b) 散列式：不按一定行列配置，如灌木林、竹林等；

c) 相应式：按实地的疏密或位置表示符号，如新月形沙丘地等。表示符号时应注意显示其分布特征。

符号排列时一般按图式表示的间隔配置符号，面积较大时，符号间隔可放大1～3倍。在能表示清楚的原则下，可采用注记的方法表示。

注：配置是指所使用的符号为说明性符号，不具有定位意义。在地物分布范围内散列或整列式布列符号，用于表示面状地物的类别。

3.5 符号使用方法与要求

3.5.1 图式中除特殊标注外，一般实线表示地物的外轮廓与地面的交线（除桥梁、坝、水闸、架空管线外），虚线表示地物地下部分或架空部分在地面上的投影，点线表示地类范围线、地物分界线。

3.5.2 依比例尺表示的地物分以下情况：

a) 地物分布范围依比例尺表示，在其范围内加面色，如河流等；或配置说明性符号或注记简注，如经济林、沼泽等。说明注记简注见附录A。

b) 面状地物其分布范围内的建筑物按相应符号表示，在其范围内适中位置配置符号，如陵园等。

c) 分布界线不明显的地物，不表示范围线，但在其范围内配置说明性符号，如盐碱地等。

3.5.3 两地物相重叠时，按投影原则下层被上层遮盖的部分断开，上层保持完整。

3.5.4 各种符号尺寸是按地形图内容为中等密度的图幅规定的。为了使地形图清晰易读，除允许符号交叉和结合表示者外，各符号之间的间隔（包括轮廓线与所配置的不依比例尺符号之间的间隔）一般不应小于0.2 mm。如果某些地区地物的密度过大，图上不能容纳时，允许将符号的尺寸略为缩小（缩小率不大于0.8）或移动次要地物符号。双线表示的线状地物其符号相距很近时，可采用共线表示。

3.5.5 当地物要素密集，图上各要素表示的位置发生矛盾时，其避让关系的处理原则一般是：自然地理要素与人工建筑要素矛盾时，移动人工建筑要素；主要要素与次要要素矛盾时，移动次要要素；独立地物与其他要素矛盾时，移动其他要素。

3.5.6 实地上有些建筑物、构筑物，图式中未规定符号，又不便归类表示者，可表示该物体的轮廓图形或范围，并加注说明。地物轮廓图形线用0.1 mm实线表示，地物分布范围线、地类界线用地类界符号表示。

3.5.7 符号旁的宽度、深度、比高等数字注记均标注至整米（m）。

各种数字说明，除特殊说明外，凡为“大于”者含数字本身（如大于3 m，含3 m），“小于”者不含数字本身。各种符号等级说明中的“以上”和“以下”，其含意与上述相同。

3.5.8 符号表示与配合的示例见附录B。

3.6 地形图分幅和图廓整饰

地形图分幅编号按GB/T 13989规定执行。

图廓整饰见附录C。

3.7 地形图颜色

1∶250 000、1∶500 000、1∶1 000 000地形图采用青、品红、黄、黑(CMYK)四色，按规定色值进行分色，印刷时视需要也可采用专色印刷或单色印刷。

4 符号与注记

编号	符号名称	符号式样 1∶250 000	符号式样 1∶500 000	符号式样 1∶1 000 000	符号放大图	符号色值
4.1	**测量控制点**					
4.1.1	三角点 156——高程	1.5 △ 156				K100
4.1.2	卫星定位连续运行站点 495——高程	1.6 △ 495				K100
4.1.3	独立天文点 24——高程	2.0 ☆ 24				K100
4.1.4	北回归线			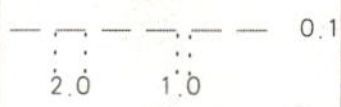		K70
4.2	**水系**					
4.2.1	地面河流 清江——河流名称	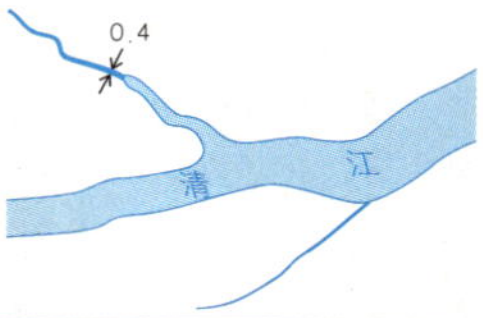				C100 面色 C30
4.2.2	地下河段出入口				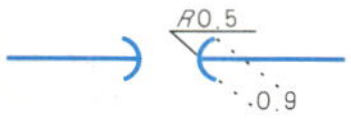	C100
4.2.3	消失河段	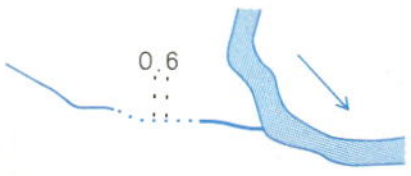				C100 面色 C30
4.2.4	时令河	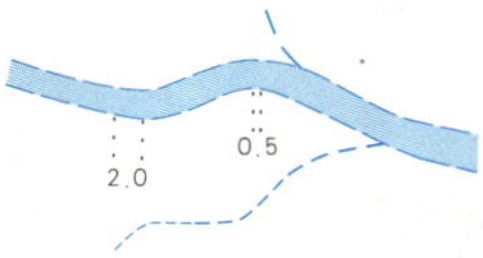				C100 面色 C30
4.2.5	干河床(干涸河)	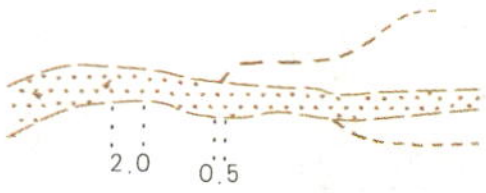				M40Y100K30
4.2.6	运河 a. 京杭运河 b. 其他运河	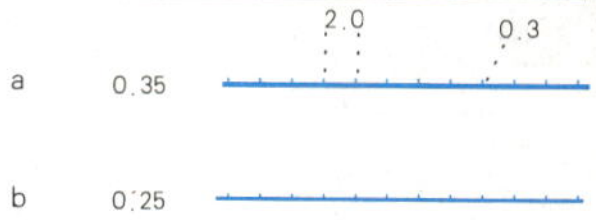				C100
4.2.7	沟渠 a. 干渠 b. 支渠	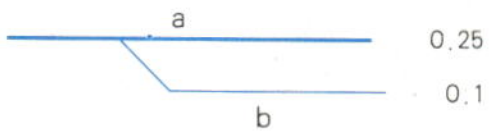				C100

简 要 说 明
4.1 **测量控制点** 测量控制点高程注至米。
4.1.1 利用三角测量方法或精密导线测量方法测定的国家等级的三角点和精密导线点。
4.1.2 利用卫星定位技术测定的 AA 级控制点。
4.1.3 利用天文观测的方法直接测定其地理坐标和方位角的控制点。
4.1.4 太阳能够垂直照射的最北纬线,即北纬 23°27′。
4.2 **水系**
4.2.1 地面上的终年有水的自然河流。 河流宽度在图上大于 0.4 mm 的用双线依比例尺表示,小于 0.4 mm 的用粗度为 0.1 mm～0.4 mm 的渐变单线表示。
4.2.2 河流流经地下或穿过山洞的河段在地面上的出入洞口。 圆弧符号表示在水流进出口的位置。
4.2.3 河流流经沼泽、沙地等地区,没有明显河床或表面水流消失的地段。
4.2.4 季节性有水的自然河流。 时令河宽度在图上大于 0.4 mm 的用双虚线依比例尺表示,小于 0.4 mm 的用线粗为 0.1 mm～0.4 mm 的渐变单虚线表示。 单线表示的时令河,其符号实部长度可根据河流的长度渐变为 0.5 mm～2.0 mm,空白部分渐变为 0.3 mm～0.5 mm。
4.2.5 降水或融雪后短暂时间内有水的河床或河流改道后遗留的河道。 干河床宽度在图上小于 0.4 mm 的以线粗为 0.1 mm～0.4 mm 的渐变单线表示;宽度大于 0.4 mm 的依比例尺用双线表示;宽度大于 1 mm 的河床内应表示等高线及相应的土质符号。 单线表示的干河床其符号的实部长可根据干河床长度,渐变为 0.5 mm～2.0 mm,空白部分渐变为 0.3 mm～0.5 mm。
4.2.6 跨流域开凿的,可供调水、航运的人工水道。 京杭运河用符号 a 表示,其他运河用符号 b 表示。南水北调水利工程应加注名称或加注"南水北调工程"注记。
4.2.7 人工修建的供灌溉、引水、排水的水道。 宽度大于 20 m 的渠道用干渠符号表示。渠道流向不易判断时,应表示流向符号。

编号	符号名称	符号式样			符号放大图	符号色值
		1∶250 000	1∶500 000	1∶1 000 000		
4.2.8	坎儿井					C100
4.2.9	输水渡槽 a. 依比例尺的 b. 不依比例尺的	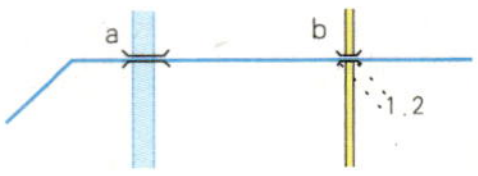			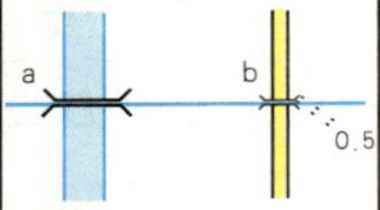	K100
4.2.10	输水隧道				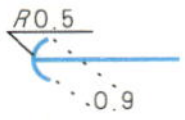	C100
4.2.11	干沟					M40Y100K30
4.2.12	湖泊、池塘 咸——水质 a. 基塘区鱼塘	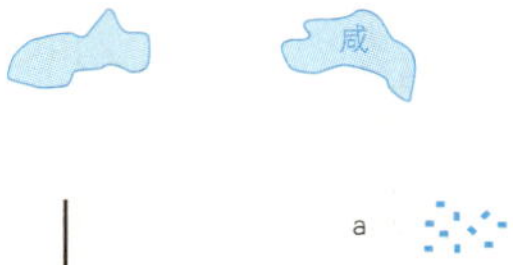			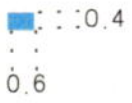	C100 面色 C30 注记 C100
4.2.13	时令湖	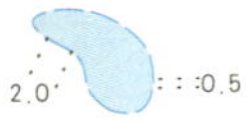				C100 面色 C30
4.2.14	干涸湖	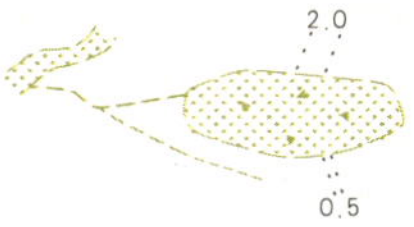				M40Y100K30
4.2.15	水库 a. 依比例尺的 25 000——库容量(万立方米) 水泥——建筑材料 67——坝顶高程 103——坝长(m) a1. 大型的 a2. 中型的 a3. 小型的 b. 不依比例尺的 b1. 中型的 b2. 小型的 c. 建筑中水库	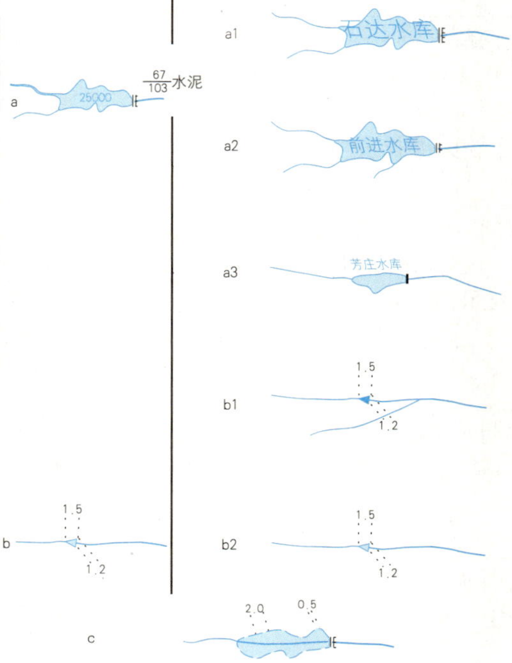				C100 面色： a. C30 a1. C30 a2. C30 a3. C30 b. C30 b1. C100 b2. C30 c. C30

简 要 说 明
4.2.8 干旱地区引用地下水及雪水，并有竖井与之相通的地下暗渠。 图上符号除两端的圆圈表示暗渠起止处竖井的位置外，其余的均匀配置。
4.2.9 跨越山谷、道路或沟渠的桥梁式输水设施，如水槽或水管。
4.2.10 修建在山体中或地下的过水渠道设施。
4.2.11 经常无水、只在雨后短暂时期内有积水的、未挖成而搁置或废弃的沟渠。
4.2.12 陆地上洼地积水或人工挖掘形成的水体。 湖泊、池塘的水是咸水(矿化度在 1 g/L～35 g/L)或盐水(矿化度＞35 g/L)时，应加注“咸”、“盐”字；用以人工养鱼或繁殖鱼苗的需加注“鱼”字。 在 1∶500 000、1∶1 000 000 地形图上，基塘区内的鱼塘可用不依比例尺点状符号 a 在其分布范围内选取表示。符号的配置应显示鱼塘分布范围和密度对比。
4.2.13 季节性有水的湖泊。
4.2.14 降雨或融雪后短暂时间内有水的湖盆。 湖内应表示相应的土质符号。
4.2.15 因建造坝、闸、堤、堰等水利工程拦蓄河川径流而形成的水体及建筑物。 水库在图上面积大于 2 mm^2 的依比例尺表示，小于此面积的用不依比例尺的水库符号表示，其坝体用拦水坝符号表示。在 1∶250 000 地形图中，库容量在 1 000 万 m^3 以上的水库应注出库容量、坝长、坝高和建筑材料；1∶500 000、1∶1 000 000 地形图中，水库应按其库容量大小区分出大型水库(库容量在 1 亿 m^3 以上的)、中型水库(库容量在 1 000 万 m^3～1 亿 m^3 之间的)和小型水库(库容量在 1 000 万m^3 以下的)。水库应注记名称，并按大、中、小型类型选用相应等级的字大注出。 建筑中的能依比例尺表示的水库表示水库坝址，范围线为设计洪水位时的水涯线。

编号	符号名称	符号式样 1∶250 000	符号式样 1∶500 000	符号式样 1∶1 000 000	符号放大图	符号色值
4.2.16	海岸线、干出线 a. 海岸线 b. 干出线	a b 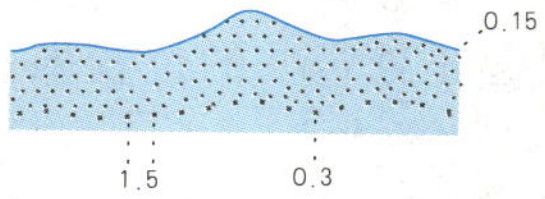				a. C100 b. K70 面色 C30 沙点 K70
4.2.17	干出滩 a. 沙滩	a 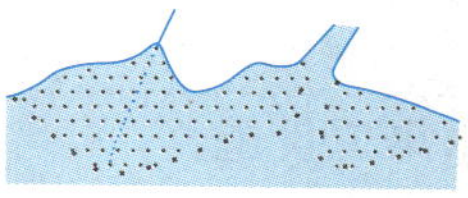				a. ～f. K70
	b. 沙砾滩、砾石滩	b 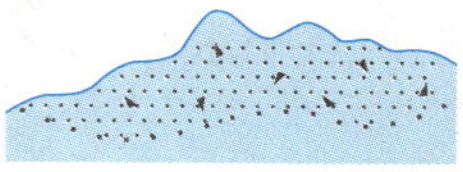				
	c. 沙泥滩	c 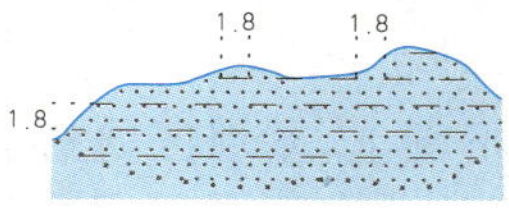				
	d. 淤泥滩	d 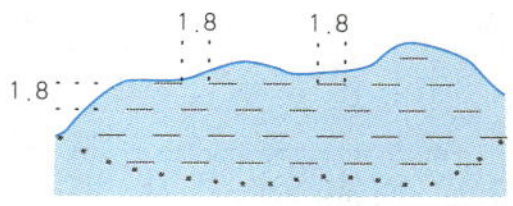				
	e. 岩石滩	e 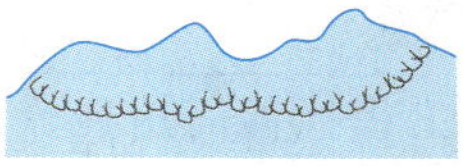			e 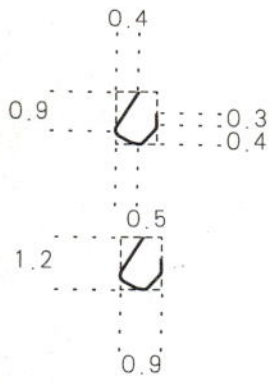	
	f. 珊瑚滩	f 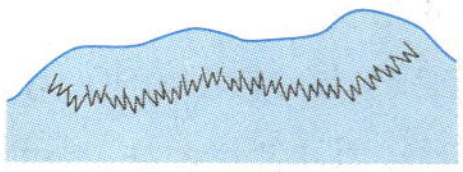			f 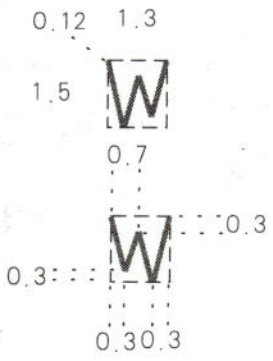	
	g. 红树林滩	g 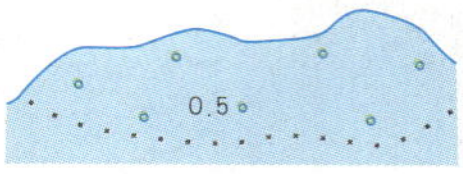				g. C100Y100
	h. 狭窄干出滩	h 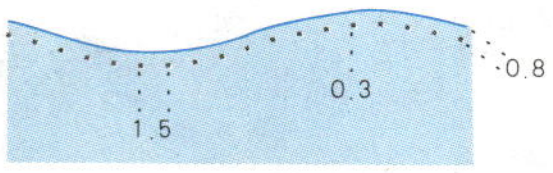				h. K70
	i. 贝类养殖滩	i 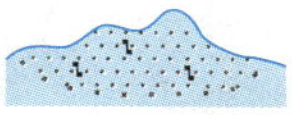			i 	i. K100

简　要　说　明
4.2.16　海岸线指海面平均大潮高潮时的水陆分界线；干出线指海面最低低潮时的水陆分界线（最低低潮线）。 受潮汐影响的河口地段其水涯线按海岸线表示。
4.2.17　干出滩又称海滩，是海岸线与干出线之间的潮浸地带，高潮时被海水淹没，低潮时露出。 干出滩的宽度在图上大于 1 mm 时，其内适当配置相应的土质及植被符号。 a. 以沙质为主的干出滩。 b. 沙与砾石混合的或以砾石为主的干出滩。 c. 沙泥混合的干出滩。 d. 泥泞下陷、通行困难的干出滩。 e. 由坚硬的岩石组成的干出滩。符号沿干出线表示。 f. 由珊瑚虫遗体及其分泌出的石灰质堆积而成的干出滩。 g. 生长红树林（常绿的乔木或灌木）的干出滩，一般不能通行。符号散列配置。 h. 图上宽度小于 1 mm 的干出滩。不分种类均用此符号表示。 i. 人工养殖贝类的干出滩。 表示相应类别的干出滩，并散列配置贝类符号。

编号	符号名称	符号式样			符号放大图	符号色值
		1∶250 000	1∶500 000	1∶1 000 000		
4.2.18	礁石	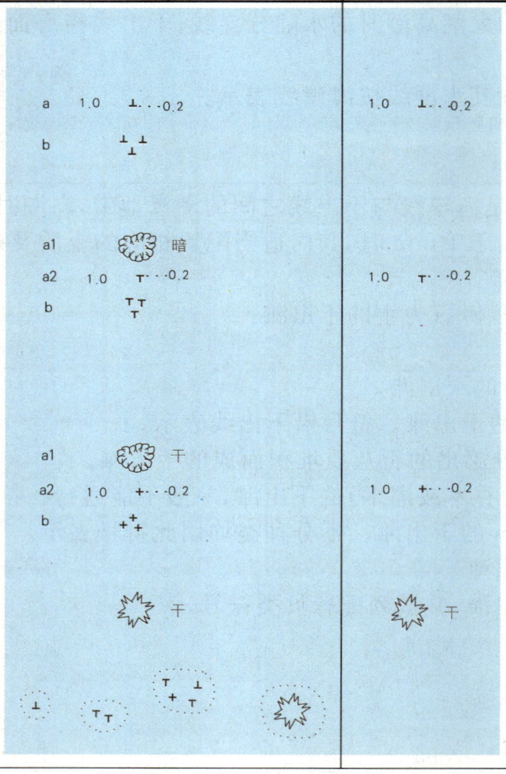				K70
4.2.18.1	明礁 a.单个明礁 b.丛礁					
4.2.18.2	暗礁 a.单个暗礁 a1.依比例尺的 a2.不依比例尺的 b.丛礁				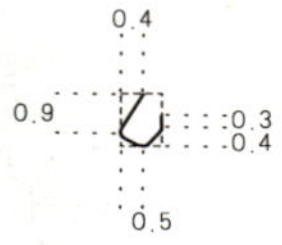	
4.2.18.3	干出礁 a.单个干出礁 a1.依比例尺的 a2.不依比例尺的 b.丛礁				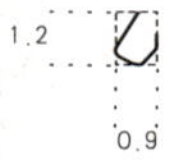	
4.2.18.4	珊瑚礁				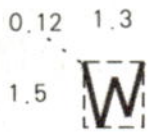	
4.2.18.5	危险海区				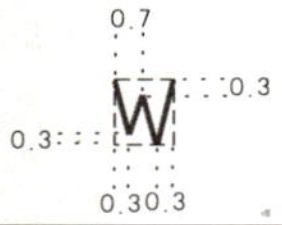	
4.2.19	海岛、水中岛 a.依比例尺的 b.不依比例尺的					C100
4.2.20	水中滩	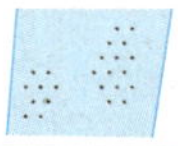				K70
4.2.21	沙洲	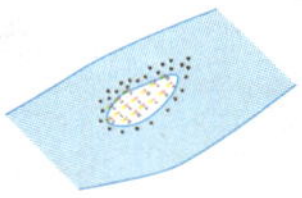				M40Y100K30
4.2.22	泉(矿泉、温泉、毒泉、间流泉、地热泉) 温——泉水性质				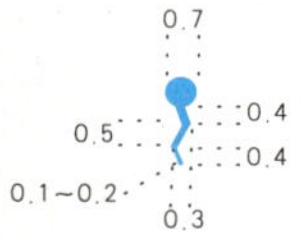	C100
4.2.23	水井、机井 咸——水质				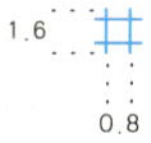	C100
4.2.24	贮水池、水窖					C100
4.2.25	瀑布 a.依比例尺的 b.不依比例尺的 5——落差				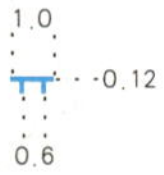	C100

简 要 说 明
4.2.18 礁石是孤立水中隐现于水面的岩石，按隐现于水面的程度分为明礁、干出礁和暗礁。 明礁是平均大潮高潮时露出的礁石。江、河、湖中有方位和障碍作用的明礁也用此符号表示。 暗礁是最低低潮面下的礁石。通航河流中对航行安全有危害的暗礁也用此符号表示。图上面积大于 4 mm^2 的依比例尺表示，并加注“暗”字。 干出礁是平均大潮时高潮淹没，低潮露出的礁石。图上面积大于 4 mm^2 的依比例尺表示，并加注“干”字。 珊瑚礁依比例尺表示的，加注“干”或“暗”字，不依比例尺表示的分别用相应的不依比例尺的礁石符号表示。 对航行存在危险的礁石，用地类界表示其危险区域。
4.2.19 海或河流、湖泊、水库中四周环水且常年高出水面的陆地。 图上面积小于 0.35 mm^2 的按其形状特征用点状符号 b 表示。
4.2.20 河流、湖泊、水库中常水位时被淹没，低水位时露出的沉积沙滩地或岩石形成的滩地。
4.2.21 河流、湖泊、水库中堆积而成的常水位时露出，高水位时淹没的泥沙质小岛。
4.2.22 地下水集中涌出的出水口。 符号的圆点表示水口位置，其弯曲线段表示泉水流向。矿泉、温泉、间流泉、毒泉、喷泉等分别加注“矿”、“温”、“间”、“毒”、“喷”等，有专用名称的可选注名称。 有大量天然水蒸气或水温 60℃以上的水涌出的地热泉加注“地热”。
4.2.23 人工开凿用于取水的竖井。 自流井、温泉井、咸水井、苦水井、毒水井等分别加注“流”、“温”、“咸”、“苦”、“毒”等，有专用名称的可选注名称。水井在房屋内的，表示房屋符号，旁边加注蓝色“井”字。
4.2.24 用于贮水的人工池或水窖。
4.2.25 从河床断面陡坡或山壁上倾泻而下的水流。 在 1∶250 000、1∶500 000 地形图上，瀑布落差 5 m 以上应注落差。著名的瀑布应注出名称。

编号	符号名称	符号式样 1∶250 000	符号式样 1∶500 000	符号式样 1∶1 000 000	符号放大图	符号色值
4.2.26	沼泽 a. 能通行的 b. 不能通行的 碱——沼泽性质	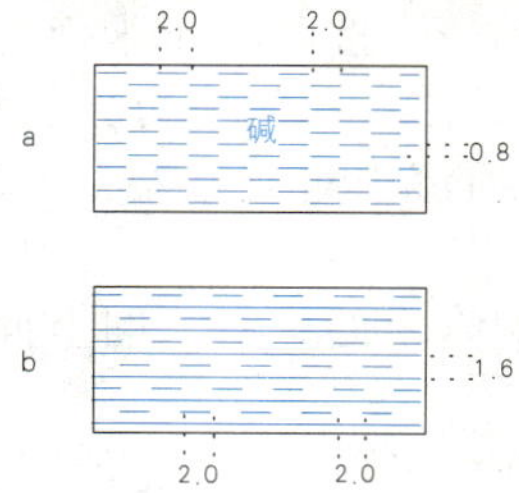				C100
4.2.27	河流流向	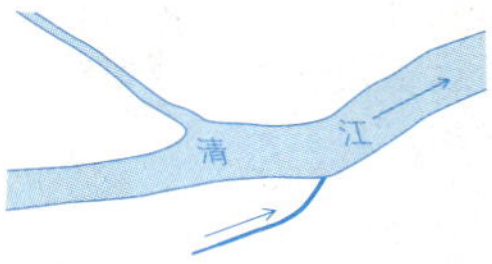			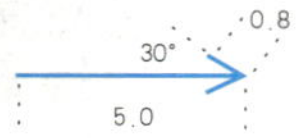	C100
4.2.28	沟渠流向	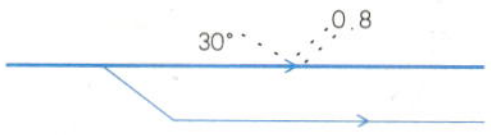				C100
4.2.29	潮汐流向及流速 a. 涨潮 b. 落潮				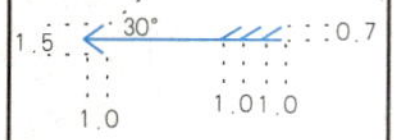	C100
4.2.30	海流流向及流速 a. 一月海流及流速 b. 七月海流及流速				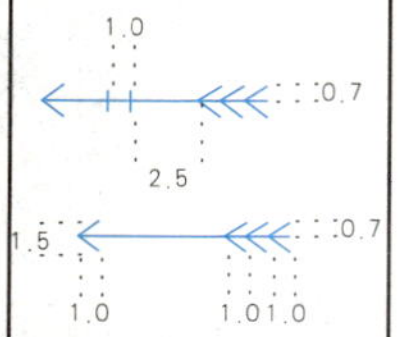	C100
4.2.31	堤 a. 干堤 b. 一般堤 19、4——比高	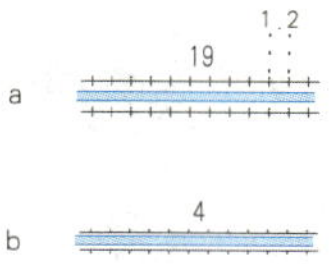		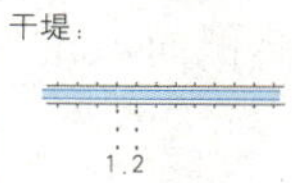		K70 注记 K100
4.2.32	水闸 a. 依比例尺的 b. 不依比例尺的	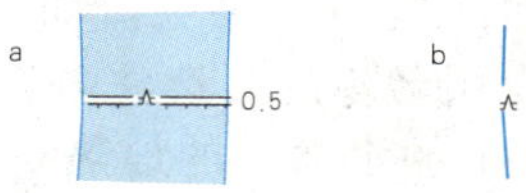			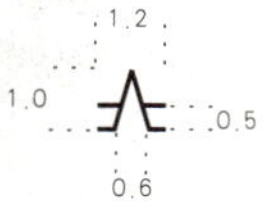	K100
4.2.33	船闸 a. 依比例尺的 b. 不依比例尺的	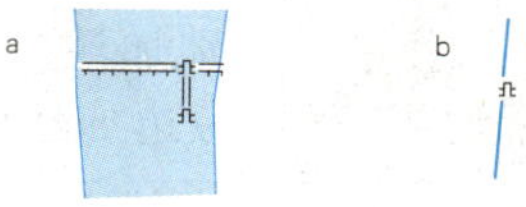			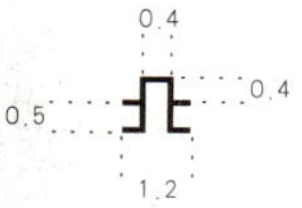	K100
4.2.34	行、蓄、滞洪区	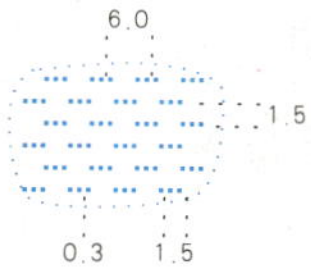				C100

简 要 说 明
4.2.26 地面长期湿润、泥泞或有水潮浸的区域(包括季节性的湿草地)。 按其通行情况分别用相应符号表示。盐碱沼泽、泥炭沼泽应加注“碱”、“泥炭”注记。沼泽地上的植被用相应的植被符号表示。
4.2.27 河流的水流方向。
4.2.28 沟渠的水流方向。
4.2.29 水面受潮汐影响而形成涨潮、落潮的水流方向及流速。有羽尾的表示涨潮流,无羽尾的表示落潮流。 注:1 节=1 852 m/h(下同)。
4.2.30 海水受温度、密度、海风等的影响而形成的沿一定方向大规模流动的水流方向及流速。
4.2.31 人工修建的用于防洪、防潮的挡水构筑物。 图上一般只表示高 3 m 以上的堤。有重要防洪、防潮作用或堤高大于 5 m 的用干堤符号表示,其他堤用一般堤符号表示。1∶1 000 000 地形图上不表示一般堤。
4.2.32 建在河流、水库和沟渠中,有闸门启闭,用以调节水位和控制流量的构筑物。 符号中的尖角指向上游。
4.2.33 两端有闸门启闭,两闸门之间建有人工水道,将水位升高或降低,使船在不同高低水位间通行的设施。 两闸间距在图上小于 2 mm 的只表示主闸。
4.2.34 洪水泛滥危急时或洪水过后,用于分流、蓄洪或洪水滞留的区域。 当范围线与等高线重合时,可压盖等高线表示。

编号	符号名称	符号式样			符号放大图	符号色值
		1∶250 000	1∶500 000	1∶1 000 000		
4.2.35	滚水坝	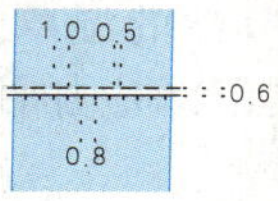				K100
4.2.36	拦水坝 a. 依比例尺的 b. 不依比例尺的	a 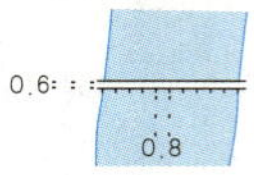 b 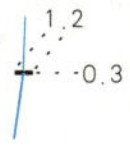				K100
4.2.37	陡岸 a. 有滩陡岸 b. 无滩陡岸 5、7——比高	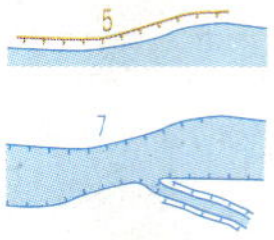				a. M40Y100K30 b. C100
4.2.38	防波堤、制水坝	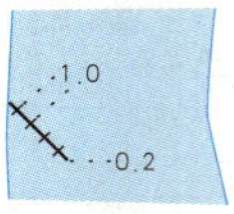				K100
4.3	**居民地及设施**					
4.3.1	居民地 a. 依比例尺的 a1. 街区式的 a2. 轮廓式的 b. 不依比例尺的 b1. 双圈式的 b2. 单圈式的	a a1 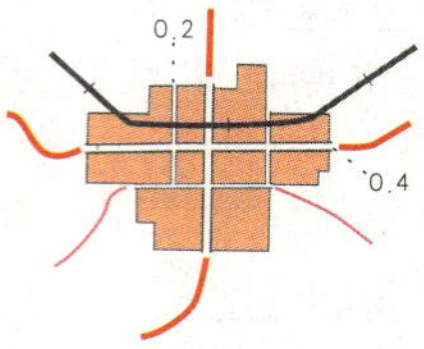 a2 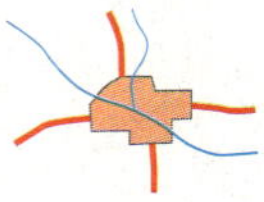 b b1 ◎ 2.0 1.2 b2 ○ 1.2			快速路、主干道 0.15 （空白0.4） 次干道、支线 0.1 （空白0.2）	a1、a2. K70 面色 M40Y40 单色图面色 K5 b1、b2. K70
4.3.2	单幢房屋、普通房屋	▪ 0.4 0.6				K80
4.3.3	窑洞	1.0 0.8 ∩			0.4 ∩	K100

简 要 说 明
4.2.35 横截河流,使河水经常或季节性地从上面溢过的坝式构筑物。 符号的短线朝向下游方向。单线表示的河其滚水坝不表示。
4.2.36 拦截山谷、横截河流以抬高水位的坝式构筑物。 图上长度大于 1.2 mm 的依比例尺表示。
4.2.37 岸坡比较陡峻、坡度在 50°以上的地段。 陡岸下缘与水涯线之间有滩的为有滩陡岸;陡岸的岸坡直接伸入水面,其间无通行地段的为无滩陡岸。双线表示的河其水涯线可中断至无滩陡岸符号处,当河内表示不下无滩陡岸符号时,陡岸符号可在水涯线外侧紧靠水涯线表示出。单线表示的河不表示无滩陡岸。5 m 以上陡岸应加注比高。
4.2.38 调节水流方向或减缓水流流速,防护港口、海湾的护岸式堤坝。
4.3 居民地及设施

4.3.1 人类从事生产和生活的需要而集聚定居的各种形式的居住场所,包括房屋建筑及公共设施和生活设施等。

居民地的表示按表 1 规定的指标选择相应的符号类型。

表 1 居民地符号类型选择指标

符号类型	1∶250 000	1∶500 000、1∶1 000 000
街区式	$\geqslant$2 mm²	>30 mm²
轮廓式		4 mm²～30 mm²
双圈式		<4 mm²
单圈式	<2 mm²	

a. 居民地面积在图上大于 2 mm²(4 mm²)的依比例尺用街区式和轮廓式图形表示。

a1. 用街区式图形表示的居民地,其街区内部应区分快速路,主、次干道和支线。

快速路指城市道路网中全部或部分采用立体交叉及控制出入,供车辆以较高速度行驶的道路。主干道指城市道路网中路面较宽、交通流量大、起骨架作用的通道。快速路、主干道边线用 0.15 mm 线粗表示。路宽(空白部分)大于 0.4 mm 时依比例尺表示,小于 0.4 mm 时用 0.4 mm 空白表示;次干道指城市道路网中的区域性干道,交通流量较大,与主干道相连接构成完整的城市干道系统。次干道边线用 0.1 mm 线粗表示。路宽(空白部分)大于 0.2 mm 时依比例尺表示,小于 0.2 mm 时用 0.2 mm 空白表示;支线指城市道路网中联系主、次干道或供区域内部使用的街道,其宽度(空白部分)为 0.2 mm。

a2. 用轮廓式图形表示的居民地,其河流、铁路、高速公路可通过街区,其他等级的公路则与轮廓图形边缘相接。

b. 居民地面积在图上小于 2 mm²(4 mm²)的用不依比例尺圈形符号表示。

b1. 用双圈式表示的居民地,其图形符号中心一般配置在居民地的结构中心。若居民地结构分散,则配置在主要建筑区中,并正确反映居民地符号与道路、河流之间的相切、相割、相离的位置关系。

b2. 用单圈式图形表示的居民地,其表示方法和要求与 b1 相同。

国外城市其图形面积大于 4 mm² 的均用轮廓式图形表示;小于 4 mm² 的均用单圈式图形符号表示。

4.3.2 在外形结构上自成一体的各种类型的独立房屋,或几幢联结在一起的房屋。
图上按真实方向表示。

4.3.3 在坡壁或坑壁挖成的洞穴式居所。
窑洞按真实方向表示。

编号	符号名称	符 号 式 样			符号放大图	符号色值
		1∶250 000	1∶500 000	1∶1 000 000		
4.3.4	蒙古包、放牧点	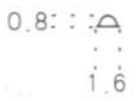				K100
4.3.5	发电厂(站)					K100
4.3.6	矿井、矿山					K100
4.3.7	露天采掘场	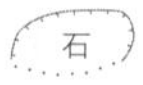				K70
4.3.8	管道井(油、气井)					K100
4.3.9	盐井				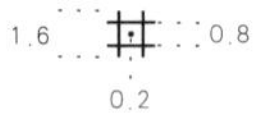	K100
4.3.10	海上平台				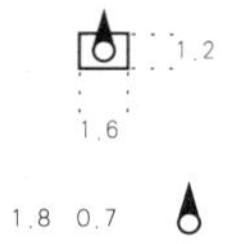	K100
4.3.11	液、气贮存设备					K100
4.3.12	散热塔、跳伞塔、蒸馏塔、瞭望塔					K100
4.3.13	水塔				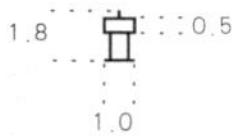	K100
4.3.14	水塔烟囱				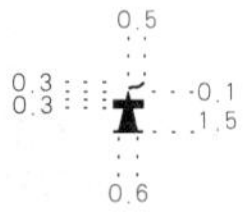	K100
4.3.15	烟囱	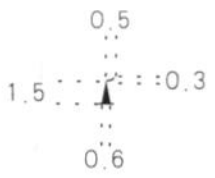			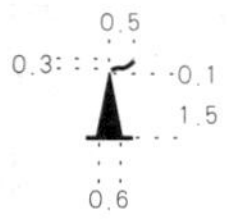	K100
4.3.16	盐田(盐场) a. 依比例尺的 b. 不依比例尺的	a 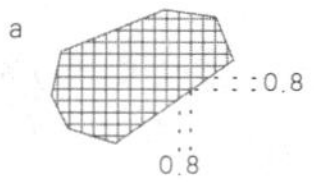		b 		K70
4.3.17	电视发射塔				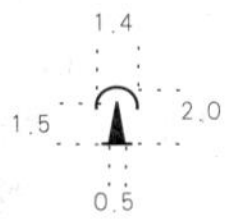	K100
4.3.18	陵园				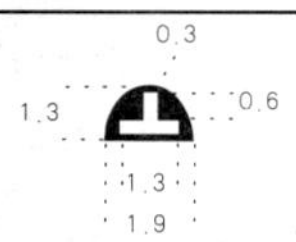	K100
4.3.19	古迹、遗址					K100

简　要　说　明
4.3.4　牧民游牧时常年居住的毡房或帐篷。 符号表示在驻扎地的中心位置。
4.3.5　以煤、油、水、风、核、潮汐等能源发电的场所。
4.3.6　地下开采矿物的场所。 1∶250 000 地形图上矿井应加注相应的产品名称，如“铁”、“煤”、“铜”、“硫”等。
4.3.7　露天开采矿物及挖掘沙、石、粘土等的场地。 陡坎符号表示在挖成明显陡坎的地方，其范围用地类界表示；并加注开采品种说明，如“煤、沙”、“石”、“土”等字。
4.3.8　开采石油、天然气等矿产的工业井。 应加注相应的产品名称，如“油”、“气”等字。
4.3.9　开采盐矿、卤水的井。
4.3.10　海上固定的长期作为开采石油、天然气等矿产的钻井架及作业平台。
4.3.11　贮存液体、气体的大型容器或建筑物以及有方位意义的其他类似物体，如石油罐、煤气罐、氨水库、贮氧器等。
4.3.12　各种用于散热、跳伞、蒸馏、瞭望等的塔形建筑物。
4.3.13　提供供水水压的塔形建筑物。
4.3.14　水塔和烟囱合为一体的建筑物。
4.3.15　排放燃烧废气的中空塔形建筑物。
4.3.16　在海边利用海水晒盐和在内陆挖凿盐池、盐坑提取卤水制盐的场所。 符号按真实方向表示。
4.3.17　架设广播电视天线的塔形建筑物。
4.3.18　以烈士、历史人物等的陵墓为主的园林。
4.3.19　古代各种建筑物和残留地。

编号	符号名称	符号式样			符号放大图	符号色值
		1∶250 000	1∶500 000	1∶1 000 000		
4.3.20	纪念碑、柱、墩、北回归线标志塔				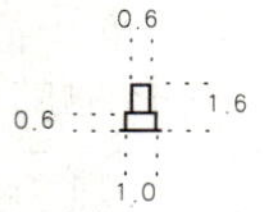	K100
4.3.21	钟楼、鼓楼、城楼、古关塞				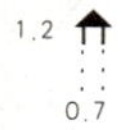	K100
4.3.22	宗教设施 a. 庙宇 b. 清真寺 c. 教堂				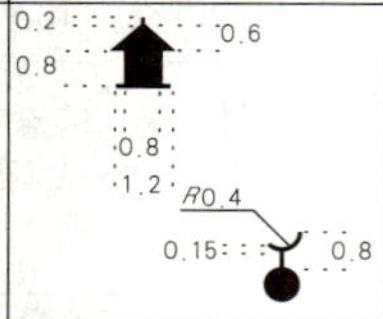	K100
4.3.23	宝塔、经塔、纪念塔					K100
4.3.24	气象台(站)				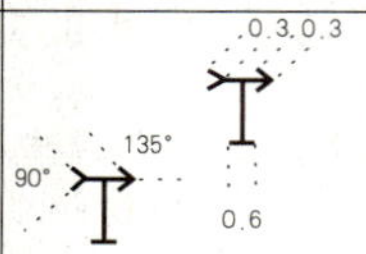	K100
4.3.25	水文站					K100
4.3.26	地震台				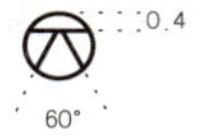	K100
4.3.27	天文台				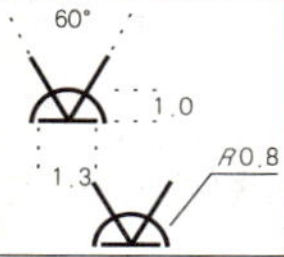	K100
4.3.28	环保监测站				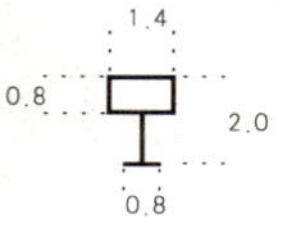	K100
4.3.29	卫星地面站				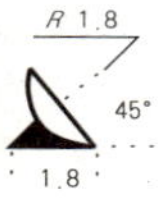	K100
4.3.30	长城 a. 城门 b. 城楼、古关塞 c. 损坏部分	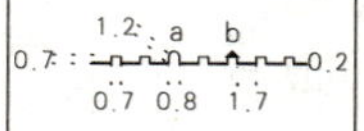	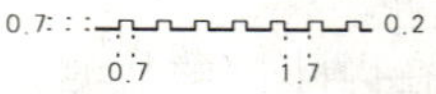			K100
		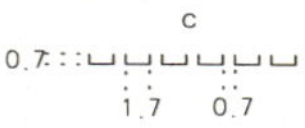				
4.3.31	砖石城墙	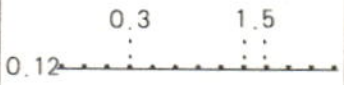				K70
4.3.32	地类界					与地物颜色一致

简 要 说 明
4.3.20 各种比较高大、有纪念意义或有方位意义的碑、柱、墩和其他类似物体。 北回归线标志塔是在北回归线上建造的标志性塔形构筑物，也用此符号表示，并加注“北”字。
4.3.21 钟楼、鼓楼是放置大钟(鼓)的古式楼宇；城楼是建造在城门上供远望用的楼宇；古关塞是古时的关口要塞。著名的可选注名称。
4.3.22 进行宗教活动的各种形式的建筑物。 图上按宗教类别分别用庙宇(佛教、道教)、清真寺(伊斯兰教)、教堂(天主教、基督教)符号表示。著名的可选注名称。
4.3.23 宗教或纪念性塔形建筑物。 著名的可选注名称。
4.3.24 进行气象观察的场所。 重要的可选注名称。
4.3.25 测验河、湖、水库及沿海海域水位、流速、流量及含沙量等水文数据的场所。 重要的可选注名称。
4.3.26 进行监测和处理地震信息的场所。 重要的可选注名称。
4.3.27 进行天文观测的场所。 重要的可选注名称。
4.3.28 进行环境污染监测、环境保护的测站，包括对地表水、大气、酸雨、噪声、土壤、放射性等项的监测。 凡地表有固定点位，且有监测设施的监测站(点)均用此符号表示。
4.3.29 地面跟踪卫星轨道或接收卫星发回数据的科学测站。
4.3.30 古时遗留下来的、用于防卫的绵亘数百米或数千千米的高大城垣。 符号底线表示内侧轮廓线，城垛倒向外侧。1∶250 000 地形图上应表示城门，符号顶部朝向城外方向。 1∶1 000 000 地形图上其损坏部分也以完整的符号表示。
4.3.31 用土或砖、石砌成的起封闭阻隔作用的墙体。
4.3.32 各类用地界线和各种地物分布的范围界线。 当范围线与地面上有形的线状符号(如道路、陡崖、河流等)重合或间距小于 1 mm 时，可省略不表示，但与地面无形的线状符号(如境界、高压输电线等)重合时，地类界需移位表示；与等高线重合时，可压盖等高线表示。地类界与所表示的地物颜色一致。

编号	符号名称	符 号 式 样			符号放大图	符号色值
		1∶250 000	1∶500 000	1∶1 000 000		
4.4	**交通**					
4.4.1	标准轨铁路 a. 单线 b. 复线 c. 建筑中铁路	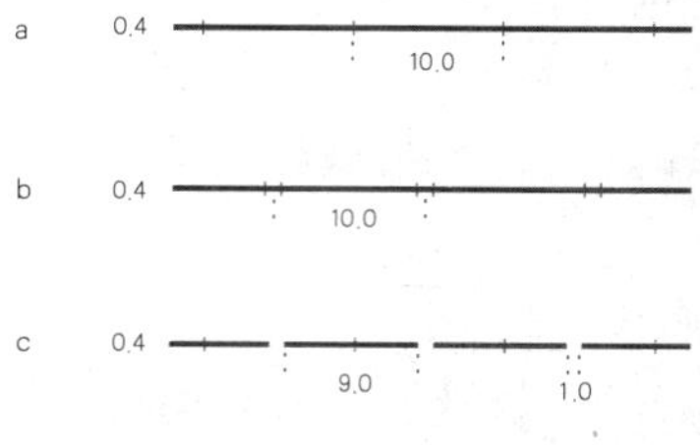				K70
4.4.2	窄轨铁路	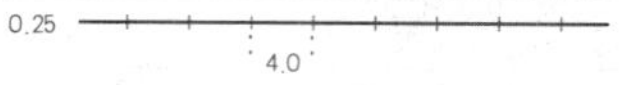				K70
4.4.3	火车站					K100
4.4.4	高速公路 a. 建筑中的	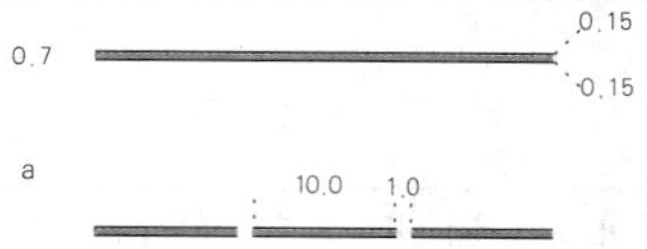				K100 面色 M50Y80
4.4.5	国道 ②——技术等级代码 (G331)——国道编号 a. 建筑中的	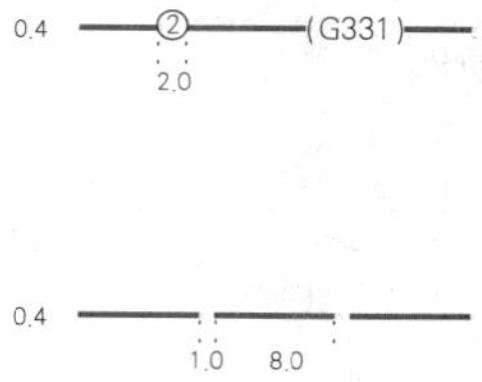				M100 Y100
4.4.6	省道 ③——技术等级代码 (S331)——省道编号 a. 公路技术等级变换处 b. 建筑中的	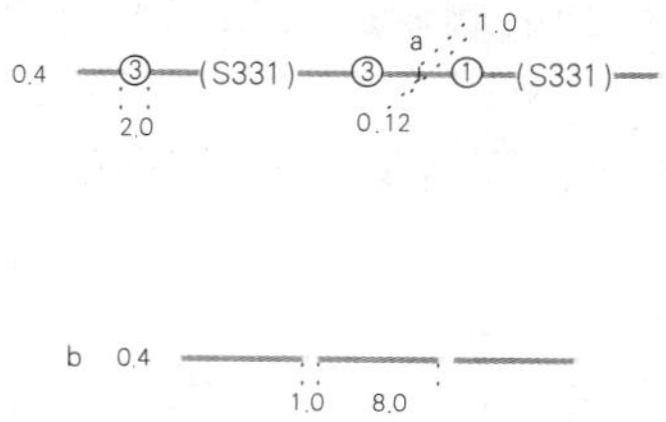				M50Y100
4.4.7	县道、乡道、专用公路及其他公路 ④——技术等级代码 (X331)——县道编号 a. 建筑中的	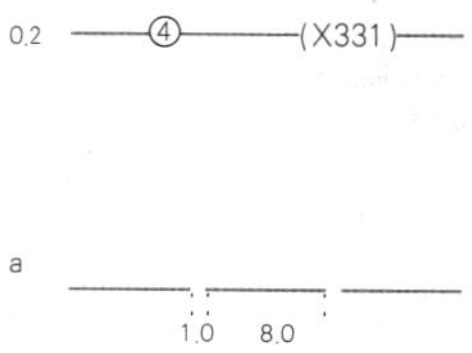				M80

简 要 说 明
4.4 交通
4.4.1 轨距为 1.435 m 的铁路线路。 a. 在一条路基上铺设一条铁轨的线路。 b. 在一条路基上铺设两条铁轨的线路。 当某段两条线路不在一条路基上，但间隔不能按真实位置分别表示时，以两条线路的几何中心为准，用复线铁路符号表示。 c. 正在修建中的、其路基已基本形成的铁路线路。不分复线或单线均用此符号表示。 电气化铁路在相应的铁路符号上加注"电"字。
4.4.2 轨距窄于标准轨的铁路。
4.4.3 火车站是铁路上指挥调度车辆和人员、货物集散的场所。 车站符号表示在站台一边。车站应注记名称。

4.4.4～4.4.7 公路按其行政等级分别用相应的国道、省道、县道、乡道及其他公路符号表示。高速公路作为特殊公路单独列出。

高速公路指具有中央隔离带、多车道、立体交叉、出入口受控制的专供汽车高速行驶的公路；国道指具有全国性的政治、经济、国防意义，并确定为国家级干线的公路；省道指具有全省政治、经济意义，连接省内中心城市和重要经济区的公路以及不属于国道的省际间的重要公路；专用公路指专供特定用途服务的公路；县道、乡道及其他公路指连接县城和县内乡、镇的，或国道、省道以外的县际、乡镇际的公路。

图上应每隔 15 cm～20 cm 注出公路技术等级代码及其行政等级代码和编号。1∶500 000、1∶1 000 000 地形图上不注公路技术等级代码。

公路技术等级代码及行政等级代码见表 2、表 3。

表 2

公路技术等级	代码
一级公路	1
二级公路	2
三级公路	3
四级公路	4
等外公路	9

表 3

公路行政等级	代码
国道、国道主干线	G、GZ
省道	S
县道	X
乡道	Y
专用公路	Z
其他公路	Q

建筑中的各级公路指已定型正在施工的公路。

编号	符号名称	符号式样 1∶250 000	符号式样 1∶500 000	符号式样 1∶1 000 000	符号放大图	符号色值
4.4.8	机耕路					K70
4.4.9	乡村路	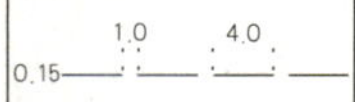	乡村路、小路 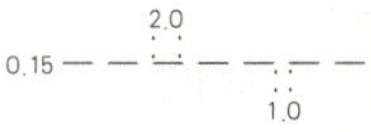			K70
4.4.10	小路	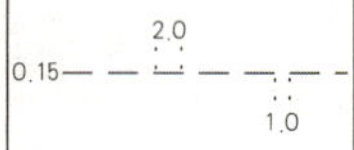				K70
4.4.11	山隘	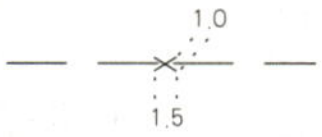				K100
4.4.12	车行桥 a. 单层桥 b. 双层桥 8——载重吨数	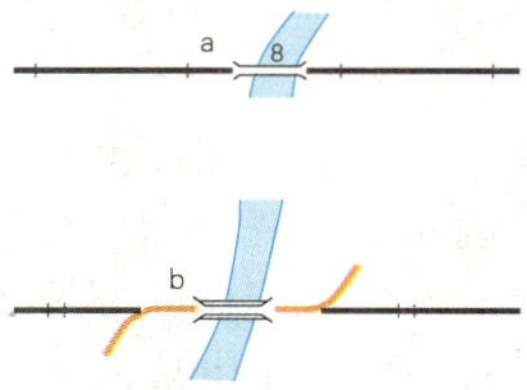			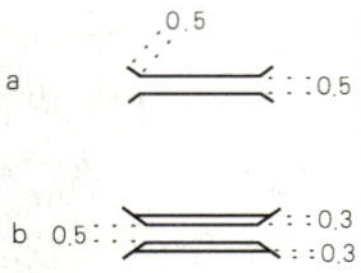	K100
4.4.13	隧道 a. 依比例尺的 b. 不依比例尺的	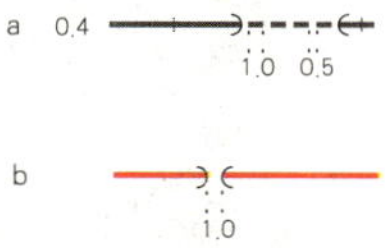				K70
4.4.14	路堑 5——比高	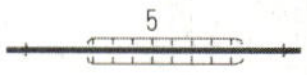				K70
4.4.15	路堤 5——比高	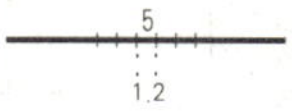				K70
4.4.16	码头					K100
4.4.17	停泊场				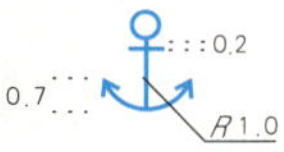	C100
4.4.18	港口				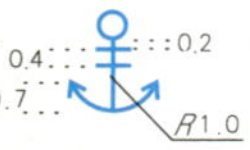	C100
4.4.19	灯塔	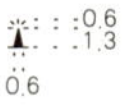				K100

简　要　说　明
4.4.8　路面经过简易铺修，但没有路基，一般能通行拖拉机、大车等的道路，某些地区也可通行汽车。
4.4.9　不能通行大车、拖拉机的道路。路面不宽，有的地区用石块或石板铺成。 山地、谷地、森林地区以及沙漠、半沙漠等荒僻地区的驮运路也用乡村路符号表示。
4.4.10　供单人单骑行走的道路。
4.4.11　道路通过山体鞍部、山口、隘口的重要交通口。
4.4.12　跨越水面、沟壑或道路等，供车辆通行的架空通道。分单层桥和双层桥。 以单线表示的河流上的桥梁不表示。 1∶250 000 地形图上连接铁路及技术等级四级以上公路的桥梁应加注载重吨数。
4.4.13　建造在山岭、河流、海峡及城市等地面下的通道。 图上长度小于 1 mm 的用符号 b 表示。
4.4.14　人工开挖的低于地面的路段。 比高在 5 m 以上加注比高。
4.4.15　人工修筑的高于地面的路段。 比高在 5 m 以上加注比高。
4.4.16　供船舶停靠、上下旅客及装卸货物的场所。
4.4.17　港口水域中，指定的专供船舶抛锚停泊、避风、检疫及船队进行编组的地方。 符号表示在停泊场中心处。
4.4.18　表示沿海和远洋航行的海轮停泊港口和对外开放的内河港。
4.4.19　建筑在水运航线附近的岛屿、礁石或港口海岸上等显要位置，安装有发光设备，引导船只航行的塔形导航设施。

编号	符号名称	符号式样			符号放大图	符号色值
		1∶250 000	1∶500 000	1∶1 000 000		
4.4.20	灯桩				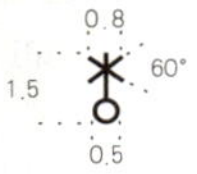	K100
4.4.21	灯船、浮标	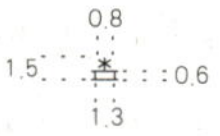			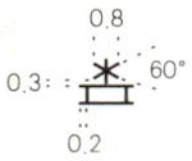	K100
4.4.22	通航河段起止点					C100
4.4.23	航海线及里程					C100
4.4.24	飞机场				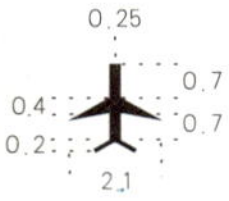	K100
4.5	**管线**					
4.5.1	高压输电线					K100
4.5.2	变电站室(所)				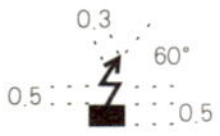	K100
4.5.3	海底光缆、电缆	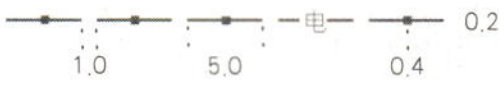				K70
4.5.4	油、气管道 油——输送物名称	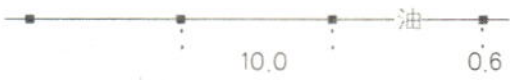				K70
4.6	**境界**					
4.6.1	国界 a. 界桩、界碑及其编号 b. 未定界 6——界桩(碑)编号	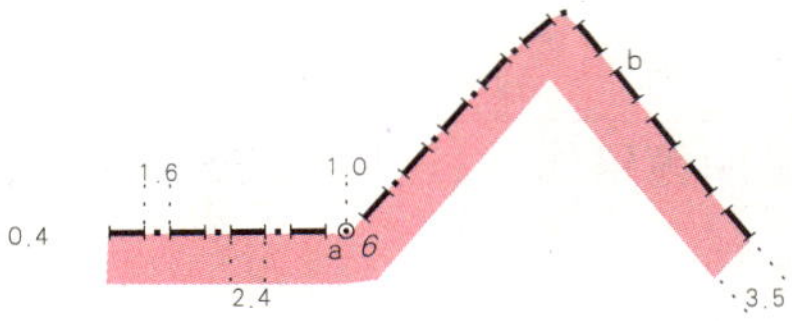				K100 色带 M40

简 要 说 明
4.4.20 设置在铁架、水泥桩、木桩上,设有发光装置的导航设施。
4.4.21 用来指示安全航道或航道附近碍航物的各种形式的浮动水上标志。
4.4.22 标示通航河段的起点与终点。 箭头方向朝向通航河段。当河内表示不下符号时,通航河段起止点可在水涯线外侧表示。
4.4.23 港口间固定的海上航行路线。
4.4.24 飞机起降使用的区域,通常配备有相关的建筑物和设施。 图上仅表示民用飞机场。符号配置在机场的适中位置上。
4.5 **管线**
4.5.1 用以输送 35 kV 以上且固定的高压输电线路。
4.5.2 改变电压和控制电能输送与分配的场所。
4.5.3 敷设于海底用于传输光、电通信信号的缆线。 光缆、电缆分别加注“光”、“电”注记。
4.5.4 输送油、气、水等液体和气态物质的管状设施。 石油、天然气、水管道分别加注“油”、“气”、“水”等字。地下管道不表示。
4.6 **境界** 境界是区域范围的分界线,分为国界和国家内部境界两种。图上应按照有关规定和要求正确表示各行政区划境界的等级、位置、走向及各级境界之间的关系。国界还应准确表示领属关系。当两级以上境界重合时,按高一级境界表示。 国家内部各种境界,遇有行政隶属不明确地段,在其相应的地方注“待定界”,或按政府部门公布的权宜画法表示。
4.6.1 国界是国与国之间的领土分界线。我国国界应根据国家正式签定的边界条约或边界议定书及附图,在图上精确表示出,并在出版前按规定履行报批手续,审查批准后方能印刷出版。 a. 表示国界时应注意: ——国界符号应连续不间断,在能表示清楚的情况下,一般不化简。 ——各种注记不要压盖国界符号,并均应注在本国界内。 ——1∶250 000 地形图上表示界桩、界碑及其编号;1∶500 000 地形图上表示界桩、界碑,不表示编号;1∶1 000 000 地形图上不表示界桩、界碑及编号。 b. 以河流及线状地物为界的国界表示方法: ——以河流中心线或主航道为界的,河流符号内能表示国界符号时,国界符号在河流中心线位置或主航道线上不间断表示,并正确表示岛屿、沙洲的归属;河流符号内表示不下国界符号时,国界符号在河流两侧不间断交错表示(每段 3～4 节),岛屿、沙洲用附注标明归属。

编号	符号名称	符号式样 1∶250 000	符号式样 1∶500 000	符号式样 1∶1 000 000	符号放大图	符号色值
4.6.2	省级行政区界线	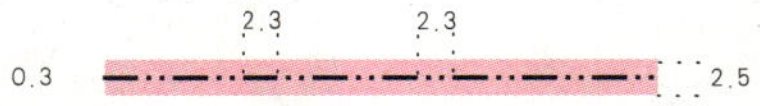				K100 色带 M30
4.6.3	特别行政区界线	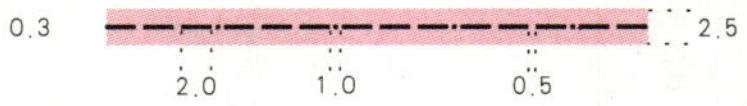				K100 色带 M30
4.6.4	地级行政区界线	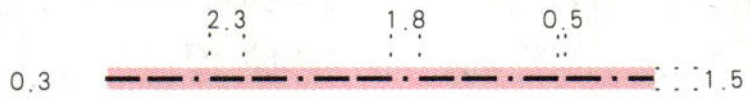				K100 色带 M30
4.6.5	县级行政区界线	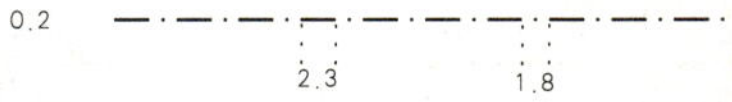				K100
4.6.6	特殊地区界线	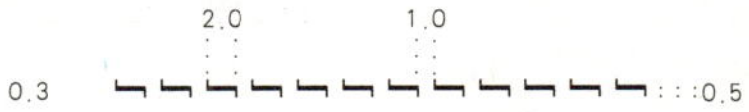				K100
4.6.7	自然、文化保护区界线	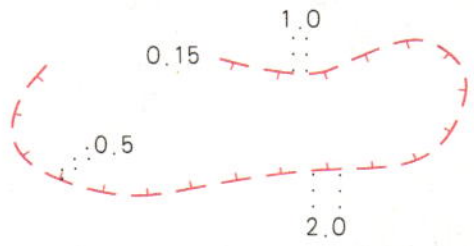				M100
4.7	**地貌**					
4.7.1	等高线及其注记 a. 首曲线 b. 计曲线 c. 任意曲线 d. 草绘等高线 50、250、5000——高程	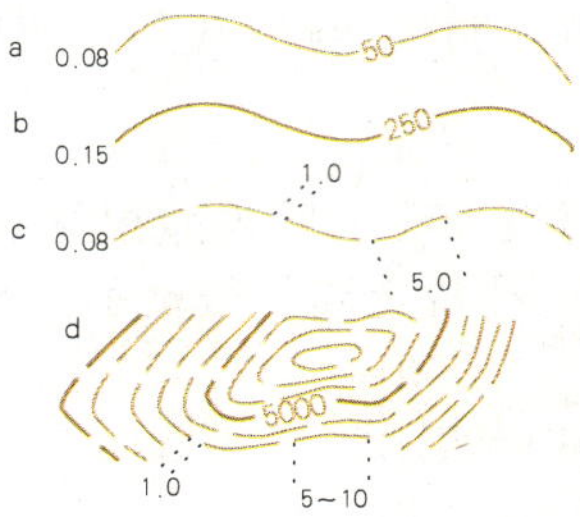				M40Y100K30 单色图 K70

简　要　说　明
——以共有河流或线状地物为界的，国界符号应在其两侧每隔 3 cm～5 cm 交错表示 3～4 节符号。岛屿用附注标明归属。 ——以河流或线状地物一侧为界的，国界符号在相应的一侧不间断表示。 ——海洋中的国界，每隔 3 cm～5 cm 表示 3～4 节国界符号。 c. 国界色带的表示： 国界色带以国界符号的中心线为准，向国外一侧表示；以河流中心线或主航道中心线为界的，以界线中心向国外一侧表示；以河流为界的，则以河流外缘向国外一侧表示。
4.6.2～4.6.5　国家内部省级行政区之间的、地级行政区之间的、县级行政区之间的分界线和界线标志。各级行政区划界应以相应的符号准确表示。 境界以线状地物为界，不能在线状符号中心表示出时，可沿两侧每隔 3 cm～5 cm 交错表示出 3～4 节符号，但在境界相交或明显拐弯点以及接近图廓边缘的地方，境界符号不应省略。 应清楚地标明岛屿、沙洲等的隶属关系。 “飞地”界线用其所辖属行政单位的境界符号表示，并在其范围内加注隶属注记。 1∶250 000 地形图上地级行政区界线不加绘色带。
4.6.6　不适用于用上述界线表示的特殊地区，可用特殊地区界表示。 如国外的克什米尔地区用此符号表示。
4.6.7　经国家及省级人民政府公布的自然保护区、国家森林公园、风景旅游区以及世界自然或文化遗产等的范围界线。 在其范围内注记名称。
4.7　**地貌**
4.7.1　等高线是地面上高程相等的各相邻点所连成的闭合曲线。等高线分为首曲线、计曲线、任意曲线、草绘等高线。 a. 从高程基准面起算，按规定等高距测绘的等高线，又称基本等高线。 b. 从高程基准面起算，每隔四条首曲线加粗一条的等高线，又称加粗等高线。在 1∶1 000 000 地形图上 0 m 和整千米的等高线加粗表示。 c. 选择非等高距系列的，以显示地貌、地形特征的等高线。 表示时可不闭合，但应加注等高线高程注记。 d. 当地貌测绘的精度不符合规范要求时，用草绘等高线，其实部长可视面积大小以 5 mm～10 mm 表示。 在等高线比较密的等倾斜地段，当两计曲线间的空白小于 1 mm 时，首曲线可省略不表示；或两相邻首曲线之间的间隔在图上小于 0.2 mm 时，其中一条可断开表示。 等高线遇到房屋、窑洞、公路以及双线表示的河渠、冲沟、陡崖、路堤、路堑等符号时，应表示至符号边线。 等高线高程注记应分布适当，便于用图时迅速判定等高线的高程，其字头朝向高处。

编号	符号名称	符号式样 1∶250 000	符号式样 1∶500 000	符号式样 1∶1 000 000	符号放大图	符号色值
4.7.2	雪山等高线 a. 首曲线 b. 计曲线 4900、5000——高程	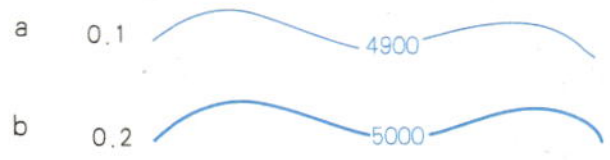				C100
4.7.3	示坡线					M40Y100K30
4.7.4	高程点及其注记 1520——高程					K100
4.7.5	比高注记 5——比高					与地物用色一致
4.7.6	水深注记及等深线 a. 水深注记 b. 等深线及注记 c. 特殊水深及注记	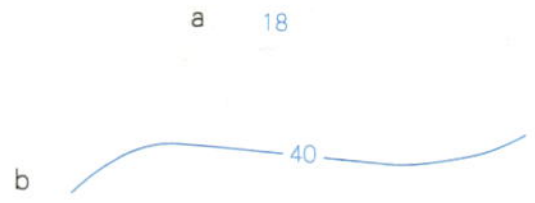				C100
4.7.7	岩峰、黄土柱 a. 孤峰 b. 峰丛 13——比高				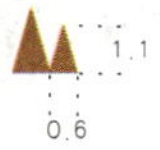	M40Y100K30
4.7.8	岩溶漏斗、黄土漏斗				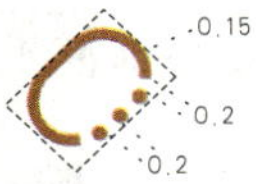	M40Y100K30
4.7.9	山洞、溶洞					K100
4.7.10	火山口				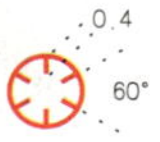	M100Y100
4.7.11	冲沟 8——比高	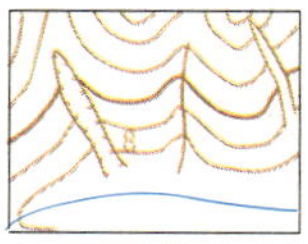				M40Y100K30
4.7.12	陡崖、陡坎 18——比高 300——高程	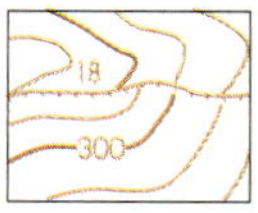			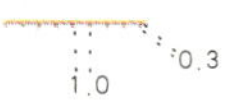	M40Y100K30 K70

简 要 说 明
4.7.2 雪面或冰体上高程相等的各相邻点所连成的闭合曲线。
4.7.3 指示斜坡降落的方向线,它与等高线垂直相交。 一般应表示在谷地、山头、鞍部、图廓边及斜坡方向不易判读的地方。凹地的最高、最低一条等高线上也应表示示坡线。
4.7.4 根据1985国家高程基准面测定高程的地面点。 用0.3 mm的黑点表示,高程注记注至米(m)。低于0 m的高程点,其高程用负数注出。
4.7.5 地物顶部至地物基部的高差。 注记注在地物的顶部,用长等线体注出。注记与所表示的地物用色一致。
4.7.6 海岸线以下的水深是以深度基准面(最低低潮面)为基准,应根据海图转绘等深线及水深注记。水深注记注至整米。 a. 水深(转绘水深)是指从基准面向下至水下测点的深度。 b. 等深线是指基准起算面以下深度值相等的各相邻点所连成的闭合曲线。图上表示等深线为:深度500 m以内表示10 m、20 m、50 m、100 m、200 m、500 m等深线;深度500 m～3 000 m,等深距为500 m;深度3 000 m以上,等深距为1 000 m。1∶250 000地形图上还应增加表示5 m、30 m等深线。 等深线需加注记,注记字头指向浅水处。 c. 水下海山、海丘在图上面积较小,因其坡陡不能用等深线表示时,以特殊水深符号表示,并引注水深。
4.7.7 高耸的塔柱状岩石或柱状黄土。孤立的为孤峰;联座成群的为峰丛。 在1∶250 000、1∶500 000地形图上孤峰择要标注比高;峰丛比高选择最高的标注。
4.7.8 在岩溶地区受水的溶蚀或岩层塌陷而在地面形成的漏斗状或碟形的封闭洼地。 符号的点线朝东南方向,其定位点在椭园中心;黄土漏斗也用此符号表示。
4.7.9 山洞是指山体中的洞穴;溶洞指受水溶蚀或岩层塌陷而形成的地下空洞。 按真实方向表示。
4.7.10 火山爆发后在喷出口处形成的洼地。 活火山口或死火山口均用此符号表示。依比例尺表示的火山口可用等高线或陡崖符号表示,并在其中心配置火山口符号。
4.7.11 地面长期被雨水急流冲蚀而形成的大小沟壑,沟壁较陡,攀登困难。 图上宽度在0.4 mm以内的用线粗为0.1 mm～0.4 mm的渐变单线表示;宽度在0.4 mm～1 mm的用双线表示;宽度在1 mm以上的沟壁用陡崖符号表示。在1∶250 000地形图上冲沟深度大于5 m时应标注比高。
4.7.12 形态壁立、难于攀登的陡峭崖壁及各种人工或天然形成的坎(坡度在70°以上)。 在1∶250 000、1∶500 000地形图上比高大于5 m的应标注比高。 人工陡坎用色值为K70的线划表示。

编号	符号名称	符号式样 1∶250 000	1∶500 000	1∶1 000 000	符号放大图	符号色值
4.7.13	陡石山	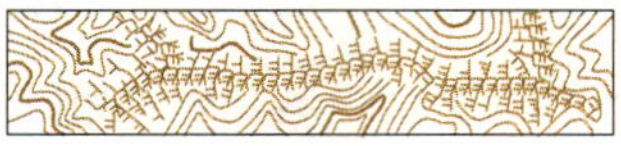			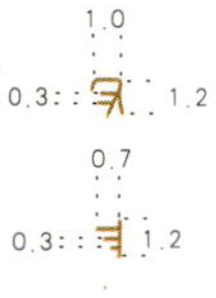	M40Y100K30
4.7.14	露岩地	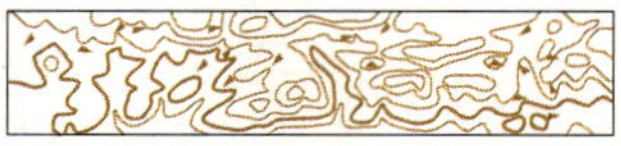				M40Y100K30
4.7.15	沙地地貌					M40Y100K30
	a. 平沙地	a 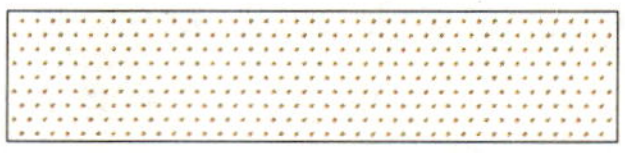				
	b. 灌丛沙堆	b 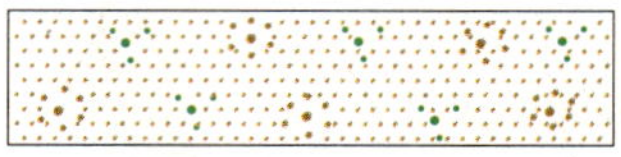			b 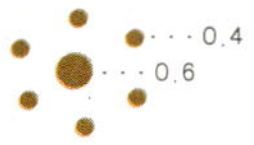	
	c. 新月形沙丘及沙丘链	c 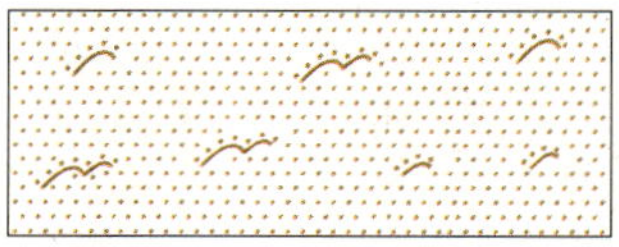			c 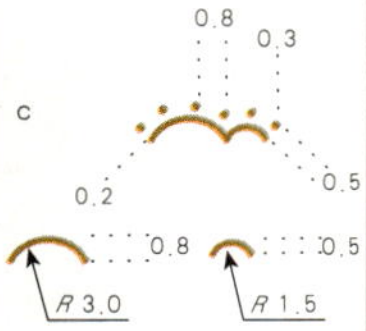	
	d. 垄状沙丘	d 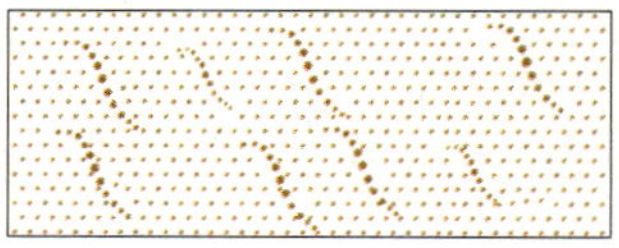			d 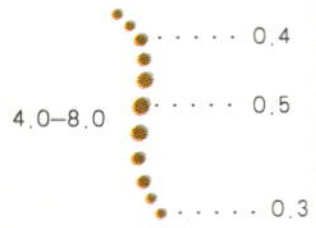	
	e. 窝状沙地	e 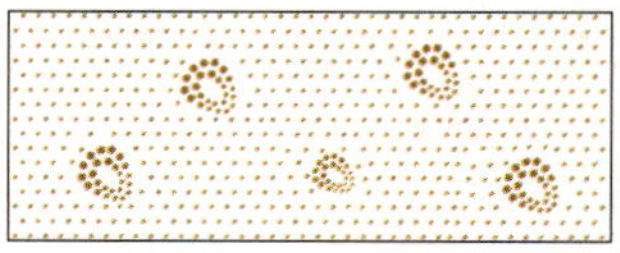			e 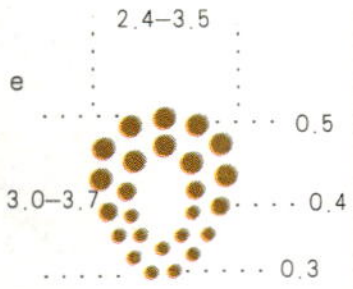	
	f. 格状沙地		f 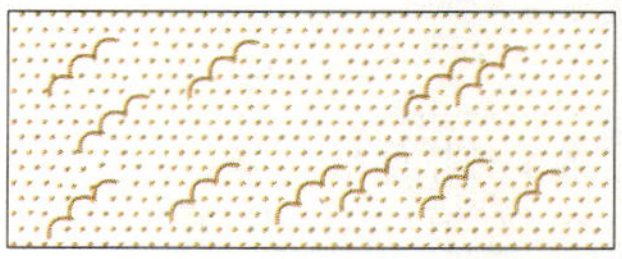		f g 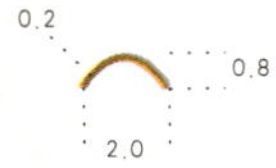	
	g. 金字塔形沙丘		g 			

简 要 说 明
4.7.13 全部或大部分岩石裸露且坡度大于70°的陡峻山岭。
4.7.14 岩石露出地面且分布较集中的地段。 图上用等高线配合散列的石块地符号表示。
4.7.15 沙地包括沙漠或海滨及大河、大湖岸边的各种沙质地。 沙地地貌类型很多，有固定的和不固定的。根据沙漠起伏形态和走向分别用平沙地、灌丛沙堆、新月形沙丘、垄状沙丘、窝状沙丘、格状沙丘、金字塔形沙丘符号表示。 固定的沙地地貌用等高线配合相应的沙地类型符号表示，不固定的沙地地貌用草绘等高线表示总的起伏和走向，并在其范围内配置相应的沙地类型符号。 a. 平坦沙地或起伏不明显的沙地。 b. 沙丘上生长沙生灌丛而又成群分布的小沙丘群体。 用灌丛沙堆符号配合灌木丛符号表示。 c. 形状呈新月形，迎风坡凸出而平缓，背风坡凹而陡的沙丘。若干个新月形沙丘横向连接成沙丘链，其延伸方向与主导风向垂直。 表示时粗点配置在迎风面上。 d. 指顺着主导风延伸的堤垄状沙地。 e. 被植物固定或半固定的密集新月形沙丘或格状沙丘形成的大片沙坑。 大而稀疏的地段称为沙窝地，小而密集的地段称为蜂窝状沙地，均用此符号表示。符号中的粗点配置于迎风面上。 f. 在两组风力作用下，由纵横交错的沙丘链形成的格状沙地。 g. 在多风向作用下形成的风积地貌。有一个高尖的峰顶，从尖顶向不同方向延伸出3个或更多沙脊。

编号	符号名称	符号式样			符号放大图	符号色值
		1∶250 000	1∶500 000	1∶1 000 000		
4.7.16	雪山 a. 粒雪原(雪被) b. 半依比例尺冰川 c. 依比例尺冰川 d. 冰裂隙 e. 冰陡崖 f. 冰碛 g. 冰塔 h. 雪域范围线	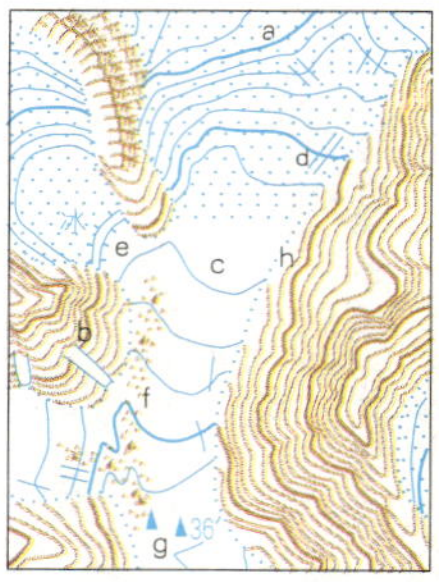				C100
4.7.17	崩崖	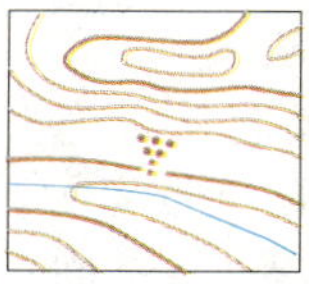			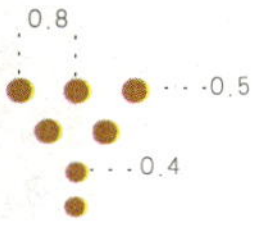	M40Y100K30
4.7.18	滑坡	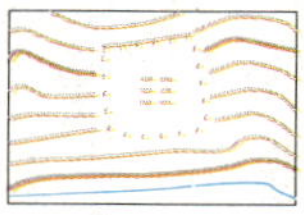			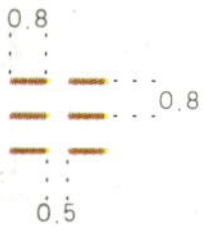	M40Y100K30
4.8	**植被与土质**					
4.8.1	经济林 a. 依比例尺的 b. 不依比例尺的					C100Y100 面色 C30Y30
4.8.2	成林 a. 大面积的 b. 小面积的 c. 狭长林带、防护林(带状绿化树)	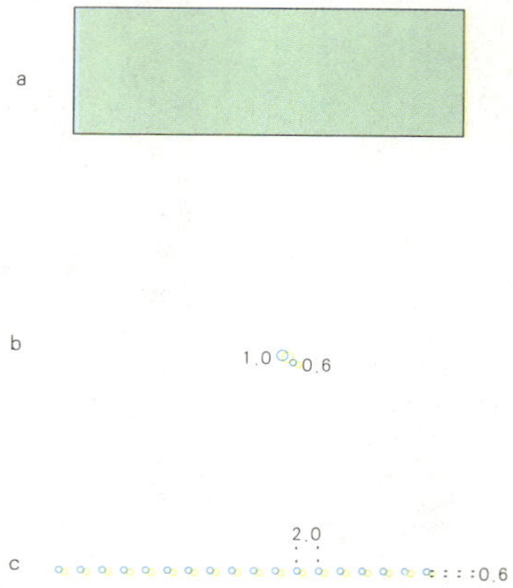				C100Y100 面色 C30Y30

简　要　说　明
4.7.16　雪山是常年积雪的粒雪原、冰川等分布区的总称。 a. 粒雪原是雪线以上堆积有大量粒雪的地区，用雪山等高线配合蓝点表示。 b.、c. 冰川是沿地面倾斜方向移动的巨大可塑性冰体。以雪山等高线表示，有名称的加注名称。冰川宽度小于 1.0 mm 的用符号 b 表示。 d. 冰裂隙是由于冰川本身的质量、冰川的起伏和冰川各部分运动的速度不同，在冰川表面产生的裂缝。图上用此符号按实地大小以真实方向表示。 e. 由于冰崩或其他原因而形成的冰质陡崖，用此符号表示，并加注“冰”字。 f. 冰碛是冰川运动和消融时堆积的岩石碎屑物质。图上按实地冰碛情况，用三角块和细点表示。 g. 冰塔是在冰川的中下段，由于冰川逐渐消融解体而形成的林立的塔形冰柱。冰塔丛立的地区，可进行取舍。1∶250 000 地形图上比高 5 m 以上应注出比高。 h. 常年积雪的粒雪原和冰川分布区的范围线用地类界表示。 1∶500 000、1∶1 000 000 地形图上不表示冰陡崖、冰裂隙。
4.7.17　沙土质或石质山坡受风化作用，其碎屑向山坡下崩落的地段。 在相应的位置用此符号表示。
4.7.18　斜坡表层由于地下水和地表水的影响，在重力作用下向下滑动的地段。 用地类界表示其范围。
4.8　植被与土质 同一地段生长有多种植物时，植被符号可配合表示，但不要超过三种(连同土质符号)。如果种类很多，可舍去经济价值不大或数量较少的。符号的配置应与实地植被的主次和稀密情况相适应。 配置植被符号时，不要截断或压盖地类界和其他地物符号。植被范围被线状地物分割时，在各个隔开部分内，至少应配置一个符号。
4.8.1　以生产果品、食用油料、饮料、调料、工业原料和药材为主要目的的树木，如果园、茶园、桑园、橡胶园等。 图上面积小于 1 mm^2 的用符号 b 表示。
4.8.2　林木进入成熟期、郁闭度(树冠覆盖地面的程度)在 0.3(不含 0.3)以上、林龄在 20 年以上的、已构成稳定的林分(林木的内部结构特征)，能影响周围环境的生物群落。 图上面积小于 10 mm^2 的林地用符号 b 表示。符号的大圆表示在林地中心位置上，小圆表示在方便处。 图上宽度小于 1 mm 的树林及防护带用符号 c 表示。

编号	符号名称	符号式样			符号放大图	符号色值
		1∶250 000	1∶500 000	1∶1 000 000		
4.8.3	幼林、苗圃	幼林、苗圃 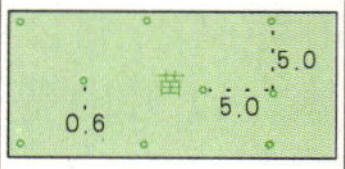	幼林 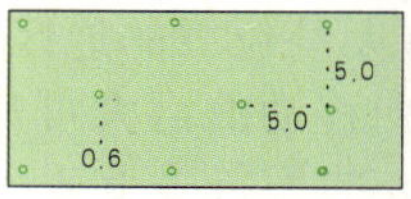			C100Y100 面色 C30Y30
4.8.4	灌木林 a. 密集灌木林 b. 稀疏灌木林	a 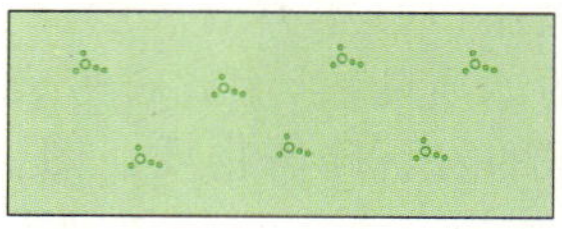 b 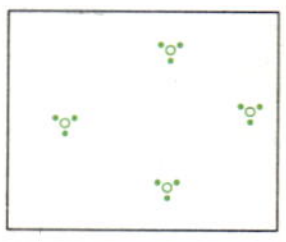				C100Y100 a. 面色 C30Y30
4.8.5	竹林 a. 依比例尺的 b. 不依比例尺的	a 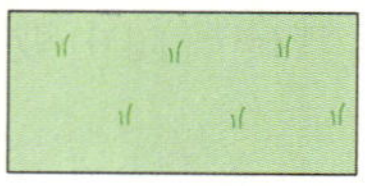 b 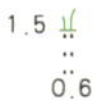			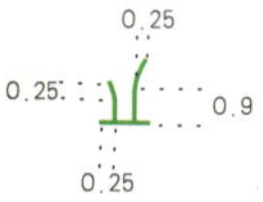	C100Y100 面色 C30Y30
4.8.6	高草地	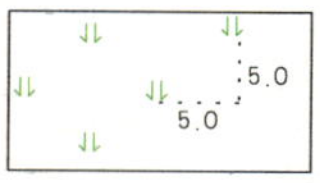			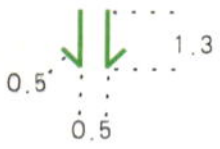	C100Y100
4.8.7	草地	a 				C100Y100
4.8.8	盐碱地	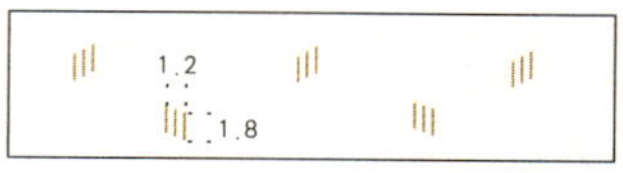			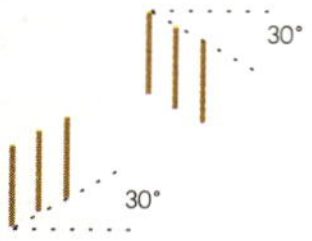	M40Y100K30
4.8.9	小草丘地	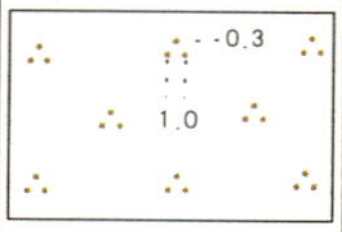				M40Y100K30
4.8.10	龟裂地	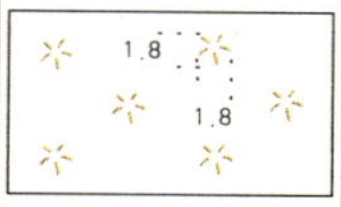			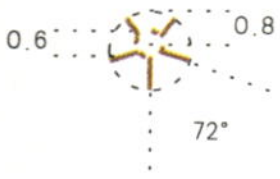	M40Y100K30

简 要 说 明
4.8.3 林木处于生长发育阶段、通常树龄在20年以下，尚未达到成熟的林分。 在其范围内整列式配置符号。在1∶250 000地形图上苗圃加注“苗”字，1∶500 000、1∶1 000 000地形图上不表示苗圃。
4.8.4 成片生长、无明显主干、枝叉丛生的木本植物地。 覆盖度在40%以上的灌木林用符号a表示；1∶250 000地形图上覆盖度在40%以下的用符号b表示。
4.8.5 以生长竹子为主的林地。 a. 图上面积大于10 mm^2 的竹林，在其范围内散列配置符号。 b. 图上面积小于10 mm^2 的竹林或有方位意义的竹丛用此符号。
4.8.6 以生长芦苇、席草、芒草、芨芨草和其他高秆草本植物的草地。 在图上按其分布范围整列式配置符号。
4.8.7 以生长草本植物为主的、覆盖度在50%以上的地区。如干旱地区的草原，山地、丘陵地区的草地，沼泽、湖滨地区的草甸等。 符号按整列式配置。
4.8.8 有盐碱聚积的地面。 图上只表示不能种植作物的盐碱地，在范围内散列配置符号。盐碱地上长有其他植被时，用相应植被符号配合表示。
4.8.9 在沼泽、草原和荒漠地区长有草类或灌木的小丘成群分布的地面。 在范围内散列配置符号。沼泽地上的草墩也用此符号表示。
4.8.10 粘土地表水分被强烈蒸发后而形成坚硬网状裂隙的地面。 在范围内散列配置符号。

编号	符号名称	符号式样			符号放大图	符号色值
		1∶250 000	1∶500 000	1∶1 000 000		
4.8.11	沙砾地、戈壁滩	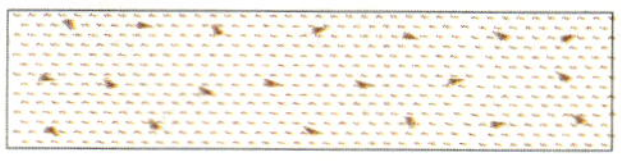			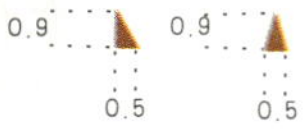	M40Y100K30
4.8.12	石块地	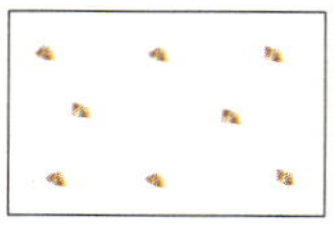			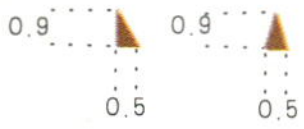	M40Y100K30
4.8.13	残丘地	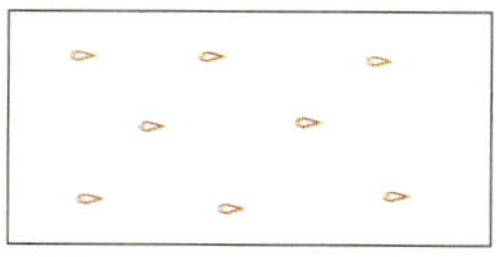			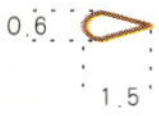	M40Y100K30
4.8.14	海底底质					K100
4.9	**注记**					
4.9.1 4.9.1.1	**居民地名称注记** 首都	**北京市** 粗等线体(5.0)				M100Y100
4.9.1.2	省级政府驻地、外国首都政府驻地	**成都市** 粗等线体(4.5)				M100Y100

简 要 说 明

4.8.11 沙和砾石混合分布的沙砾地和地表几乎全为砾石覆盖的地段。

在范围内散列配置符号。

4.8.12 岩石受风化作用而形成的石块堆积地面。

在范围内散列配置符号。

4.8.13 由于风蚀或其他原因形成的成群石质(或土质)小丘。

在范围内按实地方向用此符号散列配置表示(符号的圆弧一端表示迎风面)。

4.8.14 表示海底底部土质的注记。

用1.8 mm的细等线体字按海图资料的注记位置注出。

4.9 注记

注记包括地理名称注记、说明注记和各种数字注记等。地图中所使用的汉语文字应符合国家通用语言文字的规范和标准。图内使用的地方字应在附注内注明其汉语拼音和读音,如地方字“躼”音lao(捞)。

● 注记字大以毫米(mm)为单位,字级级差为0.25 mm;数字字大在2.0 mm以下者其级差为0.2 mm。

图上地物密集、名称注记过多时,字大可缩小一级至二级。注记列有二级以上字大或字大区间的,按地物的重要性和该地物在图上范围的大小选择字大。

● 注记字列分水平字列、垂直字列、雁行字列:

水平字列——由左至右,各字中心的连线成一直线,且平行于南图廓;

垂直字列——由上至下,各字中心的连线成一直线,且垂直于南图廓;

雁行字列——各字中心的连线斜交于南图廓,与被注地物走向平行,但字向垂直于南图廓,如山脉名称、河流名称等。当地物延伸方向与南图廓成45°和45°以下倾斜时,由左至右注记;成45°以上倾斜时,由上至下注记,字序如图1所示。

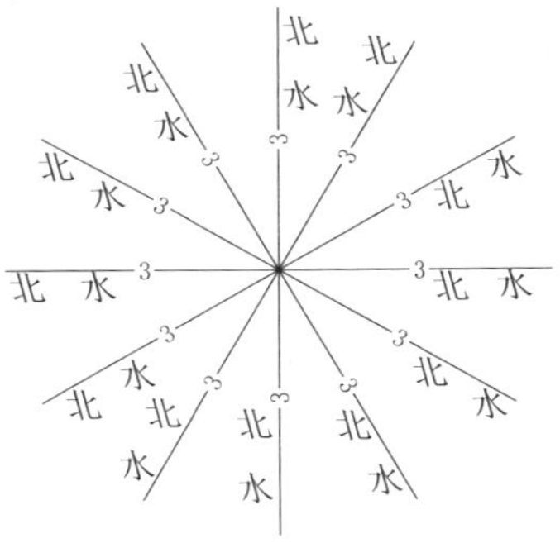

图 1

● 注记的字隔是一列注记各字间的间隔。注记字隔的选择是按该注记所指地物的面积或长度大小而定。各种字隔在同一注记的各字中均应相等。为便于读图,一般最大字隔不超过字大的5倍。地物延伸较长时,在图上可重复注记名称。

● 注记字向一般为字头朝北图廓直立,但公路等级其字向注记按图1所示。

4.9.1 居民地名称注记

居民地名称注记一般采用水平字列注出,必要时也可用垂直字列、雁行字列,其注记位置次序选择按图2所示。注记不能遮盖道路交叉处、居民地出入口及其他主要地物。居民地图形分跨数幅地图时,其名称注在图形最大的图幅内,在图形较小的图幅上,其名称用比原字大小二级的细等线体在图廓间注出。

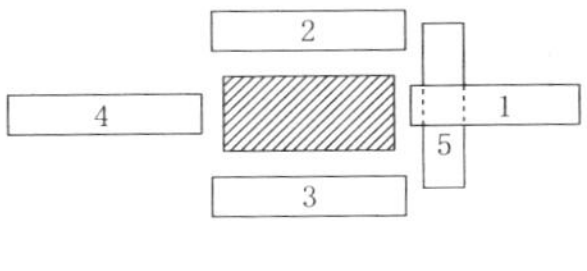

图 2

有总名的居民地,其总名、分名一般均应注出。总名的注记位置要适当、醒目。总名用比分名大两级的同体字注出。

居民地无名称时,生产建设兵团的番号等可作为居民地名称。

编号	符号名称	符号式样 1∶250 000	符号式样 1∶500 000	符号式样 1∶1 000 000	符号放大图	符号色值
4.9.1.3	地级政府驻地、外国一级行政中心政府驻地	**唐山市** 粗等线体(4.0)				K100
4.9.1.4	县级政府驻地、外国一般城市政府驻地	**安吉县** 粗等线体(3.0)				K100
4.9.1.5	乡、镇、国有农场、林场、牧场、盐场、养殖场	南坪镇 中等线体(2.0)				K100
4.9.1.6	村庄,外国村、镇	李家庄 仿宋体(2.0)				K70
4.9.1.7	省级行政区域名称			河北 隶体(5.5)		M100Y100
4.9.1.8	地级行政区域名称			苏州 扁中等线体(3.2×4.0)		M100Y100
4.9.2	**说明注记**	沈吉线 细等线体(1.8)				与相应地物符号颜色一致
4.9.3 4.9.3.1	**地理名称注记** **水系名称** 海、海湾、江、河、运河、渠、湖、水库等	渭河　黄海 通航河流及运河　左斜宋体(2.0　3.0　4.0) 海洋　左斜宋体(5.0　6.0　7.5) 水库　左斜宋体(小型2.0、中型2.5、大型3.5) 其他　左斜宋体(2.0　2.5　3.0　3.5　4.5)				C100
4.9.3.2 4.9.3.2.1	**地貌名称** 山岭、山脉	雁荡山　太行山脉 耸肩中等线体(3.0　3.5　4.0　4.5　5.5)			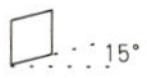	K100
4.9.3.2.2	独立山、高地、山隘等	九顶山　太白山 长中等线体(2.0×1.6　2.5×2.0　3.0×2.4)				K100
4.9.3.2.3	冰川	东线布冰川　喀拉古勒冰川 扁宋体(1.6×2.0　2.0×2.5　2.4×3.0　2.8×3.5　3.6×4.5)				C100

简　要　说　明
4.9.1.1～4.9.1.5　镇级以上居民地以行政名称作为正名注出，其名称应与各级政府核定的标准名称一致；如有群众公认的自然名称时，应作为副名用比正名小二级的同体字在正名下方或右方加括号注出，但镇级以上居民地才表示副名。 县级以上居民地名称采用粗等线体字；乡、镇、国有农场等名称用中等线体字注出。镇级以上居民地的名称应以全名注出，但乡名不注"乡"字。 自治区、地区、盟的名称不单注，以驻地名称和驻地等级的字体字大注出。 乡、镇以上居民地名称选作图名时，其注记不再加大。
4.9.1.6　村庄居民地一般注记自然名称。 村庄名称作图名时或在人烟稀少地区，其注记字大可提高一级。
4.9.1.7　省、自治区、直辖市、特别行政区等行政区域的专名用表面注记注出。
4.9.1.8　自治州、盟、地区、地级市行政区域的专名用表面注记注出。
4.9.2　说明注记 地物的名称注记如工厂、学校等企事业单位的名称，自然保护区名称，或地物的属性注记，如管道、水质、油、气、咸等属性说明均用 1.8 mm 细等线体注出，一般与相应地物符号颜色一致。
4.9.3　地理名称 包括水系名称、地貌名称和其他地理名称。地理名称一般注当地常用的自然名称。 **4.9.3.1　水系名称** 海、海湾、海港、江、河、湖、沟渠、水库等名称，按自然形状排列注出。江、河名称的字大上游和支流不能大于下游和主流。分跨数幅地图的海洋、湖泊、河流等名称其字大根据测区内其面积和长度确定，并在各幅图内一般使用相同字大注记。但在某一幅图内其面积或长度较小，不能在图内注出时，可用细等线体的同形字在图廓间注出。名称一般注在河流、湖泊的内部，当内部不能容纳时，可注在外侧。较长的河流每隔 15 cm～20 cm 重复注记名称。
4.9.3.2　地貌名称 4.9.3.2.1　山岭、山脉名称注记，按其山体的范围选择字大等级，名称注在山岭、山脉走向的中心线上（字的竖划垂直于南图廓）。山岭、山脉很长时名称应重复注出。
4.9.3.2.2　山、高地、山隘等名称，按山体大小和著名情况选用字大，一般采用水平字列，注在山顶的右侧或上方，应避免遮盖山顶特征地形。
4.9.3.2.3　冰川按其面积大小选用字大。

编号	符号名称	符号式样			符号放大图	符号色值
		1∶250 000	1∶500 000	1∶1 000 000		
4.9.3.2.4	其他地理名称（凹地、草地、沙漠、谷地、干河床、群岛、岛屿、沙滩等）	铜鼓角 南澎群岛 宋体（2.0 2.5 3.0 3.5 4.5 5.0 5.5）				K100
4.9.4 4.9.4.1	**各种数字注记** 高程、月份、流速、水库库容量等	15 正等线体（1.4） $\frac{67}{103}$ 各种分数注记（1.2）				与相应地物符号颜色一致
4.9.4.2	比高、深度	15 长等线体（1.4×1.1）				与相应地物符号颜色一致
4.9.4.3	公路技术等级及编号	③ 正等线体（1.4） G332 正等线体（1.6）				K100

简 要 说 明
4.9.3.2.4 凹地、草地、沙地、沙漠、谷地、干河床、干湖、岛屿、沙滩、沙角、沙洲等其他地理名称，其字大一般按面积大小选择，名称注在物体的内部；当内部不能容纳时，可注在外侧。 分跨数幅地图的岛屿、沙漠等，其名称字大根据测区内面积确定，并在各幅图内一般使用相同字大注记。但在某一幅图内其面积较小，不能在图内注出时，可用细等线体的同形字在图廓间注出。
4.9.4 **各种数字注记** 4.9.4.1 高程点注记、水库库容量等用正等线体注记。 a. 水库库容量、水深等注记颜色为 C100。 b. 等高线高程注记颜色为 M40 Y100 K30。 c. 高程点注记颜色为 K100。
4.9.4.2 比高、坑穴深度用长等线体字注记。 a. 陆地自然地物的比高注记颜色为 M40 Y100 K30。 b. 水系地物的比高注记颜色为 C100。 c. 人工要素的比高注记颜色为 K100。
4.9.4.3 公路技术等级和编号用正等线体字注出，圈大于字大 0.6 mm。

附 录 A
（规范性附录）
说明注记简注表

类别	全名	简注	类别	全名	简注
水系	咸水	咸	水系	矿泉	矿
	苦水	苦		毒水井、毒泉	毒
	养鱼池塘	鱼		地热井、地热池、地热泉	地热
	盐湖	盐		盐碱沼泽	碱
	自流井	流		泥炭沼泽	泥炭
	温泉井、温泉	温		暗礁	暗
	间流泉	间		干出礁	干
居民地及设施	铁矿	铁	居民地及设施	石棉矿	石棉
	铜矿	铜		粘土采掘地	土
	煤矿	煤		采石场	石
	硫磺矿	硫		采沙场	沙
	云母矿	云母		北回归线标志塔	北
交通	电气化铁路	电	地貌	冰陡崖	冰
管线	海底光缆	光	管线	天然气管道	气
	海底电缆	电		石油管道	油
	水管道	水			

注 1：凡须注全名的，表中未列，如：台田、盐田等。

注 2：表中未列的简注，可在全名中取出主要的一字或二字注在图上，所注的一、二字应以最容易联想到的全名为主，并不与其他简注混淆，不能简注的则应注出全名。

附 录 B
（资料性附录）
样 图 示 例

1:1 000 000

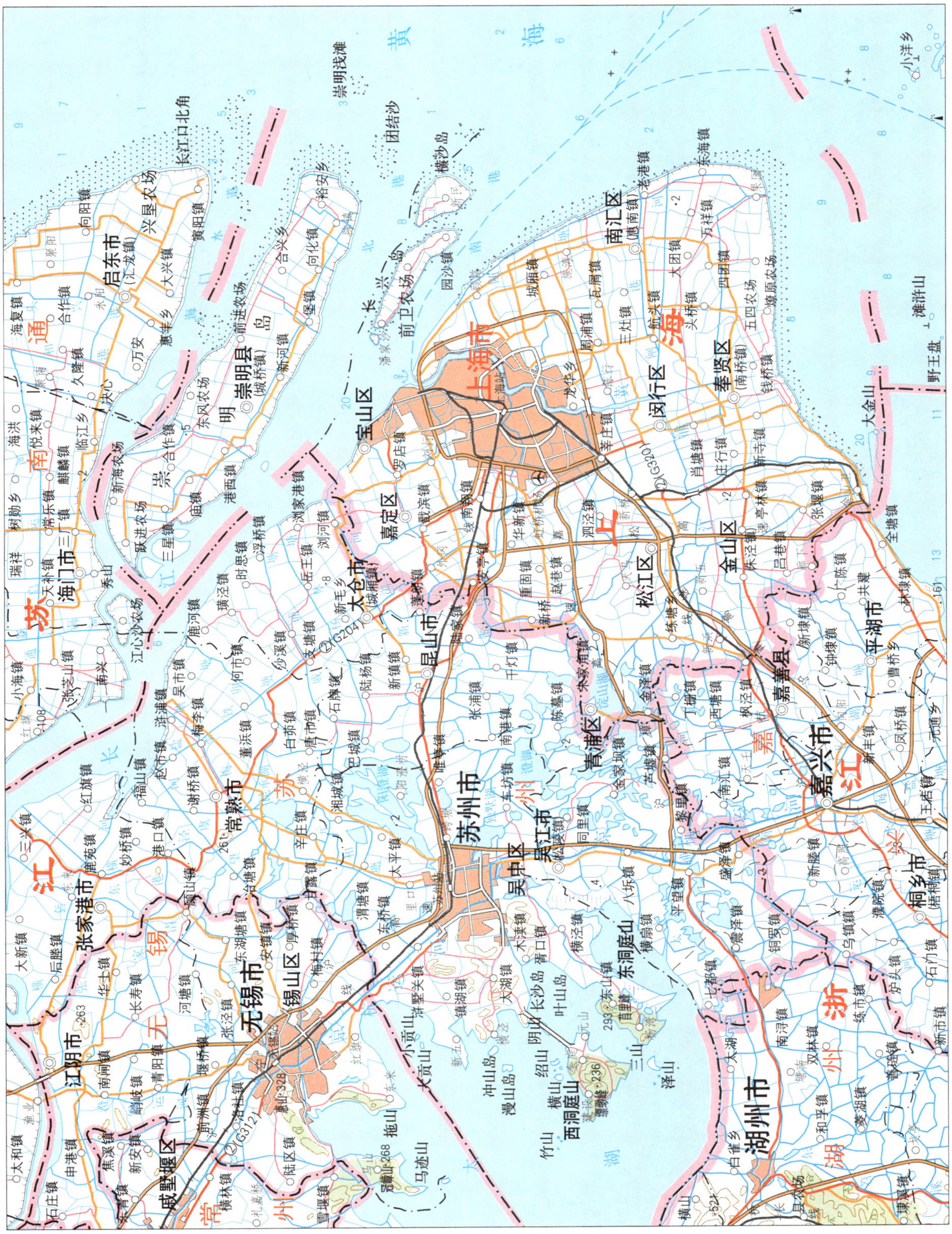

图 B.1

符 号 索 引

A

B

C

D

F

G

H

J

K

L

M

P

Q

R

S

T

W

X

Y

Z

ICS 07.040
A 75

中华人民共和国国家标准

GB/T 20258.1—2007

基础地理信息要素数据字典　第1部分：1∶500 1∶1 000 1∶2 000基础地理信息要素数据字典

Data dictionary for fundamental geographic information features—Part 1:Data dictionary for fundamental geographic information features of 1∶500 1∶1 000 1∶2 000 scale

2007-08-30发布　　2007-12-01实施

中华人民共和国国家质量监督检验检疫总局
中国国家标准化管理委员会　发布

前　　言

GB/T 20258《基础地理信息要素数据字典》分为4个部分：

——第1部分：1∶500 1∶1 000 1∶2 000基础地理信息要素数据字典；

——第2部分：1∶5 000 1∶10 000基础地理信息要素数据字典；

——第3部分：1∶25 000 1∶50 000 1∶100 000基础地理信息要素数据字典；

——第4部分：1∶250 000 1∶500 000 1∶1 000 000基础地理信息要素数据字典。

本部分为GB/T 20258的第1部分。

本部分是根据我国目前1∶500、1∶1 000、1∶2 000基础地理信息数据采集、建库、制图以及应用等需求制定的。

本部分的附录A为规范性附录。

本部分由国家测绘局提出并归口。

本部分起草单位：国家测绘局测绘标准化研究所、北京测绘设计研究院、建设部综合勘察设计研究院。

本部分主要起草人：段怡红、吕玉霞、李建利、兀伟、肖学年、张坤、马晓萍、陈倬、王丹、黄坚、孙乐斌。

本部分为首次发布。

基础地理信息要素数据字典　第 1 部分：1∶500 1∶1 000 1∶2 000 基础地理信息要素数据字典

1　范围

GB/T 20258 的本部分规定了 1∶500、1∶1 000、1∶2 000 基础地理信息要素数据字典的内容结构与要素的描述。

本部分适用于 1∶500、1∶1 000、1∶2 000 比例尺基础地理信息数据的生产、建库、更新和维护。1∶500、1∶1 000、1∶2 000 比例尺基础地理信息数据的分析应用与制图输出可参照执行。

2　规范性引用文件

下列文件中的条款通过 GB/T 20258 的本部分的引用而成为本部分的条款。凡是注日期的引用文件，其随后所有的修改单(不包括勘误的内容)或修订版均不适用于本部分，然而，鼓励根据本部分达成协议的各方研究是否可使用这些文件的最新版本。凡是不注日期的引用文件，其最新版本适用于本部分。

GB/T 13923—2006　基础地理信息要素分类与代码

GB/T 20257.1—2007　国家基本比例尺地图图式　第 1 部分：1∶500 1∶1 000 1∶2 000 地形图图式

3　术语和定义

下列术语和定义适用于 GB/T 20258 的本部分。

3.1

实体　entity

现实世界的一种现象。它不能再细分为同种类型的现象。

3.2

要素　feature

现实世界现象的抽象。

注：一个要素可以作为一种类型(如湖泊)或一个实例(如洞庭湖)出现。

3.3

要素属性　feature attribute

要素的质量和数量特征。[ISO 19101]

注 1：一个要素属性可能以一种类型或一个实例出现。当只有一个含义时，要么使用要素属性类型，要么使用要素属性实例。

注 2：一个要素属性应当有名称、数据类型和与之相关的值域。要素实例的要素属性应当有一个从值域获得的属性值。

3.4

属性值　attribute value

赋予一个属性特定的值。

3.5

点 point

零维几何基元。

3.6

线 line

一维几何基元。

3.7

面 polygon

二维几何基元。

4 数据字典结构及内容

4.1 结构

数据字典结构采用表格形式，描述的内容包括要素名称、要素描述、要素分类代码、要素属性表、几何表示、几何表示示例与制图表示示例、相关要素和关系。

4.2 要素名称

要素的正式名称。本部分的要素名称与 GB/T 13923—2006 一致。

4.3 要素描述

对要素形态、功能或特征等方面的描述，用于区分或界定要素。

4.4 要素分类代码

要素分类代码采用 GB/T 13923—2006。

4.5 属性表

列出了要素的有关属性项，分别从属性名称、属性描述、数据类型和字段要求、属性值域或示例、约束/条件、备注几个方面进行了描述。

注：属性表中所列属性项并非全部，用户可根据需要扩充。

4.5.1 属性名称

要素属性项的名称。

4.5.2 属性描述

属性含义的解释。凡有计量的必须标明单位。

4.5.3 数据类型和字段要求

规定属性项的数据类型和字段宽度。数据类型分为字符型、整型、长整型、浮点型、日期型等。

注：字符型和整型数据的字段字节宽度，用一个自然数来描述；浮点型数据的字段宽度，用一个小数来表示，其中整数部分表示该浮点数整数部分的位数，小数部分表示该浮点数小数部分的位数。如 15.2，表示该浮点数的整数部分为 15 位数，小数部分为 2 位数。

4.5.4 属性值域或示例

属性值域为该属性项可能取值的范围。属性项的取值可以通过简单枚举全部列出的，列出其全部取值，并用“/”分隔；不能通过简单枚举全部列出的，列举出典型示例，示例值放在“”中。

4.5.5 约束/条件

规定该属性项为要素的必选属性或条件可选属性。当该属性项为要素的必选属性时，用字母“M”表示；为条件可选属性时，用字母“C”表示。

4.5.6 备注

需特别加以说明的内容。

4.6 几何表示

说明要素的几何特征、图形代码、表示方法和关联的属性。

4.6.1 几何特征

要素根据其几何特征分为点要素、线要素、面要素和复合要素4种类型。

点要素用来表示没有面积或长度的地理要素，或在一定的地图比例尺上用点表示的要素。

线要素用来表示具有一定长度但没有面积的地理要素，或在一定的地图比例尺上用线表示的要素。

面要素用来表示具有一定长度和面积的地理要素，或在一定的地图比例尺上用面表示的要素。

复合要素由点要素、线要素、面要素及辅助制图要素组合而成。辅助制图要素指为了保证地图符号化表示时的正确性而增加的辅助点、线、面。

要素根据其地理尺度可以有一种或多种几何表示形式。如：河流，根据具体情况可以用线要素或者面要素来表示。

4.6.2 图形代码

分别采用数字1、2、3、4作为点要素、线要素、面要素和辅助制图要素的图形代码。用户也可根据实际需要自行确定。

4.6.3 表示方法

4.6.3.1 点要素的表示方法

点要素的表示有三种形式：标注点、定位点、有向点。

标注点指无实体对应的点要素的表现形式，如高程点、比高点、特殊高程点等。

定位点指有实体对应的点要素的表现形式，如灯塔、盐井等。

有向点指具有方向性的点要素的表现形式，如泉、里程碑等。应在属性表中定义“方向”属性项。

4.6.3.2 线要素的表示方法

线要素的表示有三种形式：线、中心线、有向线。

线指无实体对应的线要素的表现形式，如等高线、地类界、境界线等。

中心线指有实体对应的线要素的表现形式，如地铁、机耕路、溜索桥、隧道等。

有向线指具有方向性的线要素的表现形式，是要求依照一定方向采集的线，如单线河、田坎/路堑/沟堑/路堤、自然文化保护区界等。

4.6.3.3 面要素的表示方法

面要素的表示有两种形式，轮廓线构面和范围线构面。

轮廓线构面用于表示具有明确边界的面要素，如单幢房屋。

范围线构面用于表示不具有明确边界的面要素，如危险海区、自然、文化保护区域等。

4.6.3.4 复合要素的表示方法

复合要素由点、线、面或辅助制图的点、线、面组合而成，如珊瑚滩的表示由面和辅助制图的线组合而成。

4.6.4 属性

要素需要关联的属性项。

4.7 几何表示示例

给出本要素或本要素与其他相关要素几何相互关系表示的示例，其中“+”表示标注点、定位点，“ +→ ”表示有向点；“ ——→ ”表示有向线；本要素以红色表示，相关要素以黑色表示。

4.8 制图表示示例

给出本要素或本要素与其他相关要素制图表示时的示例。制图表示依据GB/T 20257.1—2007。

4.9 相关要素

描述与本要素有拓扑空间关系的要素。

注：给出本要素可能的拓扑相关要素。由于现实世界的复杂性及数据模型对现实世界表达的局限性，所列出的相关要素未必是其全部的相关要素。用户可根据具体情况自行补充相关要素及其关系。

4.10 **关系**

描述需进行数据处理的连接、重叠、包含关系。

4.10.1 **连接**

当本要素与相关要素只在边界处相交时规定为连接关系。

连接关系包括：

a) 点在线的端点；

b) 点在面的边线上；

c) 线与线有一个共用节点；

d) 线的一个或两个端点在面的边线上；

e) 线在面的边线上；

f) 面与面有一个共用节点或一条共用边。

连接关系各种示例见表 1。

表 1

		相关要素		
		点 	线 	面 
本要素	点 	无连接关系		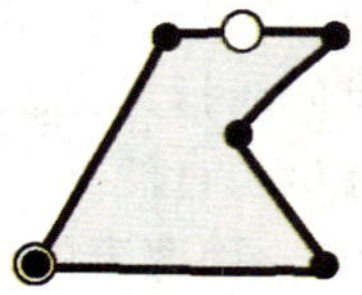
	线 	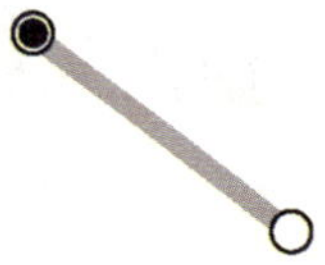	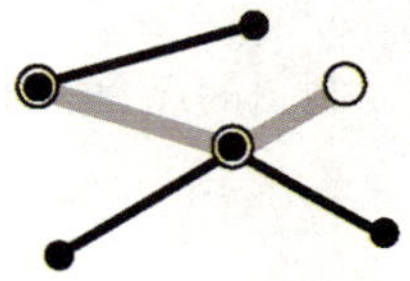	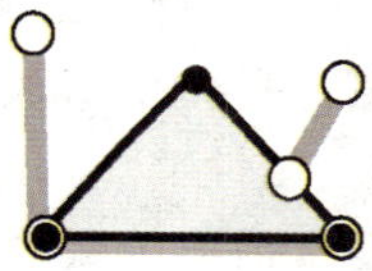
	面 	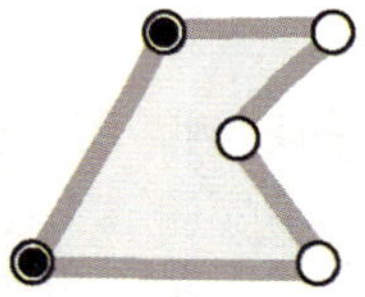	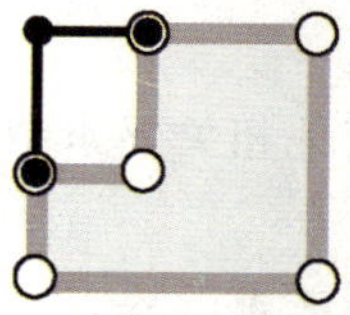	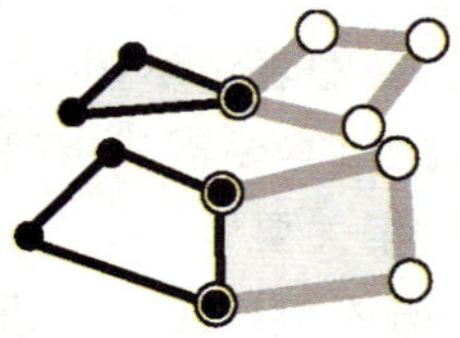

4.10.2 重叠

当本要素与相关要素部分重合时规定为重叠关系。

重叠关系包括：

a) 线与线部分重合；

b) 面与面部分重合。

重叠关系各种示例见表 2。

表 2

		相关要素		
		点 	线 	面 
本要素	点 	无重叠关系	无重叠关系	无重叠关系
	线 	无重叠关系		无重叠关系
	面 	无重叠关系	无重叠关系	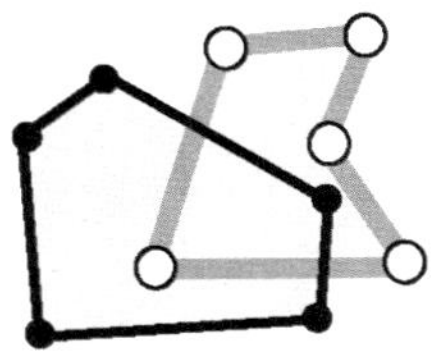

4.10.3 包含

当本要素全部包含或被包含于相关要素时规定为包含关系。

包含关系包括：

a) 点在线上但不是线的端点；

b) 点在面的内部；

c) 一条线是另一条线的部分；

d) 线在面的内部；

e) 一个面完全在另一个面里或是另一个面的部分。

包含关系各种示例见表 3。

表 3

		相关要素		
		点 	线 	面 
本要素	点 	无包含关系		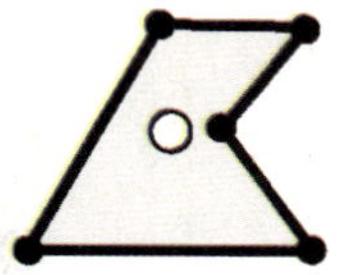
	线 	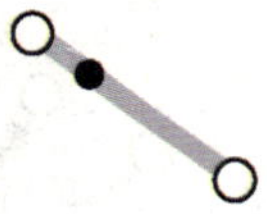	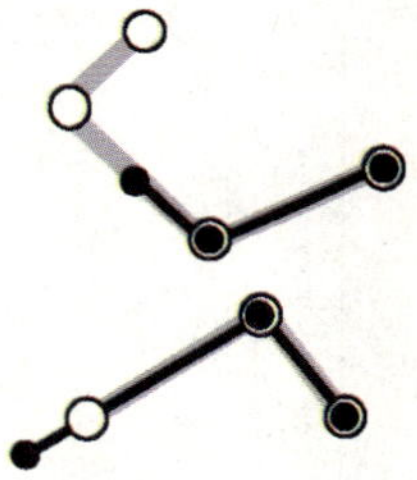	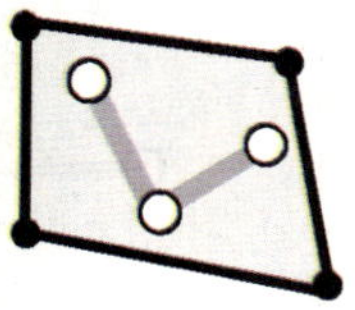
	面 	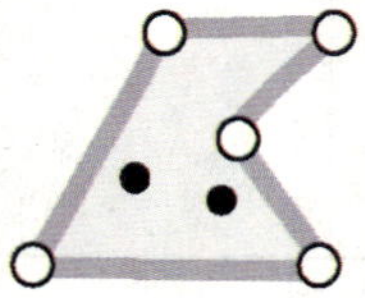	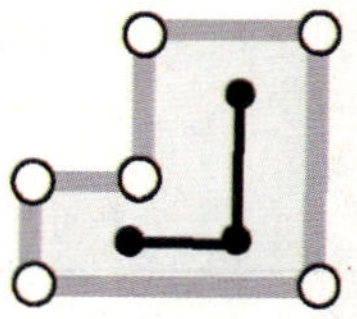	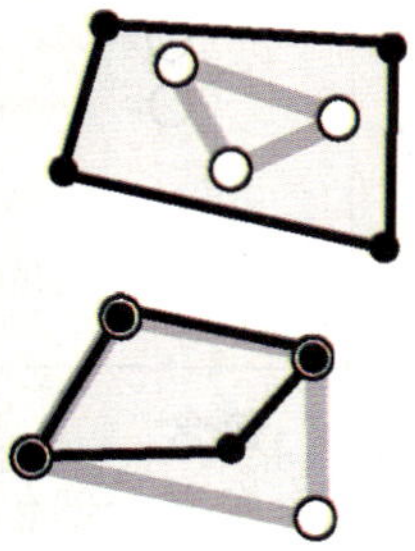

4.10.4 **实例**

表 4 给出各种关系的实例。

表 4

<table>
<tr><td rowspan="2"></td><td colspan="2">点</td><td colspan="2">线</td><td colspan="2">面</td></tr>
<tr><td>关系</td><td>实例</td><td>关系</td><td>实例</td><td>关系</td><td>实例</td></tr>
<tr><td>点</td><td></td><td></td><td>—</td><td>—</td><td>—</td><td>—</td></tr>
<tr><td rowspan="3">线</td><td>连接</td><td>地下管线与
地下管线出入口</td><td>重叠</td><td>河流、道路与境界</td><td rowspan="3">—</td><td rowspan="3">—</td></tr>
<tr><td rowspan="2">包含</td><td rowspan="2">地下渠与地下
渠出水口</td><td>连接</td><td>公路和匝道</td></tr>
<tr><td>包含</td><td>路和桥</td></tr>
<tr><td rowspan="4">面</td><td rowspan="2">连接</td><td rowspan="2">界桩、界碑和行政区域</td><td rowspan="2">连接</td><td rowspan="2">河流与水库</td><td>连接</td><td>同级行政区域</td></tr>
<tr><td rowspan="2">重叠</td><td rowspan="2">古迹、遗址和植被</td></tr>
<tr><td rowspan="2">包含</td><td rowspan="2">建筑物和
支柱、墩</td><td rowspan="2">包含</td><td rowspan="2">河流和车渡</td></tr>
<tr><td>包含</td><td>国家行政区域包含各级行政区域、干出滩与海域</td></tr>
</table>

5 要素数据字典描述

各要素数据字典具体描述见附录 A。

6 要素数据字典扩充原则

当依据 GB/T 13923—2006 第 6 章分类与代码扩充原则扩充了要素分类代码时，应按照本部分第 4 章数据字典结构及内容的要求扩充形成该要素的数据字典。

附 录 A
（规范性附录）
1∶500 1∶1 000 1∶2000 基础地理信息要素数据字典

要素名称 大地原点

要素描述 国家水平控制网即 1980 西安坐标系的起算点。

要素分类代码 110101

属性表

属性名称	属性描述	数据类型 字段要求	属性值域或示例	约束/条件	备注
代码	要素分类代码及第七位的图形代码	长整型 10	1101011	M	
数据源	数据来源类型	字符型 10		C	
更新日期	数据更新日期	日期型		C	

几何表示

几何特征	图形代码	表示方法	属性
点	1	定位点	代码、数据源、更新日期

几何表示示例	制图表示示例

相关要素	
关系	
备注	

要素名称　三角点

要素描述　利用三角测量方法测定的平面控制点。

要素分类代码　110102

属性表

属性名称	属性描述	数据类型 字段要求	属性值域或示例	约束/条件	备注
代码	要素分类代码及第七位的图形代码	长整型 10	1101021	M	
点名	三角点的名称	字符型 60		M	
等级	三角点的等级	字符型 10	一等/ 二等/ 三等/四等/5"/10"	M	
坐标系	三角点的坐标系统	字符型 30		C	
大地纬度	三角点的大地纬度(°)	浮点型 4.8		M	
大地经度	三角点的大地经度(°)	浮点型 4.8		M	
高程	三角点的高程(m)	浮点型 4.3		M	
高程基准	三角点的高程基准	字符型 30		C	
数据源	数据来源类型	字符型 10		C	
更新日期	数据更新日期	日期型		C	

几何表示

几何特征	图形代码	表示方法	属性
点	1	定位点	代码、点名、等级、坐标系、大地纬度、大地经度、高程、高程基准、数据源、更新日期

几何表示示例	制图表示示例
+	

相关要素	
关系	
备注	

要素名称 图根点

要素描述 直接供测图使用的平面控制点。

要素分类代码 110103

属性表

属性名称	属性描述	数据类型 字段要求	属性值域或示例	约束/条件	备注
代码	要素分类代码及第七位的图形代码	长整型 10	1101031	M	
点号	图根点的点号	整型 4		M	
类型	图根点的类型	字符型 20	埋石图根点/土堆上的埋石图根点/不埋石图根点	M	
坐标系	图根点的坐标系统	字符型 30		C	
大地纬度	图根点的大地纬度(°)	浮点型 4.8		C	
大地经度	图根点的大地经度(°)	浮点型 4.8		C	
高程	图根点的高程(m)	浮点型 4.2		C	
高程基准	图根点的高程基准	字符型 30		C	
数据源	数据来源类型	字符型 10		C	
更新日期	数据更新日期	日期型		C	

几何表示

几何特征	图形代码	表示方法	属性
点	1	定位点	代码、点号、类型、坐标系、大地纬度、大地经度、高程、高程基准、数据源、更新日期

几何表示示例	制图表示示例
	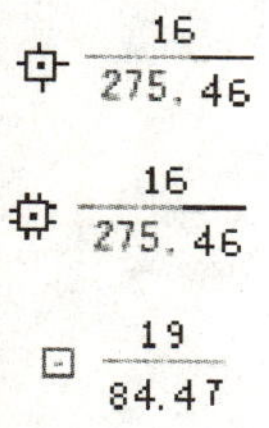

相关要素	
关系	
备注	

要素名称 水准原点

要素描述 国家高程控制网即1985国家高程基准的起算点。

要素分类代码 110201

属性表

属性名称	属性描述	数据类型 字段要求	属性值域或示例	约束/条件	备注
代码	要素分类代码及第七位的图形代码	长整型 10	1102011	M	
高程	水准原点的高程(m)	浮点型 4.4		C	
验潮站	验潮站的名称	字符型 60		C	
数据源	数据来源类型	字符型 10		C	
更新日期	数据更新日期	日期型		C	

几何表示

几何特征	图形代码	表示方法	属性
点	1	定位点	代码、高程、验潮站、数据源、更新日期

几何表示示例	制图表示示例
+	⊗

相关要素	
关系	
备注	

要素名称　水准点

要素描述　利用水准测量方法测定的国家等级的高程控制点。

要素分类代码　110202

属性表

属性名称	属性描述	数据类型 字段要求	属性值域或示例	约束/条件	备注
代码	要素分类代码及第七位的图形代码	长整型 10	1102021	M	
点名	水准点的名称	字符型 60		M	
等级	水准点的等级	字符型 10	一等/二等/三等/四等	M	
高程基准	水准点的高程基准	字符型 30		C	
大地纬度	水准点的大地纬度(°)	浮点型 4.8		M	
大地经度	水准点的大地经度(°)	浮点型 4.8		M	
高程	水准点的高程(m)	浮点型 4.4		M	
数据源	数据来源类型	字符型 10		C	
更新日期	数据更新日期	日期型		C	

几何表示

几何特征	图形代码	表示方法	属性
点	1	定位点	代码、点名、等级、高程基准、大地纬度、大地经度、高程、数据源、更新日期

几何表示示例	制图表示示例
	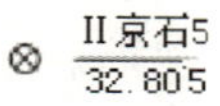

相关要素	
关系	
备注	

要素名称 卫星定位等级点

要素描述 利用卫星定位技术测定的国家等级控制点，包括 A—E 级。

要素分类代码 110302

属性表

属性名称	属性描述	数据类型字段要求	属性值域或示例	约束/条件	备注
代码	要素分类代码及第七位的图形代码	长整型 10	1103021	M	
点名	卫星定位等级点的名称	字符型 60		M	
等级	卫星定位等级点的等级	字符型 10	A/ B/C/ D/ E/2/3/4	M	
大地纬度	卫星定位等级点的大地纬度(°)	浮点型 4.8		M	
大地经度	卫星定位等级点的大地经度(°)	浮点型 4.8		M	
大地高	卫星定位等级点的大地高(m)	浮点型 9.4		M	
高程	卫星定位等级点的高程(m)	浮点型 4.3		M	
数据源	数据来源类型	字符型 10		C	
更新日期	数据更新日期	日期型		C	

几何表示

几何特征	图形代码	表示方法	属性
点	1	定位点	代码、点名、等级、大地纬度、大地经度、大地高、高程、数据源、更新日期

几何表示示例	制图表示示例

相关要素	
关系	
备注	

要素名称 重力点

要素描述 测定了重力加速度值的国家重力点。

要素分类代码 110401

属性表

属性名称	属性描述	数据类型 字段要求	属性值域或示例	约束/条件	备注
代码	要素分类代码及第七位的图形代码	长整型 10	1104011	M	
点名	重力点的名称	字符型 60		M	
等级	重力点的等级	字符型 10	基准点/基本点/一等/二等/加密	M	
重力基准	重力点的基准	字符型 30		C	
高程基准	重力点的高程基准	字符型 30		C	
坐标系统	重力点的坐标系统	字符型 30		C	
测量方式	重力点的测量方式	字符型 10	绝对/相对	M	
重力值	重力点的重力值(N)	浮点型 9.4		M	
大地纬度	重力点的大地纬度(°)	浮点型 4.8		M	
大地经度	重力点的大地经度(°)	浮点型 4.8		M	
高程	重力点的高程(m)	浮点型 4.2		M	
数据源	数据来源类型	字符型 10		C	
更新日期	数据更新日期	日期型		C	

几何表示

几何特征	图形代码	表示方法	属性
点	1	定位点	代码、点名、等级、重力基准、高程基准、坐标系统、测量方式、重力值、大地纬度、大地经度、高程、数据源、更新日期

几何表示示例	制图表示示例
+	制图不表示

相关要素	
关系	
备注	

要素名称　独立天文点

要素描述　利用天文观测的方法直接测定地理坐标和方位角的控制点。

要素分类代码　110402

属性表

属性名称	属性描述	数据类型 字段要求	属性值域或示例	约束/条件	备注
代码	要素分类代码及第七位的图形代码	长整型 10	1104021	M	
点名	独立天文点的名称	字符型 60		M	
等级	独立天文点的等级	字符型 10	一等/二等/三等/四等	M	
高程	独立天文点的高程(m)	浮点型 4.2		M	
测量方法	独立天文点的测量方法	字符型 10	已知方向/北极星/太阳/南北星	C	
天文纬度	独立天文点的天文纬度(hms)	字符型 8		C	格式为 hhmmssss
天文经度	独立天文点的天文经度(hms)	字符型 8		C	格式为 hhmmssss
天文方位角	独立天文点的天文方位角(°)	浮点型 4.8		C	
数据源	数据来源类型	字符型 10		C	
更新日期	数据更新日期	日期型		C	

几何表示

几何特征	图形代码	表示方法	属性
点	1	定位点	代码、点名、等级、高程、测量方法、天文纬度、天文经度、天文方位角、数据源、更新日期

几何表示示例	制图表示示例
	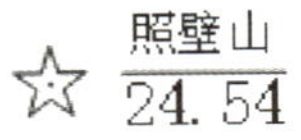

相关要素	
关系	
备注	

要素名称　内图廓线
要素描述　图幅范围的边线。
要素分类代码　120100

属性表

属性名称	属性描述	数据类型 字段要求	属性值域或示例	约束/条件	备注
代码	要素分类代码及第七位的图形代码	长整型 10	1201002	M	
经度	内图廓线的经度(°)	浮点型 4.8		C	经纬分幅时东、西图廓线选此属性项
纬度	内图廓线的纬度(°)	浮点型 4.8		C	经纬分幅时南、北图廓线选此属性项
x 坐标	内图廓线的 x 坐标(km)	浮点型 2.2		C	直角坐标分幅时南、北图廓线选此属性项
y 坐标	内图廓线的 y 坐标(km)	浮点型 2.2		C	直角坐标分幅时东、西图廓线选此属性项

几何表示

几何特征	图形代码	表示方法	属性
线	2	线	代码、经度/纬度
			代码、x 坐标/y 坐标

几何表示示例	制图表示示例

相关要素	
关系	
备注	

要素名称 坐标网线

要素描述 由相同间距纵横交错的直线构成的平面直角网，又称方里网。

要素分类代码 120200

属性表

属性名称	属性描述	数据类型 字段要求	属性值域或示例	约束/条件	备注
代码	要素分类代码及第七位的图形代码	长整型 10	1202002	M	

几何表示

几何特征	图形代码	表示方法	属性
线	2	线	代码

几何表示示例	制图表示示例
	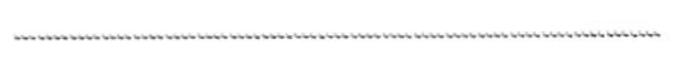

相关要素	
关系	
备注	

要素名称 常年河—地面河流

要素描述 常年有水的地面上的自然河流。

要素分类代码 210101

属性表

属性名称	属性描述	数据类型 字段要求	属性值域或示例	约束/条件	备注
代码	要素分类代码及第七位的图形代码	长整型 10	2101012/2101013	M	
名称	河流名称	字符型 60	“清江”	M	
实体编码	行业名称代码	字符型 20		C	
级别	河流级别	整型 1	1/2/3/4/5/6/7	C	
水质	水质类型	字符型 2	淡/盐/咸/苦	C	
河流类型	内流或外流	字符型 2	内/外	C	
通航性质	可否通航	字符型 8	通航/不通航	C	
数据源	数据来源类型	字符型 10		C	
更新日期	数据更新日期	日期型		C	

几何表示

几何特征	图形代码	表示方法	属性
线	2	有向线	代码、名称、实体编码、级别、水质、河流类型、通航性质、数据源、更新日期
面	3	范围线构成的面	代码、名称、实体编码、级别、水质、河流类型、通航性质、数据源、更新日期

几何表示示例	制图表示示例
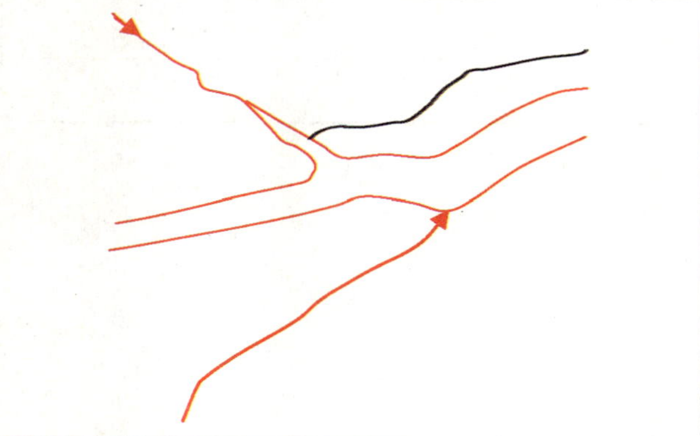	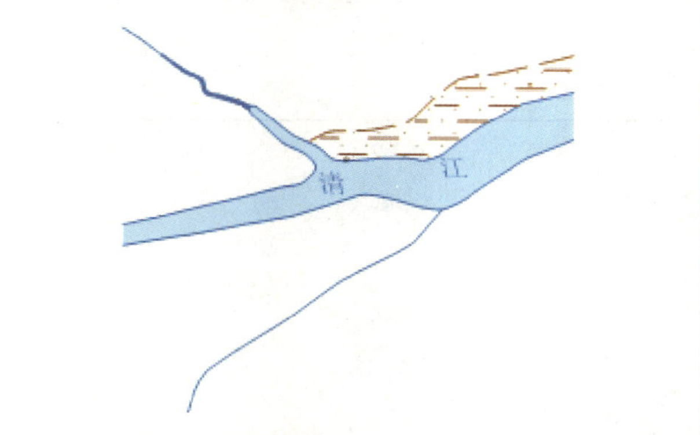

相关要素	水系、水运设施、地貌
关系	连接、包含
备注	

要素名称 常年河—地下河段

要素描述 河流流经地下的河段。

要素分类代码 210102

属性表

属性名称	属性描述	数据类型 字段要求	属性值域或示例	约束/条件	备注
代码	要素分类代码及第七位的图形代码	长整型 10	2101022/2101023	M	
名称	河流名称	字符型 60		M	
实体编码	行业名称代码	字符型 20		C	
数据源	数据来源类型	字符型 10		C	
更新日期	数据更新日期	日期型		C	

几何表示

几何特征	图形代码	表示方法	属性
线	2	中心线	代码、名称、实体编码、数据源、更新日期
面	3	范围线构成的面	代码、名称、实体编码、数据源、更新日期

几何表示示例	制图表示示例
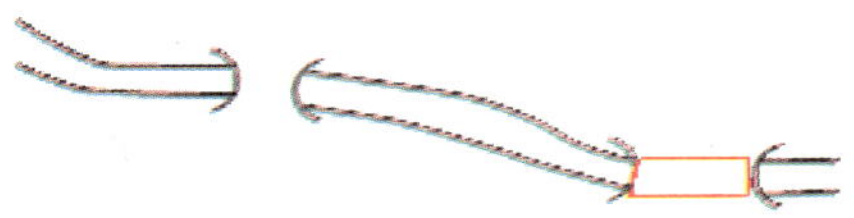	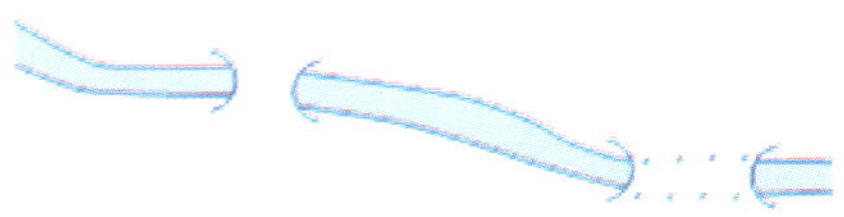

相关要素	地面河流、地下河段的出入口
关系	连接
备注	

要素名称　常年河—地下河段出入口

要素描述　常年有水的河流流经地下的河段在地面上的出入口。

要素分类代码　210103

属性表

属性名称	属性描述	数据类型 字段要求	属性值域或示例	约束/条件	备注
代码	要素分类代码及第七位的图形代码	长整型 10	2101032	M	
数据源	数据来源类型	字符型 10		C	
更新日期	数据更新日期	日期型		C	

几何表示

几何特征	图形代码	表示方法	属性
线	2	线	代码、数据源、更新日期

几何表示示例	制图表示示例
	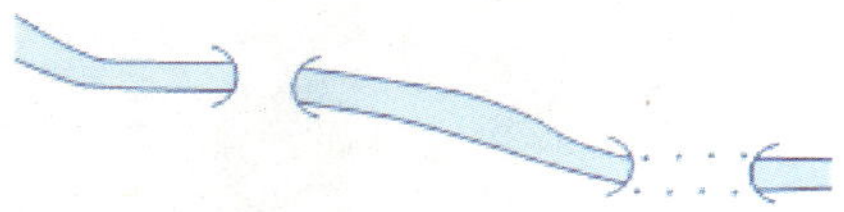

相关要素	地面河流
关系	连接
备注	

要素名称 常年河—消失河段

要素描述 常年有水的河流流经沼泽、沙地等地区，没有明显河床，或表面水流消失的地段。

要素分类代码 210104

属性表

属性名称	属性描述	数据类型 字段要求	属性值域或示例	约束/条件	备注
代码	要素分类代码及第七位的图形代码	长整型 10	2101042/2101043	M	
名称	河流名称	字符型 60		M	
实体编码	行业名称代码	字符型 20		C	
数据源	数据来源类型	字符型 10		C	
更新日期	数据更新日期	日期型		C	

几何表示

几何特征	图形代码	表示方法	属性
线	2	线	代码、名称、实体编码、数据源、更新日期
面	3	范围线构成的面	代码、名称、实体编码、数据源、更新日期

几何表示示例	制图表示示例

相关要素	地面河流
关系	连接
备注	

要素名称 时令河

要素描述 季节性有水的自然河流。

要素分类代码 210200

属性表

属性名称	属性描述	数据类型字段要求	属性值域或示例	约束/条件	备注
代码	要素分类代码及第七位的图形代码	长整型 10	2102002/2102003	M	
名称	河流名称	字符型 60		M	
实体编码	行业名称代码	字符型 20		C	
有水月份	河流有水月份	字符型 6	“7—9”	M	
数据源	数据来源类型	字符型 10		C	
更新日期	数据更新日期	日期型		C	

几何表示

几何特征	图形代码	表示方法	属性
线	2	有向线	代码、名称、实体编码、有水月份、数据源、更新日期
面	3	范围线构成的面	代码、名称、实体编码、有水月份、数据源、更新日期

几何表示示例	制图表示示例
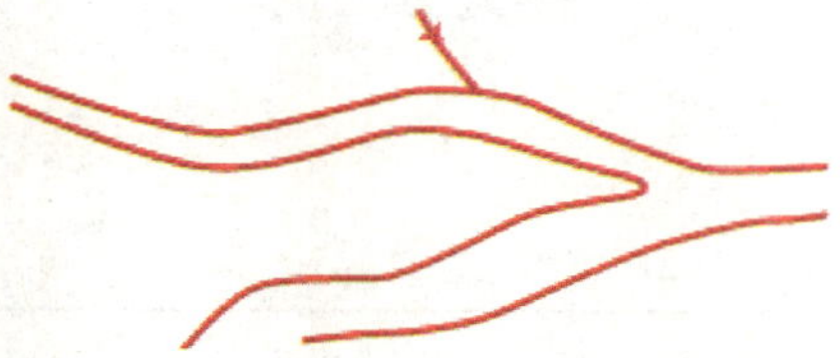	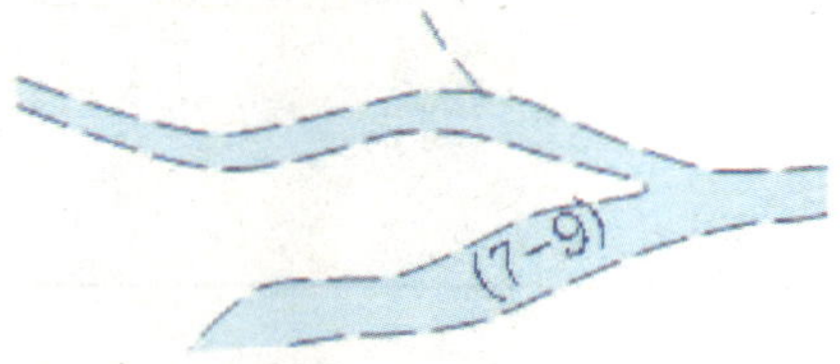

相关要素	
关系	
备注	

要素名称 干涸河(干河床)

要素描述 降水或融雪后短暂时间内有水的河床或河流改道后遗留的河道。

要素分类代码 210300

属性表

属性名称	属性描述	数据类型 字段要求	属性值域或示例	约束/条件	备注
代码	要素分类代码及第七位的图形代码	长整型 10	2103002/2103003	M	
名称	河流名称	字符型 60		M	
实体编码	行业名称代码	字符型 20		C	
土质	河道中的土质类型	字符型 10		M	
数据源	数据来源类型	字符型 10		C	
更新日期	数据更新日期	日期型		C	

几何表示

几何特征	图形代码	表示方法	属性
线	2	有向线	代码、名称、实体编码、土质、数据源、更新日期
面	3	范围线构成的面	代码、名称、实体编码、土质、数据源、更新日期

几何表示示例	制图表示示例
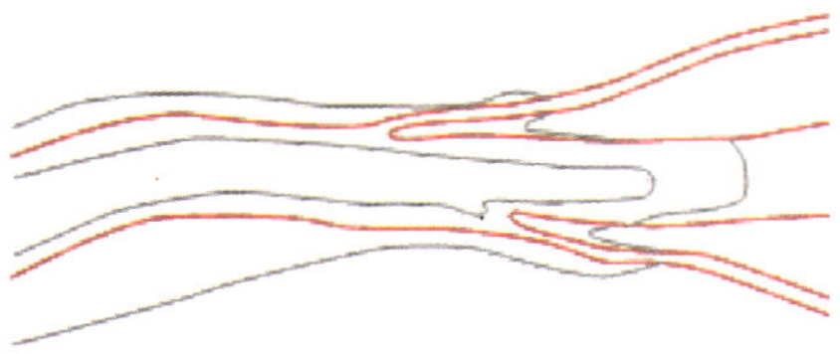	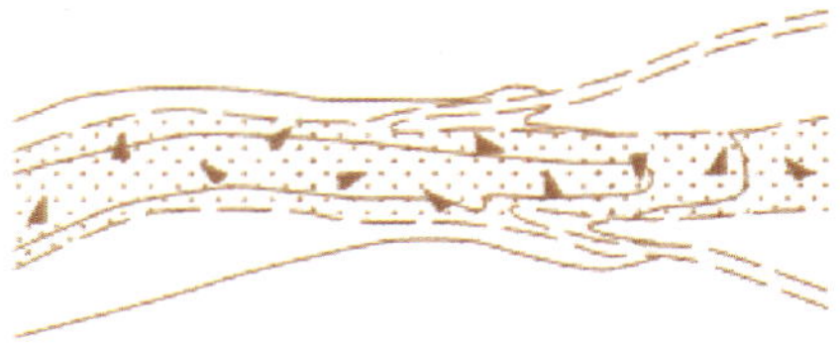

相关要素	干涸湖、漫流干河
关系	连接
备注	

要素名称 运河
要素描述 人工开凿的可供调水、航运的水道。
要素分类代码 220100

属性表

属性名称	属性描述	数据类型字段要求	属性值域或示例	约束/条件	备注
代码	要素分类代码及第七位的图形代码	长整型 10	2201003	M	
名称	运河名称	字符型 60	“京杭运河”	M	
实体编码	行业名称代码	字符型 20		C	
通航性质	可否通航	字符型 6	通航/不通航	C	
数据源	数据来源类型	字符型 10		C	
更新日期	数据更新日期	日期型		C	

几何表示

几何特征	图形代码	表示方法	属性
面	3	范围线构成的面	代码、名称、实体编码、通航性质、数据源、更新日期

几何表示示例	制图表示示例

相关要素	河流
关系	连接
备注	

要素名称 地面干渠

要素描述 地面上人工开挖的供引水、排水的主干渠道。其修筑正规，渠道较宽，通达几十公里以上。

要素分类代码 220201

属性表

属性名称	属性描述	数据类型字段要求	属性值域或示例	约束/条件	备注
代码	要素分类代码及第七位的图形代码	长整型 10	2202013	M	
名称	地面干渠名称	字符型 60	“红旗渠”	M	
实体编码	行业名称代码	字符型 20		C	
数据源	数据来源类型	字符型 10		C	
更新日期	数据更新日期	日期型		C	

几何表示

几何特征	图形代码	表示方法	属性
面	3	范围线构成的面	代码、名称、实体编码、数据源、更新日期

几何表示示例	制图表示示例
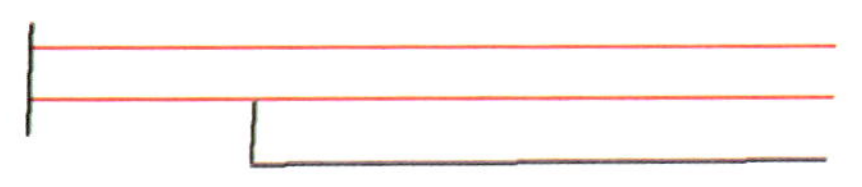	

相关要素	河流、支渠
关系	连接
备注	

要素名称 高于地面干渠

要素描述 渠底高于地面的主干渠道。

要素分类代码 220202

属性表

属性名称	属性描述	数据类型 字段要求	属性值域或示例	约束/条件	备注
代码	要素分类代码及第七位的图形代码	长整型 10	2202023	M	
名称	高于地面干渠名称	字符型 60	“红旗渠”	M	
实体编码	行业名称代码	字符型 20		C	
数据源	数据来源类型	字符型 10		C	
更新日期	数据更新日期	日期型		C	

几何表示

几何特征	图形代码	表示方法	属性
面	3	范围线构成的面	代码、名称、实体编码、数据源、更新日期

几何表示示例	制图表示示例

相关要素	河流、支渠
关系	连接
备注	

要素名称 地面支渠

要素描述 地面上人工开挖的供引水、排水的仅次于干渠的渠道。

要素分类代码 220301

属性表

属性名称	属性描述	数据类型 字段要求	属性值域或示例	约束/条件	备注
代码	要素分类代码及第七位的图形代码	长整型 10	2203012/2203013	M	
名称	地面支渠名称	字符型 60		C	
实体编码	行业名称代码	字符型 20		C	
数据源	数据来源类型	字符型 10		C	
更新日期	数据更新日期	日期型		C	

几何表示

几何特征	图形代码	表示方法	属性
线	2	有向线	代码、名称、实体编码、数据源、更新日期
面	3	范围线构成的面	代码、名称、实体编码、数据源、更新日期

几何表示示例	制图表示示例

相关要素	干渠
关系	连接
备注	

要素名称 高于地面支渠

要素描述 渠底高于地面的支渠。

要素分类代码 220302

属性表

属性名称	属性描述	数据类型 字段要求	属性值域或示例	约束/条件	备注
代码	要素分类代码及第七位的图形代码	长整型 10	2203022/2203023	M	
名称	高于地面支渠名称	字符型 60		C	
实体编码	行业名称代码	字符型 20		C	
数据源	数据来源类型	字符型 10		C	
更新日期	数据更新日期	日期型		C	

几何表示

几何特征	图形代码	表示方法	属性
线	2	有向线	代码、名称、实体编码、数据源、更新日期
面	3	范围线构成的面	代码、名称、实体编码、数据源、更新日期

几何表示示例	制图表示示例

相关要素	干渠
关系	连接
备注	

要素名称 地下渠
要素描述 修筑在地下、相隔一定距离有出水口的水道。
要素分类代码 220303

属性表

属性名称	属性描述	数据类型字段要求	属性值域或示例	约束/条件	备注
代码	要素分类代码及第七位的图形代码	长整型 10	2203032	M	
名称	地下渠名称	字符型 60		C	
实体编码	行业名称代码	字符型 20		C	
数据源	数据来源类型	字符型 10		C	
更新日期	数据更新日期	日期型		C	

几何表示

几何特征	图形代码	表示方法	属性
线	2	有向线	代码、名称、实体编码、数据源、更新日期

几何表示示例	制图表示示例

相关要素	干渠
关系	连接
备注	

要素名称　地下渠出水口
要素描述　地下渠的出水口。
要素分类代码　220304

属性表

属性名称	属性描述	数据类型 字段要求	属性值域或示例	约束/条件	备注
代码	要素分类代码及第七位的图形代码	长整型 10	2203041	M	
实体编码	行业名称代码	字符型 20		C	
数据源	数据来源类型	字符型 10		C	
更新日期	数据更新日期	日期型		C	

几何表示

几何特征	图形代码	表示方法	属性
点	1	定位点	代码、实体编码、数据源、更新日期

几何表示示例	制图表示示例

相关要素	地下渠
关系	包含
备注	

要素名称 坎儿井

要素描述 干旱地区引用地下水及雪水，并有竖井与之相通的暗渠。

要素分类代码 220400

属性表

属性名称	属性描述	数据类型字段要求	属性值域或示例	约束/条件	备注
代码	要素分类代码及第七位的图形代码	长整型 10	2204002/2204004	M	
数据源	数据来源类型	字符型 10		C	
更新日期	数据更新日期	日期型		C	

几何表示

几何特征		图形代码	表示方法	属性
复合	点	4	竖井的定位点	代码、数据源、更新日期
	线	2	有向线	代码、数据源、更新日期

几何表示示例	制图表示示例

相关要素	
关系	
备注	

要素名称 输水渡槽

要素描述 跨越山谷、道路或沟渠的桥梁式输水设施，如水槽或水管。

要素分类代码 220600

属性表

属性名称	属性描述	数据类型 字段要求	属性值域或示例	约束/条件	备注
代码	要素分类代码及第七位的图形代码	长整型 10	2206002/2206003	M	
名称	输水渡槽名称	字符型 60		C	
实体编码	行业名称代码	字符型 20		C	
数据源	数据来源类型	字符型 10		C	
更新日期	数据更新日期	日期型		C	

几何表示

几何特征	图形代码	表示方法	属性
线	2	中心线	代码、名称、实体编码、数据源、更新日期
面	3	范围线构成的面	代码、名称、实体编码、数据源、更新日期

几何表示示例	制图表示示例
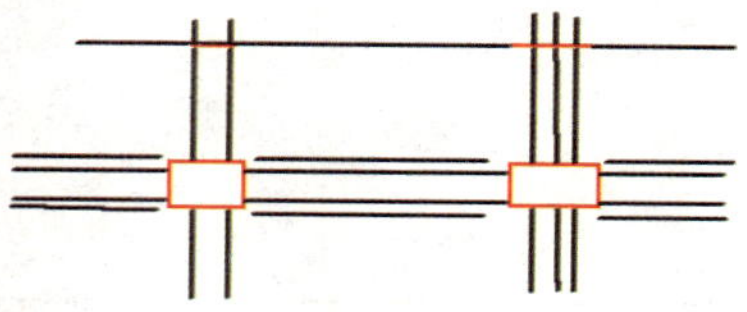	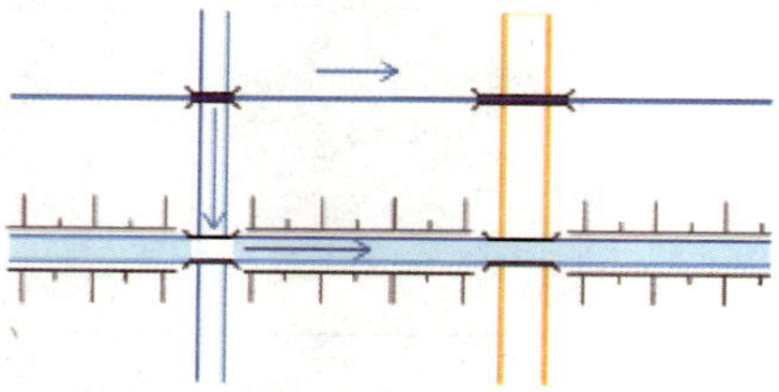

相关要素	渠道
关系	包含
备注	

要素名称　输水隧道

要素描述　修建在山中或地下的过水渠道设施。

要素分类代码　220700

属性表

属性名称	属性描述	数据类型 字段要求	属性值域或示例	约束/条件	备注
代码	要素分类代码及第七位的图形代码	长整型 10	2207003	M	
数据源	数据来源类型	字符型 10		C	
更新日期	数据更新日期	日期型		C	

几何表示

几何特征	图形代码	表示方法	属性
面	3	范围线构成的面	代码、数据源、更新日期

几何表示示例	制图表示示例

相关要素	沟渠
关系	连接
备注	

要素名称　倒虹吸
要素描述　在路下或水下设置的虹吸式过水通道。
要素分类代码　220800

属性表

属性名称	属性描述	数据类型 字段要求	属性值域或示例	约束/条件	备注
代码	要素分类代码及第七位的图形代码	长整型 10	2208003	M	
数据源	数据来源类型	字符型 10		C	
更新日期	数据更新日期	日期型		C	

几何表示

几何特征	图形代码	表示方法	属性
面	3	范围线构成的面	代码、数据源、更新日期

几何表示示例	制图表示示例
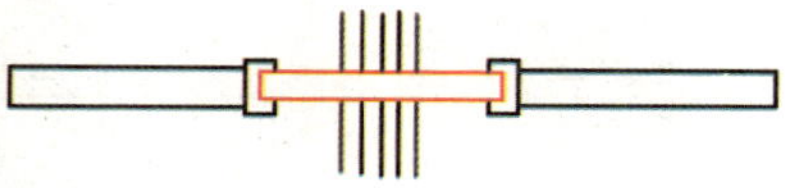	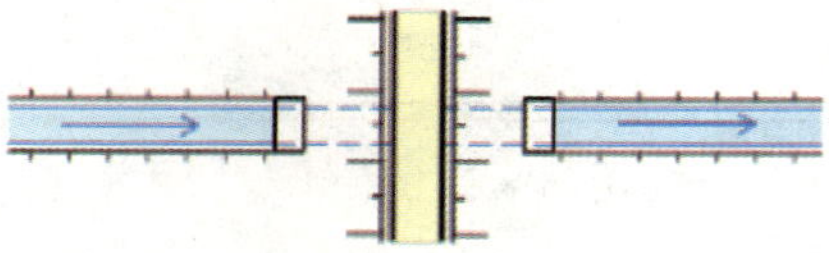

相关要素	沟渠
关系	连接
备注	

要素名称 涵洞

要素描述 修建在道路、堤坝等构筑物下面的过水或通行通道。

要素分类代码 220900

属性表

属性名称	属性描述	数据类型 字段要求	属性值域或示例	约束/条件	备注
代码	要素分类代码及第七位的图形代码	长整型 10	2209002/2209003	M	
宽度	涵洞宽(m)	浮点型 2.1		C	
高度	涵洞高(m)	浮点型 2.1		C	
数据源	数据来源类型	字符型 10		C	
更新日期	数据更新日期	日期型		C	

几何表示

几何特征	图形代码	表示方法	属性
线	2	中心线	代码、数据源、更新日期
面	3	范围线构成的面	代码、数据源、更新日期

几何表示示例	制图表示示例
	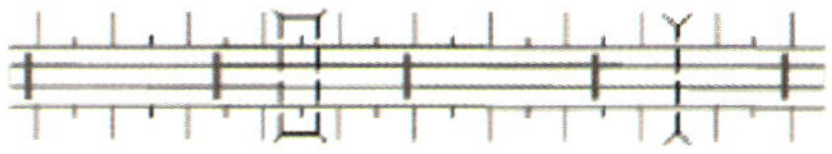

相关要素	
关系	
备注	

要素名称 干沟

要素描述 经常无水，只在雨后短暂时期内有积水，未挖成而搁置或废弃的沟渠。

要素分类代码 221000

属性表

属性名称	属性描述	数据类型 字段要求	属性值域或示例	约束/条件	备注
代码	要素分类代码及第七位的图形代码	长整型 10	2210002/2210003/2210004	M	
深度	干沟的深度(m)	浮点型 3.2	“2.5”	C	
数据源	数据来源类型	字符型 10		C	
更新日期	数据更新日期	日期型		C	

几何表示

几何特征		图形代码	表示方法	属性
线		2	中心线	代码、深度、数据源、更新日期
复合	线	4	干沟两边有向线	代码
	面	3	范围线构成的面	代码、深度、数据源、更新日期

几何表示示例	制图表示示例
	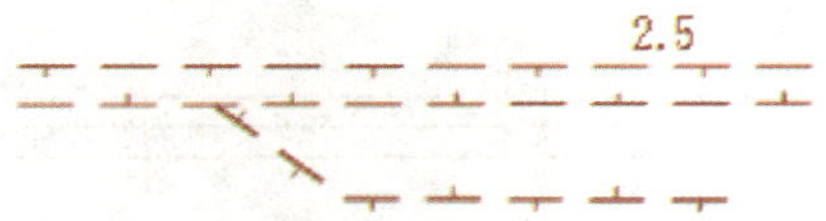

相关要素	
关系	
备注	

要素名称 湖泊

要素描述 陆地上洼地积水形成的水域宽阔、水量变化缓慢的水体。

要素分类代码 230101

属性表

属性名称	属性描述	数据类型 字段要求	属性值域或示例	约束/条件	备注
代码	要素分类代码及第七位的图形代码	长整型 10	2301013	M	
名称	湖泊名称	字符型 60	“龙湖”	M	
实体编码	行业名称代码	字符型 20		C	
水质类型	水质类型	字符型 2	淡/盐/咸/苦	C	
数据源	数据来源类型	字符型 10		C	
更新日期	数据更新日期	日期型		C	

几何表示

几何特征	图形代码	表示方法	属性
面	3	范围线构成的面	代码、名称、实体编码、水质类型、数据源、更新日期

几何表示示例	制图表示示例

相关要素	河流
关系	连接
备注	

要素名称　池塘
要素描述　人工挖掘的积水水体或自然形成的面积较小的洼地积水水体。
要素分类代码　230102

属性表

属性名称	属性描述	数据类型 字段要求	属性值域或示例	约束/条件	备注
代码	要素分类代码及第七位的图形代码	长整型 10	2301023	M	
名称	池塘名称	字符型 60	“清水塘”	C	
实体编码	行业名称代码	字符型 20		C	
用途	池塘用途	字符型 4	“鱼”	C	
数据源	数据来源类型	字符型 10		C	
更新日期	数据更新日期	日期型		C	

几何表示

几何特征	图形代码	表示方法	属性
面	3	范围线构成的面	代码、名称、实体编码、用途、数据源、更新日期

几何表示示例	制图表示示例

相关要素	
关系	
备注	

要素名称 时令湖

要素描述 季节性有水的湖泊。

要素分类代码 230200

属性表

属性名称	属性描述	数据类型 字段要求	属性值域或示例	约束/条件	备注
代码	要素分类代码及第七位的图形代码	长整型 10	2302003	M	
名称	时令湖名称	字符型 60		M	
实体编码	行业名称代码	字符型 20		C	
水质类型	水质类型	字符型 2	淡/盐/咸/苦	M	
有水月份	时令湖有水月份	字符型 6	“8”	M	
数据源	数据来源类型	字符型 10		C	
更新日期	数据更新日期	日期型		C	

几何表示

几何特征	图形代码	表示方法	属性
面	3	范围线构成的面	代码、名称、实体编码、水质类型、有水月份、数据源、更新日期

几何表示示例	制图表示示例
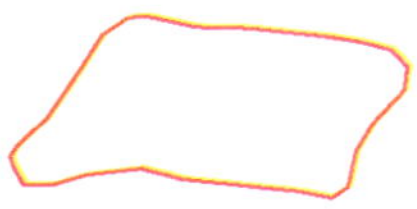	

相关要素	
关系	
备注	

要素名称　干涸湖
要素描述　降雨或融雪后短暂时间内有水的湖盆。
要素分类代码　230300

属性表

属性名称	属性描述	数据类型字段要求	属性值域或示例	约束/条件	备注
代码	要素分类代码及第七位的图形代码	长整型 10	2303003	M	
名称	干涸湖名称	字符型 60		M	
实体编码	行业名称代码	字符型 20		C	
数据源	数据来源类型	字符型 10		C	
更新日期	数据更新日期	日期型		C	

几何表示

几何特征	图形代码	表示方法	属性
面	3	范围线构成的面	代码、名称、实体编码、数据源、更新日期

几何表示示例	制图表示示例
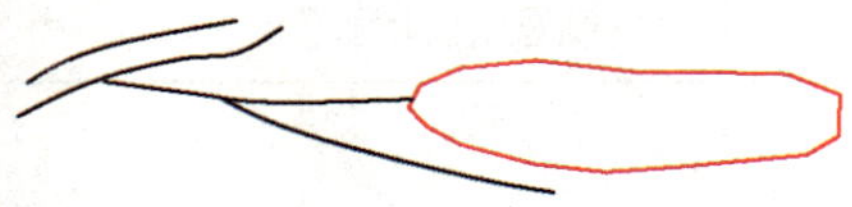	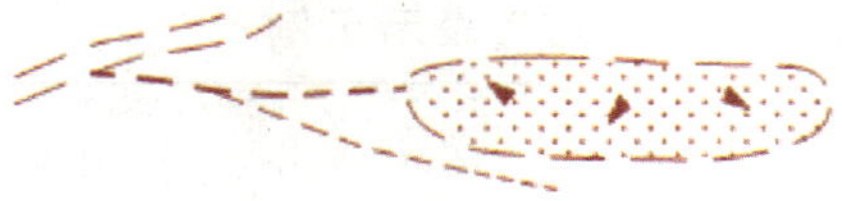

相关要素	河道干河、土质
关系	连接、包含
备注	

要素名称　水库

要素描述　因建造坝、闸、堤、堰等水利工程拦蓄河川径流而形成的水体及建筑物。

要素分类代码　240101

属性表

属性名称	属性描述	数据类型字段要求	属性值域或示例	约束/条件	备注
代码	要素分类代码及第七位的图形代码	长整型 10	2401013	M	
名称	水库名称	字符型 60	“毛湾水库”	M	
实体编码	行业名称代码	字符型 20		C	
类型	水库用途类型	字符型 10	蓄水/发电/蓄水和发电	C	
库容量	水库容量(万 m^3)	长整型 10		C	
数据源	数据来源类型	字符型 10		C	
更新日期	数据更新日期	日期型		C	

几何表示

几何特征	图形代码	表示方法	属性
面	3	范围线构成的面	代码、名称、实体编码、类型、库容量、数据源、更新日期

几何表示示例	制图表示示例
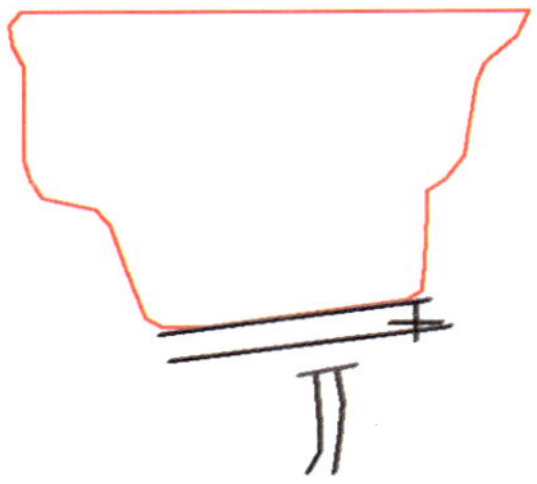	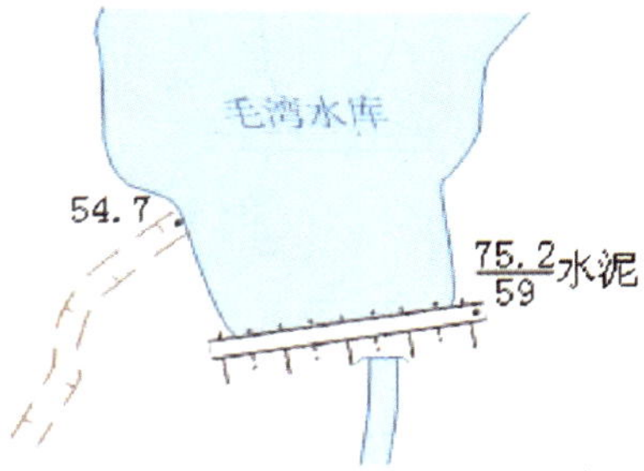

相关要素	河流、溢洪道、拦水坝、堤
关系	连接
备注	

要素名称　建筑中水库
要素描述　建筑中的水库。
要素分类代码　240102

属性表

属性名称	属性描述	数据类型字段要求	属性值域或示例	约束/条件	备注
代码	要素分类代码及第七位的图形代码	长整型 10	2401023	M	
名称	水库名称	字符型 60		M	
库容量	水库容量(万 m^3)	长整型 10		C	
实体编码	行业名称代码	字符型 20		C	
数据源	数据来源类型	字符型 10		C	
更新日期	数据更新日期	日期型		C	

几何表示

几何特征	图形代码	表示方法	属性
面	3	范围线构成的面	代码、名称、库容量、实体编码、数据源、更新日期

几何表示示例	制图表示示例
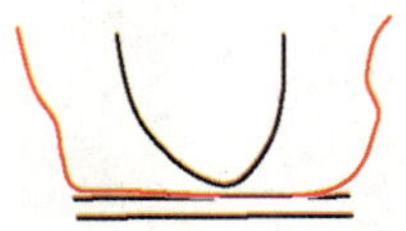	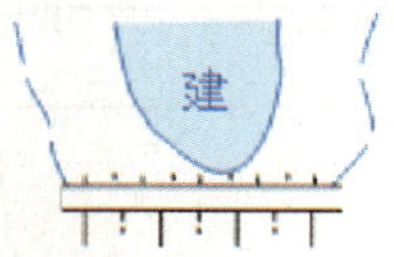

相关要素	河流、拦水坝、堤、公路
关系	连接、重叠
备注	

要素名称 溢洪道

要素描述 水库的泄洪水道，用以排泄水库预定蓄水高度以上的洪水。

要素分类代码 240200

属性表

属性名称	属性描述	数据类型 字段要求	属性值域或示例	约束/条件	备注
代码	要素分类代码及第七位的图形代码	长整型 10	2402003/2402004	M	
高程	溢洪道堰底面高程(m)	浮点型 4.2	"54.7"	M	
数据源	数据来源类型	字符型 10		C	
更新日期	数据更新日期	日期型		C	

几何表示

几何特征		图形代码	表示方法	属性
复合	线	4	溢洪道两边有向线	代码
	面	3	范围线构成的面	代码、高程、数据源、更新日期

几何表示示例	制图表示示例
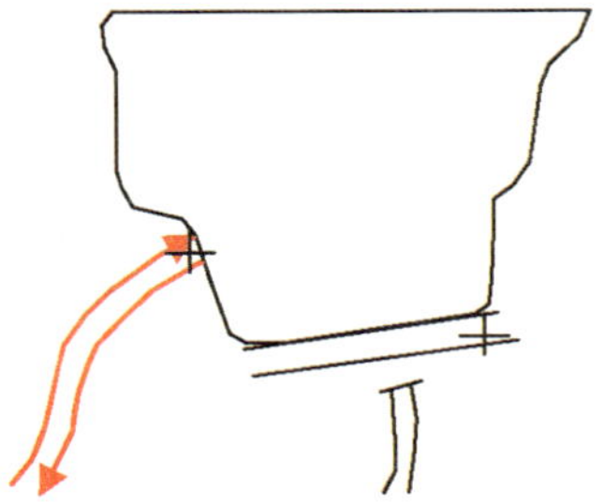	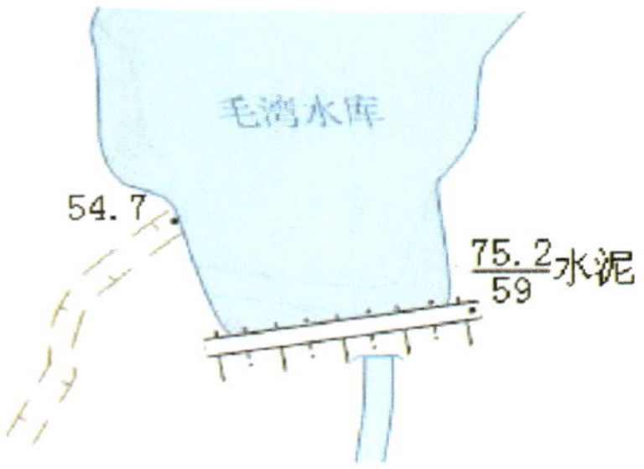

相关要素	水库
关系	连接
备注	

要素名称 泄洪洞、出水口

要素描述 泄洪洞口是水库坝体上修建的排水洞口。

要素分类代码 240300

属性表

属性名称	属性描述	数据类型字段要求	属性值域或示例	约束/条件	备注
代码	要素分类代码及第七位的图形代码	长整型 10	2403002	M	
类型	出水口类型	字符型 6	泄洪洞/引水孔/取水孔/灌溉孔/排沙洞	M	
数据源	数据来源类型	字符型 10		C	
更新日期	数据更新日期	日期型		C	

几何表示

几何特征	图形代码	表示方法	属性
线	2	有向线	代码、类型、数据源、更新日期

几何表示示例	制图表示示例
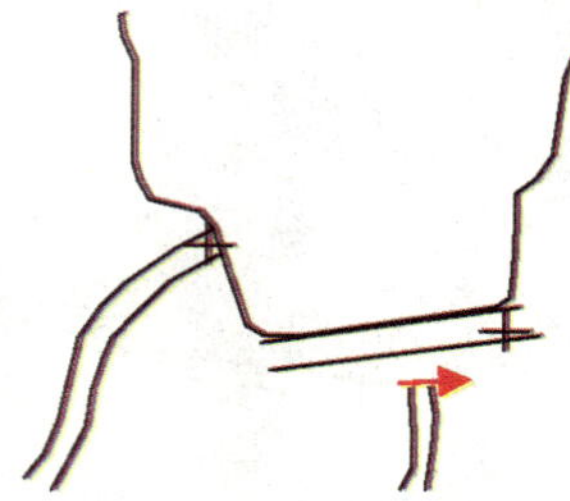	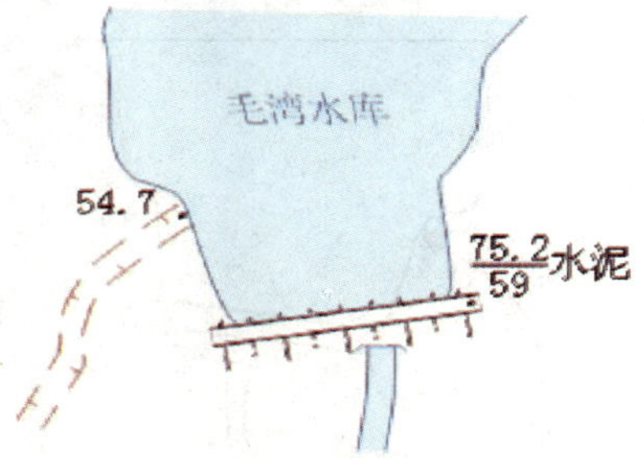

相关要素	拦水坝、河流、沟渠
关系	连接
备注	

要素名称　海域
要素描述　海面上的一定区域。
要素分类代码　250100

属性表

属性名称	属性描述	数据类型 字段要求	属性值域或示例	约束/条件	备注
代码	要素分类代码及第七位的图形代码	长整型 10	2501003	M	
名称	海域名称	字符型 60		M	
实体编码	行业名称代码	字符型 20		C	
数据源	数据来源类型	字符型 10		C	
更新日期	数据更新日期	日期型		C	

几何表示

几何特征	图形代码	表示方法	属性
面	3	范围线构成的面	代码、名称、实体编码、数据源、更新日期

几何表示示例	制图表示示例
	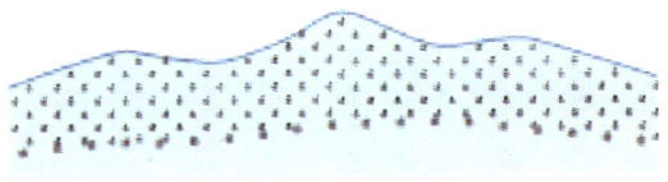

相关要素	海岸线、干出线
关系	连接
备注	

要素名称　海岸线
要素描述　海面平均大潮高潮时的水陆分界线。
要素分类代码　250200

属性表

属性名称	属性描述	数据类型字段要求	属性值域或示例	约束/条件	备注
代码	要素分类代码及第七位的图形代码	长整型 10	2502002	M	
数据源	数据来源类型	字符型 10		C	
更新日期	数据更新日期	日期型		C	

几何表示

几何特征	图形代码	表示方法	属性
线	2	线	代码、数据源、更新日期

几何表示示例	制图表示示例
	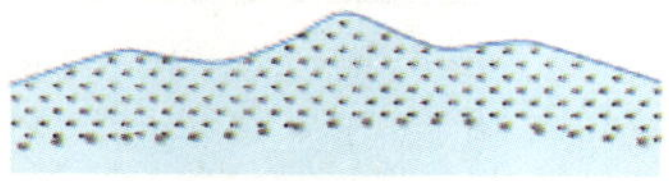

相关要素	海域
关系	连接
备注	

要素名称 干出线
要素描述 海面最低低潮时的水陆分界线(最低低潮线)。
要素分类代码 250300

属性表

属性名称	属性描述	数据类型字段要求	属性值域或示例	约束/条件	备注
代码	要素分类代码及第七位的图形代码	长整型 10	2503002	M	
数据源	数据来源类型	字符型 10		C	
更新日期	数据更新日期	日期型		C	

几何表示

几何特征	图形代码	表示方法	属性
线	2	线	代码、数据源、更新日期

几何表示示例	制图表示示例
	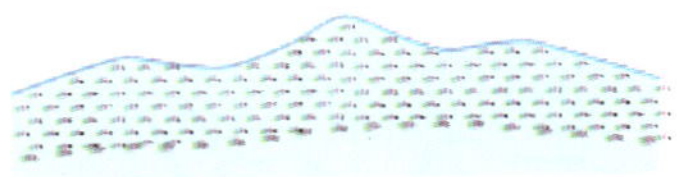

相关要素	海岸线、滩
关系	连接
备注	

要素名称 沙滩

要素描述 海岸线与干出线之间的沙质潮浸地带。

要素分类代码 250401

属性表

属性名称	属性描述	数据类型 字段要求	属性值域或示例	约束/条件	备注
代码	要素分类代码及第七位的图形代码	长整型 10	2504013	M	
名称	沙滩名称	字符型 60		M	
数据源	数据来源类型	字符型 10		C	
更新日期	数据更新日期	日期型		C	

几何表示

几何特征	图形代码	表示方法	属性
面	3	范围线构成的面	代码、名称、数据源、更新日期

几何表示示例	制图表示示例
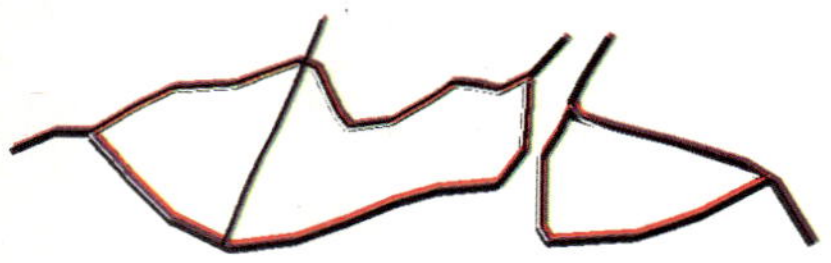	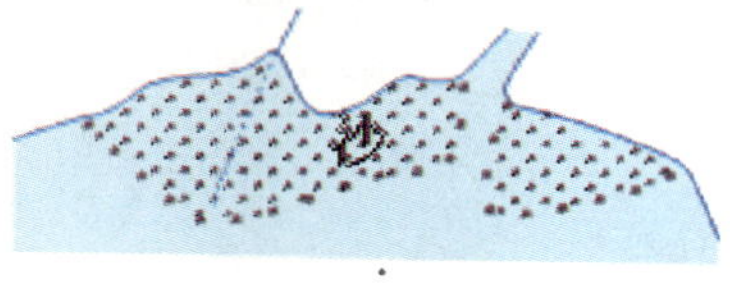

相关要素	海岸线、干出线
关系	连接
备注	

要素名称 沙砾滩、砾石滩

要素描述 海岸线与干出线之间的沙与砾石混合的或以砾石为主的潮浸地带。

要素分类代码 250402

属性表

属性名称	属性描述	数据类型字段要求	属性值域或示例	约束/条件	备注
代码	要素分类代码及第七位的图形代码	长整型 10	2504023	M	
名称	沙砾滩、砾石滩名称	字符型 60		M	
类型	属于沙砾滩和砾石滩中的哪种	字符型 10	沙砾滩/砾石滩	M	
数据源	数据来源类型	字符型 10		C	
更新日期	数据更新日期	日期型		C	

几何表示

几何特征	图形代码	表示方法	属性
面	3	范围线构成的面	代码、名称、类型、数据源、更新日期

几何表示示例	制图表示示例
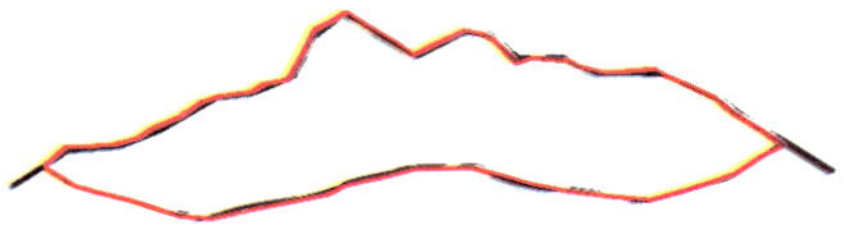	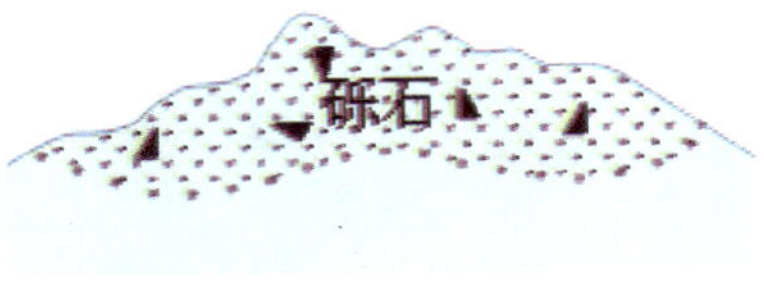

相关要素	海岸线、干出线
关系	连接
备注	

要素名称　岩石滩

要素描述　海岸线与干出线之间的由坚硬岩石层组成的潮浸地带。

要素分类代码　250403

属性表

属性名称	属性描述	数据类型 字段要求	属性值域或示例	约束/条件	备注
代码	要素分类代码及第七位的图形代码	长整型 10	2504033/2504034	M	
名称	岩石滩名称	字符型 60		M	
数据源	数据来源类型	字符型 10		C	
更新日期	数据更新日期	日期型		C	

几何表示

几何特征		图形代码	表示方法	属性
复合	线	4	岩石滩的干出线	代码
	面	3	范围线构成的面	代码、名称、数据源、更新日期

几何表示示例	制图表示示例
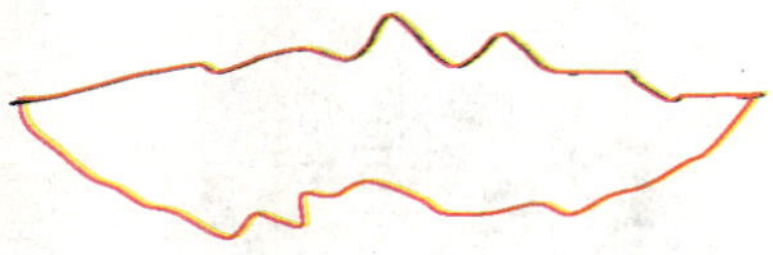	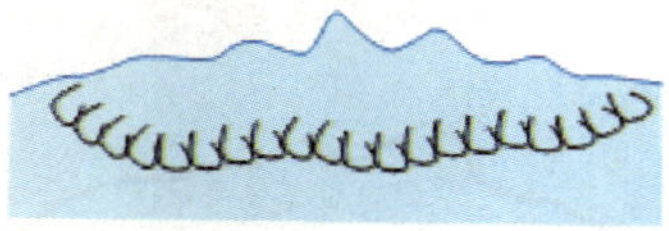

相关要素	海岸线、干出线
关系	连接
备注	

要素名称　珊瑚滩
要素描述　海岸线与干出线之间的由珊瑚虫遗体及其分泌出的石灰质堆积而成的潮浸地带。
要素分类代码　250404

属性表

属性名称	属性描述	数据类型字段要求	属性值域或示例	约束/条件	备注
代码	要素分类代码及第七位的图形代码	长整型 10	2504043/2504044	M	
名称	珊瑚滩名称	字符型 60		M	
数据源	数据来源类型	字符型 10		C	
更新日期	数据更新日期	日期型		C	

几何表示

几何特征		图形代码	表示方法	属性
复合	线	4	珊瑚滩的干出线	代码
	面	3	范围线构成的面	代码、名称、数据源、更新日期

几何表示示例	制图表示示例
	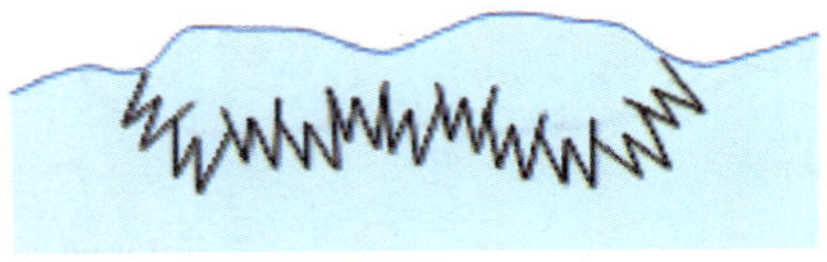

相关要素	海岸线、干出线
关系	连接
备注	

要素名称 淤泥滩
要素描述 海岸线与干出线之间的泥泞下陷、通行困难的潮浸地带。
要素分类代码 250405

属性表

属性名称	属性描述	数据类型 字段要求	属性值域或示例	约束/条件	备注
代码	要素分类代码及第七位的图形代码	长整型 10	2504053	M	
名称	淤泥滩名称	字符型 60		M	
数据源	数据来源类型	字符型 10		C	
更新日期	数据更新日期	日期型		C	

几何表示

几何特征	图形代码	表示方法	属性
面	3	范围线构成的面	代码、名称、数据源、更新日期

几何表示示例	制图表示示例
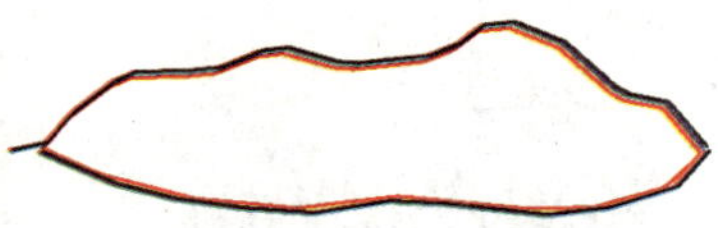	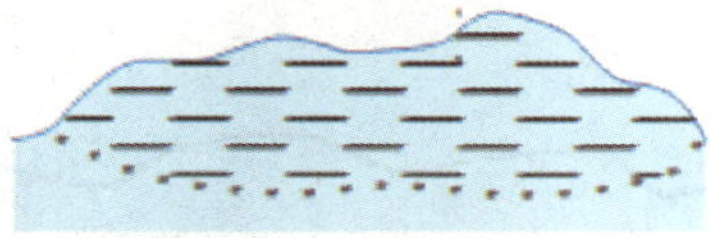

相关要素	海岸线、干出线
关系	连接
备注	

要素名称 沙泥滩

要素描述 海岸线与干出线之间的沙泥混合的潮浸地带。

要素分类代码 250406

属性表

属性名称	属性描述	数据类型 字段要求	属性值域或示例	约束/条件	备注
代码	要素分类代码及第七位的图形代码	长整型 10	2504063	M	
名称	沙泥滩名称	字符型 60		M	
数据源	数据来源类型	字符型 10		C	
更新日期	数据更新日期	日期型		C	

几何表示

几何特征	图形代码	表示方法	属性
面	3	范围线构成的面	代码、名称、数据源、更新日期

几何表示示例	制图表示示例
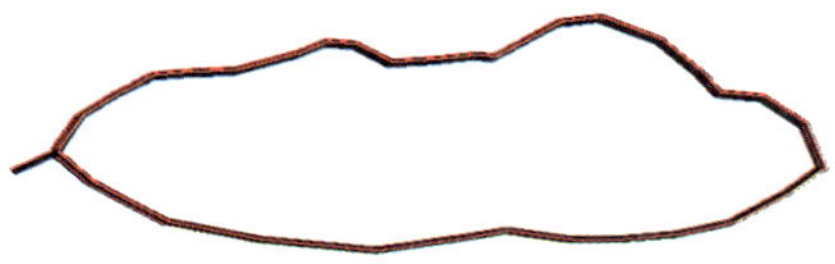	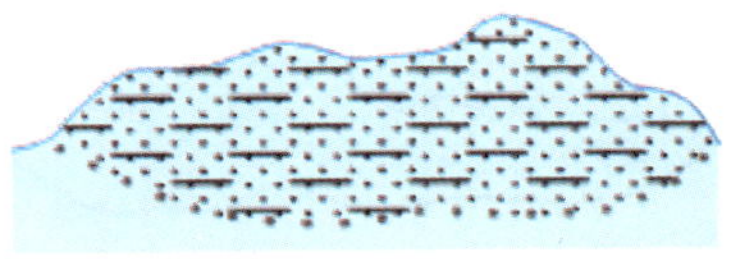

相关要素	海岸线、干出线
关系	连接
备注	

要素名称　红树林滩

要素描述　海岸线与干出线之间生长有红树林群落的潮浸地带。

要素分类代码　250407

属性表

属性名称	属性描述	数据类型 字段要求	属性值域或示例	约束/条件	备注
代码	要素分类代码及第七位的图形代码	长整型 10	2504073	M	
名称	红树林滩名称	字符型 60		M	
数据源	数据来源类型	字符型 10		C	
更新日期	数据更新日期	日期型		C	

几何表示

几何特征	图形代码	表示方法	属性
面	3	范围线构成的面	代码、名称、数据源、更新日期

几何表示示例	制图表示示例
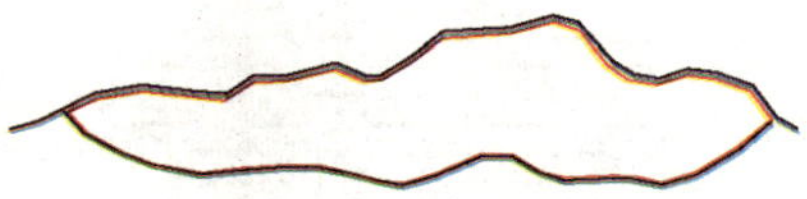	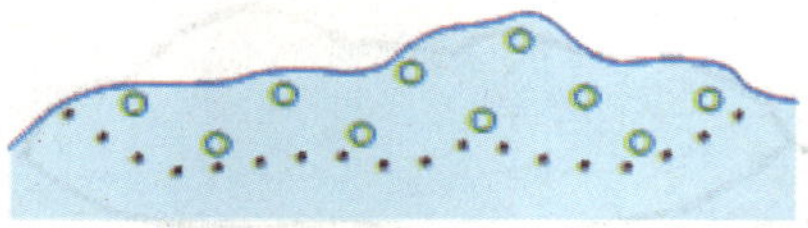

相关要素	海岸线、干出线
关系	连接
备注	

要素名称 贝类养殖滩

要素描述 海岸线与干出线之间的人工养殖贝类的潮浸地带。

要素分类代码 250408

属性表

属性名称	属性描述	数据类型 字段要求	属性值域或示例	约束/条件	备注
代码	要素分类代码及第七位的图形代码	长整型 10	2504083	M	
名称	贝类养殖滩名称	字符型 60		M	
种类	养殖贝类种类	字符型 10		C	
数据源	数据来源类型	字符型 10		C	
更新日期	数据更新日期	日期型		C	

几何表示

几何特征	图形代码	表示方法	属性
面	3	范围线构成的面	代码、名称、种类、数据源、更新日期

几何表示示例	制图表示示例
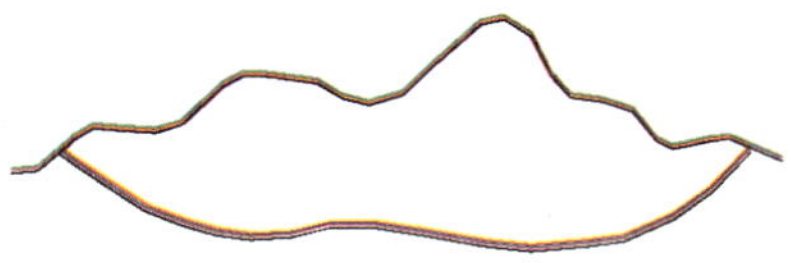	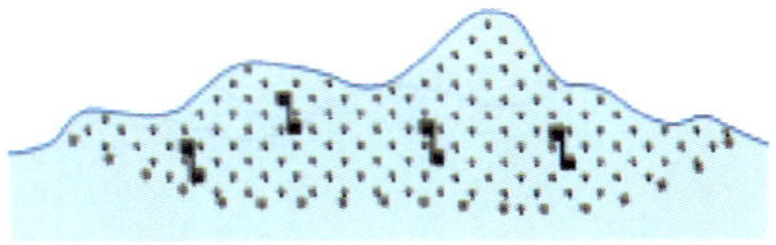

相关要素	海岸线、干出线
关系	连接
备注	

要素名称 干出滩中河道

要素描述 陆地河流延伸至干出滩中的河道。

要素分类代码 250410

属性表

属性名称	属性描述	数据类型 字段要求	属性值域或示例	约束/条件	备注
代码	要素分类代码及第七位的图形代码	长整型 10	2504102/2504103	M	
数据源	数据来源类型	字符型 10		C	
更新日期	数据更新日期	日期型		C	

几何表示

几何特征	图形代码	表示方法	属性
线	2	中心线	代码、数据源、更新日期
面	3	范围线构成的面	代码、数据源、更新日期

几何表示示例	制图表示示例
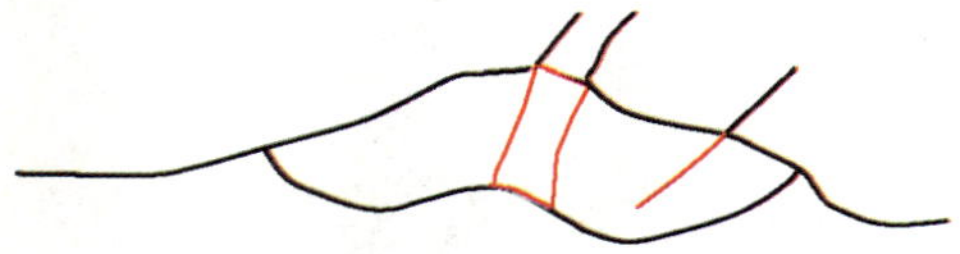	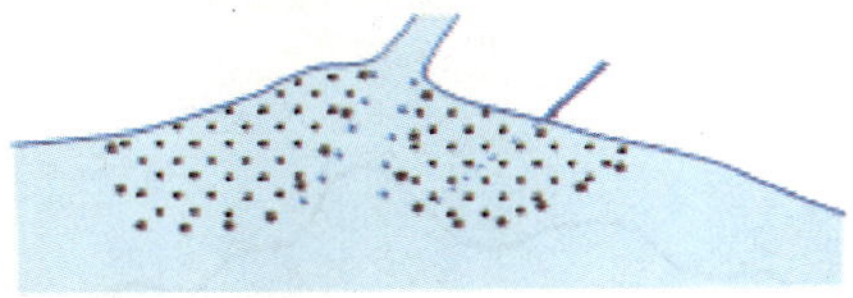

相关要素	河流、海岸线、干出线、干出滩
关系	连接、包含
备注	

要素名称 潮水沟
要素描述 潮水冲击干出滩所形成的水沟。
要素分类代码 250411

属性表

属性名称	属性描述	数据类型 字段要求	属性值域或示例	约束/条件	备注
代码	要素分类代码及第七位的图形代码	长整型 10	2504112	M	
数据源	数据来源类型	字符型 10		C	
更新日期	数据更新日期	日期型		C	

几何表示

几何特征	图形代码	表示方法	属性
线	2	中心线	代码、数据源、更新日期

几何表示示例	制图表示示例
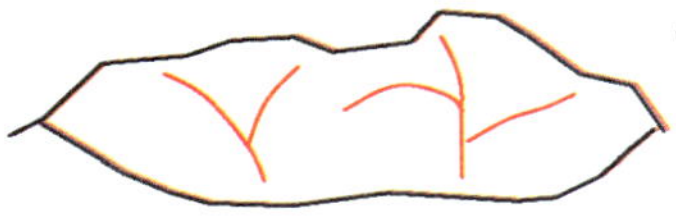	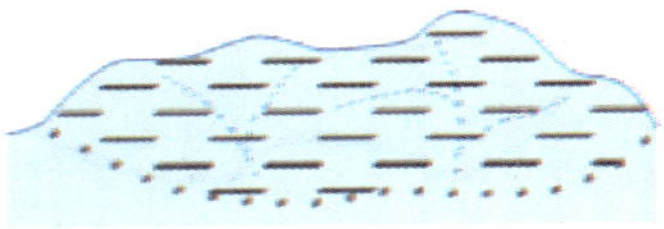

相关要素	海岸线、干出线
关系	连接
备注	

要素名称 危险岸区

要素描述 船只不能靠近的海岸多礁石地段。

要素分类代码 250501

属性表

属性名称	属性描述	数据类型 字段要求	属性值域或示例	约束/条件	备注
代码	要素分类代码及第七位的图形代码	长整型 10	2505013	M	
数据源	数据来源类型	字符型 10		C	
更新日期	数据更新日期	日期型		C	

几何表示

几何特征	图形代码	表示方法	属性
面	3	范围线构成的面	代码、数据源、更新日期

几何表示示例	制图表示示例
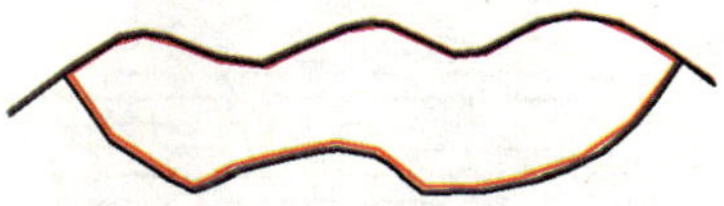	

相关要素	海岸线
关系	连接
备注	

要素名称 危险海区

要素描述 通航海域中对航行安全有危害的海面区域。

要素分类代码 250502

属性表

属性名称	属性描述	数据类型 字段要求	属性值域或示例	约束/条件	备注
代码	要素分类代码及第七位的图形代码	长整型 10	2505023	M	
名称	危险海区名称	字符型 60		C	
数据源	数据来源类型	字符型 10		C	
更新日期	数据更新日期	日期型		C	

几何表示

几何特征	图形代码	表示方法	属性
面	3	范围线构成的面	代码、名称、数据源、更新日期

几何表示示例	制图表示示例
	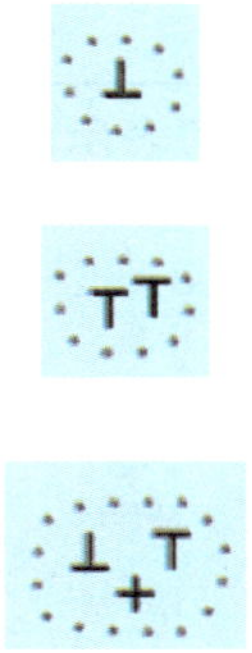

相关要素	
关系	
备注	

要素名称　明礁

要素描述　平均大潮高潮时露出的礁石。

要素分类代码　250601

属性表

属性名称	属性描述	数据类型 字段要求	属性值域或示例	约束/条件	备注
代码	要素分类代码及第七位的图形代码	长整型 10	2506011/2506013	M	
名称	明礁名称	字符型 60		C	
形态	单个或成丛分布	字符型 10	单个/丛礁	M	
类型	礁石类型	字符型 6	珊瑚/岩	M	
数据源	数据来源类型	字符型 10		C	
更新日期	数据更新日期	日期型		C	

几何表示

几何特征	图形代码	表示方法	属性
点	1	定位点	代码、名称、形态、类型、数据源、更新日期
面	3	范围线构成的面	代码、名称、形态、类型、数据源、更新日期

几何表示示例	制图表示示例
	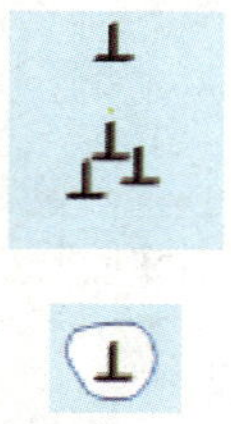

相关要素	
关系	
备注	

要素名称 暗礁
要素描述 在最低低潮面下的礁石。
要素分类代码 250602

属性表

属性名称	属性描述	数据类型 字段要求	属性值域或示例	约束/条件	备注
代码	要素分类代码及第七位的图形代码	长整型 10	2506021/2506023	M	
名称	暗礁名称	字符型 60		C	
形态	单个或成丛分布	字符型 10	单个/丛礁	M	
类型	礁石类型	字符型 6	珊瑚/岩	M	
数据源	数据来源类型	字符型 10		C	
更新日期	数据更新日期	日期型		C	

几何表示

几何特征	图形代码	表示方法	属性
点	1	定位点	代码、名称、形态、类型、数据源、更新日期
面	3	范围线构成的面	代码、名称、形态、类型、数据源、更新日期

几何表示示例	制图表示示例
	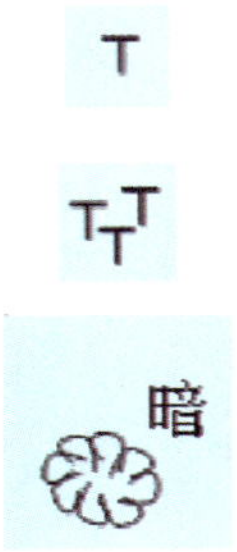

相关要素	
关系	
备注	

要素名称　干出礁
要素描述　平均大潮高潮时淹没，低潮时露出的礁石。
要素分类代码　250603

属性表

属性名称	属性描述	数据类型 字段要求	属性值域或示例	约束/条件	备注
代码	要素分类代码及第七位的图形代码	长整型 10	2506031/2506033	M	
名称	干出礁名称	字符型 60		C	
形态	单个或成丛分布	字符型 10	单个/丛礁	M	
类型	礁石类型	字符型 6	珊瑚/岩	M	
数据源	数据来源类型	字符型 10		C	
更新日期	数据更新日期	日期型		C	

几何表示

几何特征	图形代码	表示方法	属性
点	1	定位点	代码、名称、形态、类型、数据源、更新日期
面	3	范围线构成的面	代码、名称、形态、类型、数据源、更新日期

几何表示示例	制图表示示例
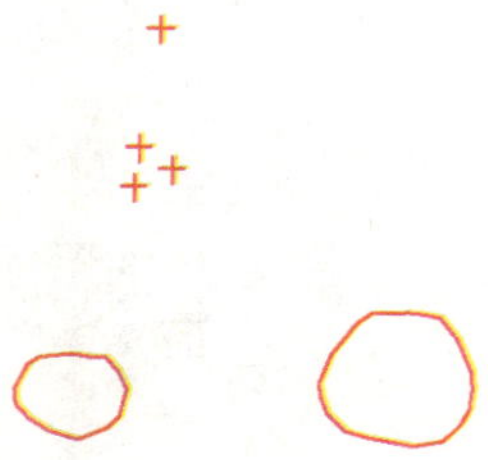	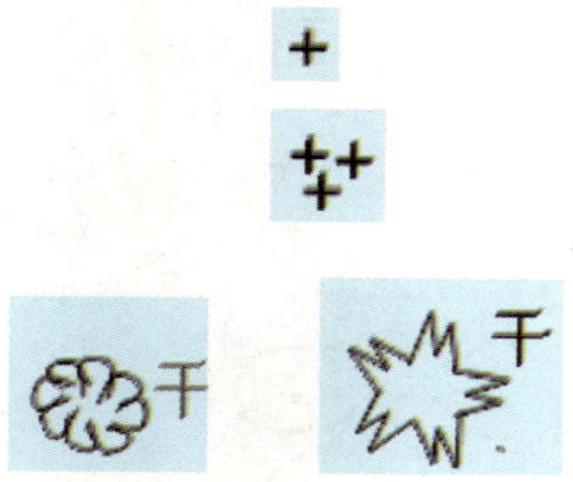

相关要素	
关系	
备注	

要素名称 适淹礁

要素描述 最低低潮时与水面平齐的礁石。

要素分类代码 250604

属性表

属性名称	属性描述	数据类型字段要求	属性值域或示例	约束/条件	备注
代码	要素分类代码及第七位的图形代码	长整型 10	2506041/2506043	M	
名称	适淹礁名称	字符型 60		C	
形态	单个或成丛分布	字符型 10	单个/丛礁	M	
类型	礁石类型	字符型 6	珊瑚/岩	M	
数据源	数据来源类型	字符型 10		C	
更新日期	数据更新日期	日期型		C	

几何表示

几何特征	图形代码	表示方法	属性
点	1	定位点	代码、名称、形态、类型、数据源、更新日期
面	3	范围线构成的面	代码、名称、形态、类型、数据源、更新日期

几何表示示例	制图表示示例

相关要素	
关系	
备注	

要素名称　海岛

要素描述　海水中四周环水且常年高出水面的陆地。

要素分类代码　250700

属性表

属性名称	属性描述	数据类型字段要求	属性值域或示例	约束/条件	备注
代码	要素分类代码及第七位的图形代码	长整型 10	2507003	M	
名称	海岛的名称	字符型 60	“黄公岛”	M	
实体编码	行业名称代码	字符型 20		C	
数据源	数据来源类型	字符型 10		C	
更新日期	数据更新日期	日期型		C	

几何表示

几何特征	图形代码	表示方法	属性
面	3	范围线构成的面	代码、名称、实体编码、数据源、更新日期

几何表示示例	制图表示示例

相关要素	海域、岸线
关系	连接
备注	

要素名称 水系交汇处

要素描述 两个或更多的相邻网状水系的交叉口或汇合处。

要素分类代码 260100

属性表

属性名称	属性描述	数据类型 字段要求	属性值域或示例	约束/条件	备注
代码	要素分类代码及第七位的图形代码	长整型 10	2601001/2601002	M	
数据源	数据来源类型	字符型 10		C	
更新日期	数据更新日期	日期型		C	

几何表示

几何特征	图形代码	表示方法	属性
点	1	定位点	代码、数据源、更新日期
线	2	线	代码、数据源、更新日期

几何表示示例	制图表示示例
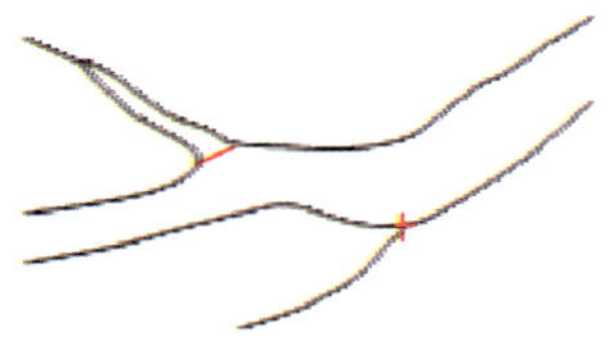	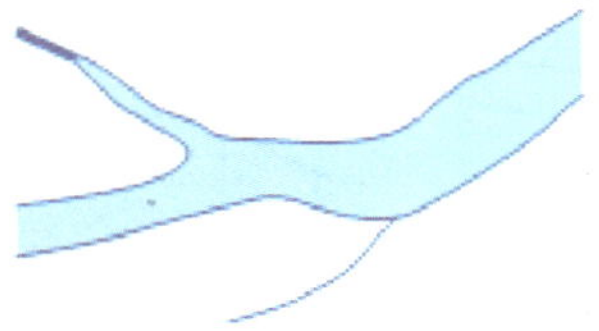

相关要素	河流、湖泊、沟渠、水库、海洋要素
关系	连接
备注	

要素名称　高水界

要素描述　常年雨季的高水面与陆地的交界线。

要素分类代码　260400

属性表

属性名称	属性描述	数据类型 字段要求	属性值域或示例	约束/条件	备注
代码	要素分类代码及第七位的图形代码	长整型 10	2604002	M	
数据源	数据来源类型	字符型 10		C	
更新日期	数据更新日期	日期型		C	

几何表示

几何特征	图形代码	表示方法	属性
线	2	线	代码、数据源、更新日期

几何表示示例	制图表示示例
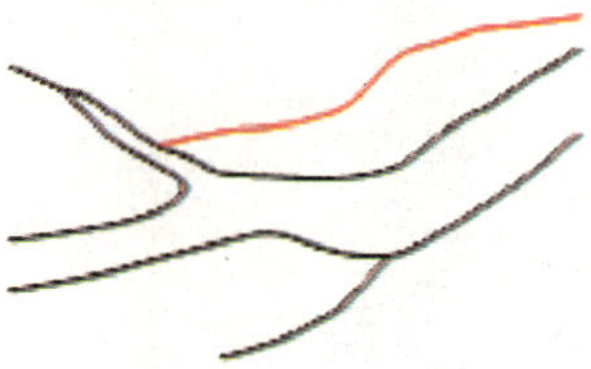	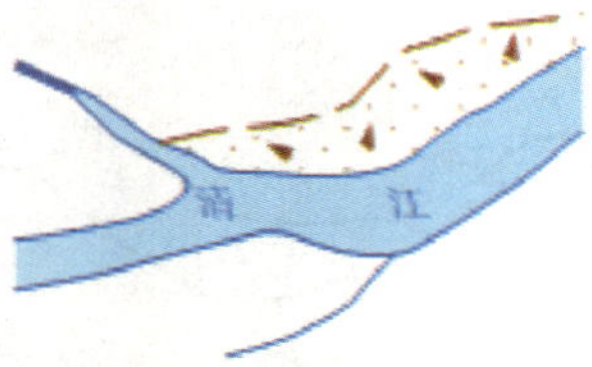

相关要素	岸滩
关系	连接
备注	

要素名称 岸滩

要素描述 河流、湖泊岸边高水位时被淹没，常水位时露出的沉积沙质、泥质地或砾石块形成的滩地。

要素分类代码 260500

属性表

属性名称	属性描述	数据类型 字段要求	属性值域或示例	约束/条件	备注
代码	要素分类代码及第七位的图形代码	长整型 10	2605003	M	
名称	岸滩的名称	字符型 60		C	
沉积物类型	岸滩沉积物类型	字符型 10	沙泥滩/沙砾滩/沙滩/泥滩	M	
数据源	数据来源类型	字符型 10		C	
更新日期	数据更新日期	日期型		C	

几何表示

几何特征	图形代码	表示方法	属性
面	3	范围线构成的面	代码、名称、沉积物类型、数据源、更新日期

几何表示示例	制图表示示例
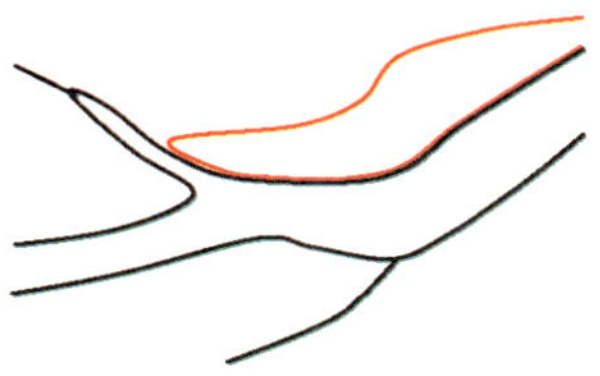	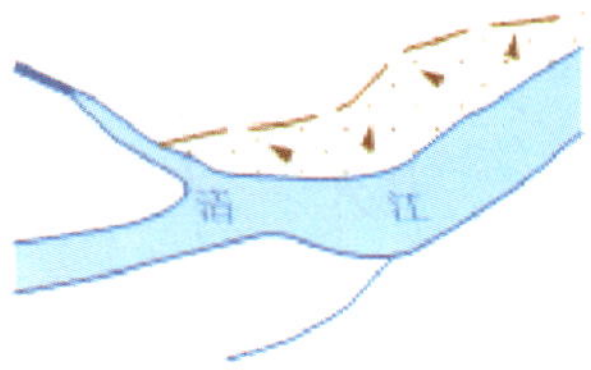

相关要素	河流、湖泊、高水界
关系	连接
备注	

要素名称 水中滩

要素描述 河流、湖泊、水库中常水位时被淹没，低水位时露出的沉积沙滩地或砾、泥形成的滩地。

要素分类代码 260600

属性表

属性名称	属性描述	数据类型 字段要求	属性值域或示例	约束/条件	备注
代码	要素分类代码及第七位的图形代码	长整型 10	2606003	M	
名称	水中滩的名称	字符型 60		C	
沉积物类型	水中滩沉积物类型	字符型 10	沙滩/石滩/沙泥滩/沙砾滩/	M	
数据源	数据来源类型	字符型 10		C	
更新日期	数据更新日期	日期型		C	

几何表示

几何特征	图形代码	表示方法	属性
面	3	范围线构成的面	代码、名称、沉积物类型、数据源、更新日期

几何表示示例	制图表示示例
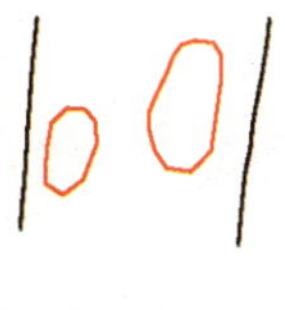	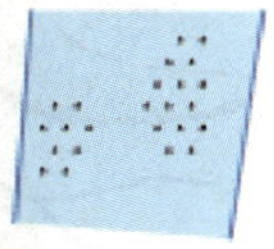

相关要素	河流、湖泊、水库
关系	包含
备注	

要素名称 泉

要素描述 地下水集中涌出的出水口。

要素分类代码 260700

属性表

属性名称	属性描述	数据类型 字段要求	属性值域或示例	约束/条件	备注
代码	要素分类代码及第七位的图形代码	长整型 10	2607001	M	
名称	泉名称	字符型 60	“趵突泉”	C	
类型	泉的类型	字符型 4	矿/温/喷/间/毒/地热	M	
高程	泉口高程(m)	浮点型 4.2	“51.2”	C	
方向	与正东方向逆时针形成的夹角(°)	浮点型 4.8	0～360	M	
数据源	数据来源类型	字符型 10		C	
更新日期	数据更新日期	日期型		C	

几何表示

几何特征	图形代码	表示方法	属性
点	1	有向点	代码、名称、类型、高程、方向、数据源、更新日期

几何表示示例	制图表示示例

相关要素	
关系	
备注	

要素名称　水井

要素描述　由人工开凿用于取水的竖井。

要素分类代码　260800

属性表

属性名称	属性描述	数据类型 字段要求	属性值域或示例	约束/条件	备注
代码	要素分类代码及第七位的图形代码	长整型 10	2608001/2608003	M	
名称	水井的名称	字符型 60		C	
类型	水井类型	字符型 4	咸/苦/毒/流/温/机/干/枯	M	
高程	井口地面高程(m)	浮点型 4.2	“51.2”	C	
井深	井口至水面深度(m)	浮点型 4.2	“5.2”	C	
数据源	数据来源类型	字符型 10		C	
更新日期	数据更新日期	日期型		C	

几何表示

几何特征	图形代码	表示方法	属性
点	1	定位点	代码、名称、类型、高程、井深、数据源、更新日期
面	3	范围线构成的面	代码、名称、类型、高程、井深、数据源、更新日期

几何表示示例	制图表示示例
	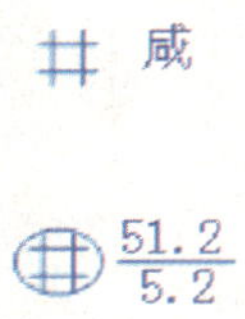

相关要素	
关系	
备注	

要素名称　地热井

要素描述　有大量天然水蒸气或水温 60℃以上的水井。

要素分类代码　260900

属性表

属性名称	属性描述	数据类型 字段要求	属性值域或示例	约束/条件	备注
代码	要素分类代码及第七位的图形代码	长整型 10	2609001	M	
名称	地热井的名称	字符型 60		C	
数据源	数据来源类型	字符型 10		C	
更新日期	数据更新日期	日期型		C	

几何表示

几何特征	图形代码	表示方法	属性
点	1	定位点	代码、名称、数据源、更新日期

几何表示示例	制图表示示例

相关要素	
关系	
备注	

要素名称 贮水池、水窖

要素描述 用于贮水的人工池或水窖。

要素分类代码 261000

属性表

属性名称	属性描述	数据类型 字段要求	属性值域或示例	约束/条件	备注
代码	要素分类代码及第七位的图形代码	长整型 10	2610003	M	
类型	贮水池、水窖的形态类型	字符型 12	高于地面无盖的/低于地面无盖的/高于地面有盖的/低于地面有盖的	M	
用途	贮水池的用途	字符型 4	净/污/地热/洗煤/废液	M	
数据源	数据来源类型	字符型 10		C	
更新日期	数据更新日期	日期型		C	

几何表示

几何特征	图形代码	表示方法	属性
面	3	范围线构成的面	代码、类型、用途、数据源、更新日期

几何表示示例	制图表示示例
	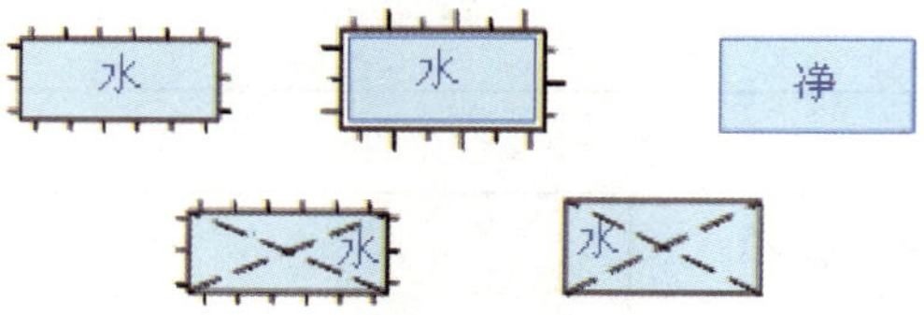

相关要素	
关系	
备注	

要素名称 瀑布、跌水

要素描述 瀑布是从河床断面陡坡或山壁上倾泻而下的水流；跌水是指在河渠坡度变化急剧处用砖、石、水泥构筑的台阶，使水流集中跌落的地段。

要素分类代码 261100

属性表

属性名称	属性描述	数据类型 字段要求	属性值域或示例	约束/条件	备注
代码	要素分类代码及第七位的图形代码	长整型 10	2611002	M	
名称	瀑布、跌水名称	字符型 60	"黄果树"	C	
落差	瀑布、跌水落差(m)	浮点型 3.2	"5.0"	M	
数据源	数据来源类型	字符型 10		C	
更新日期	数据更新日期	日期型		C	

几何表示

几何特征	图形代码	表示方法	属性
线	2	有向线	代码、名称、落差、数据源、更新日期

几何表示示例	制图表示示例
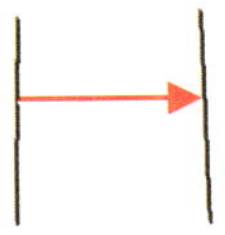	

相关要素	河流
关系	包含
备注	

要素名称 能通行沼泽、湿地
要素描述 地面长期湿润、泥泞或有水潮浸的，可通行区域(包括季节性的湿草地)。
要素分类代码 261201

属性表

属性名称	属性描述	数据类型字段要求	属性值域或示例	约束/条件	备注
代码	要素分类代码及第七位的图形代码	长整型 10	2612013	M	
名称	能通行沼泽、湿地的名称	字符型 60		C	
类型	能通行沼泽、湿地类型	字符型 6	普通/盐碱/泥炭	M	
数据源	数据来源类型	字符型 10		C	
更新日期	数据更新日期	日期型		C	

几何表示

几何特征	图形代码	表示方法	属性
面	3	范围线构成的面	代码、名称、类型、数据源、更新日期

几何表示示例	制图表示示例
	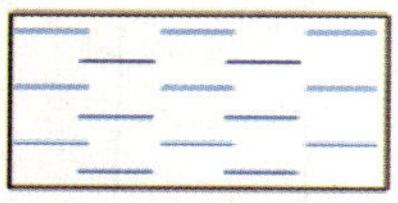

相关要素	
关系	
备注	

要素名称 不能通行沼泽、湿地

要素描述 地面长期湿润、泥泞或有水潮浸的，不能通过的区域(包括季节性的湿草地)。

要素分类代码 261202

属性表

属性名称	属性描述	数据类型 字段要求	属性值域或示例	约束/条件	备注
代码	要素分类代码及第七位的图形代码	长整型 10	2612023	M	
名称	不能通行沼泽、湿地的名称	字符型 60		C	
类型	不能通行沼泽、湿地类型	字符型 6	普通/盐碱/泥炭	M	
数据源	数据来源类型	字符型 10		C	
更新日期	数据更新日期	日期型		C	

几何表示

几何特征	图形代码	表示方法	属性
面	3	范围线构成的面	代码、名称、类型、数据源、更新日期

几何表示示例	制图表示示例

相关要素	
关系	
备注	

要素名称　河流流向
要素描述　河流水流方向。
要素分类代码　261301

属性表

属性名称	属性描述	数据类型 字段要求	属性值域或示例	约束/条件	备注
代码	要素分类代码及第七位的图形代码	长整型 10	2613011	M	
流速	河流水流速度(m/s)	浮点型 2.2	“0.3”	C	
方向	与正东方向逆时针形成的夹角(°)	浮点型 4.8	0～360	M	
数据源	数据来源类型	字符型 10		C	
更新日期	数据更新日期	日期型		C	

几何表示

几何特征	图形代码	表示方法	属性
点	1	有向点	代码、流速、方向、数据源、更新日期

几何表示示例	制图表示示例
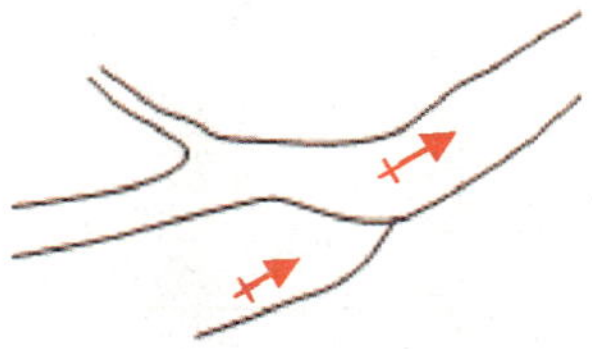	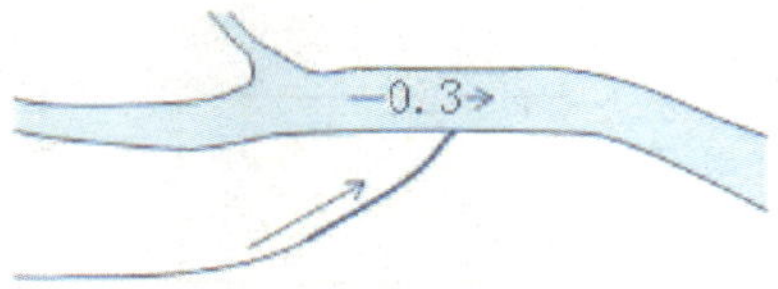

相关要素	
关系	
备注	

要素名称 沟渠流向

要素描述 沟渠的水流方向。

要素分类代码 261302

属性表

属性名称	属性描述	数据类型 字段要求	属性值域或示例	约束/条件	备注
代码	要素分类代码及第七位的图形代码	长整型 10	2613021	M	
类型	沟渠流向类型	字符型 6	固定/往复	M	
方向	与正东方向逆时针形成的夹角(°)	浮点型 4.8	0～360	M	
数据源	数据来源类型	字符型 10		C	
更新日期	数据更新日期	日期型		C	

几何表示

几何特征	图形代码	表示方法	属性
点	1	有向点	代码、类型、方向、数据源、更新日期

几何表示示例	制图表示示例
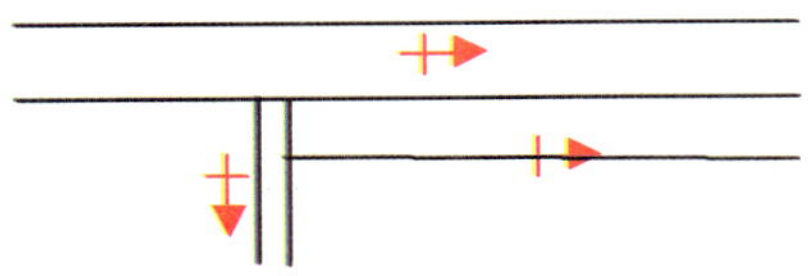	

相关要素	
关系	
备注	

要素名称　潮汐流向
要素描述　水面受潮汐影响而形成涨潮、落潮的水流方向。
要素分类代码　261303

属性表

属性名称	属性描述	数据类型 字段要求	属性值域或示例	约束/条件	备注
代码	要素分类代码及第七位的图形代码	长整型 10	2613031	M	
类型	潮汐流向的类型	字符型 10	涨潮/落潮	M	
方向	与正东方向逆时针形成的夹角(°)	浮点型 4.8	0～360	M	
数据源	数据来源类型	字符型 10		C	
更新日期	数据更新日期	日期型		C	

几何表示

几何特征	图形代码	表示方法	属性
点	1	有向点	代码、类型、方向、数据源、更新日期

几何表示示例	制图表示示例
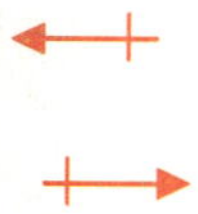	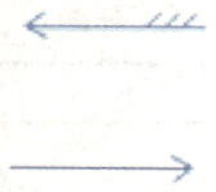

相关要素	
关系	
备注	

要素名称 干堤

要素描述 有重要防洪、防潮作用，实地堤顶宽度大于5m或基底宽大于10 m或堤高大于3 m的人工修建的挡水构筑物。

要素分类代码 270101

属性表

属性名称	属性描述	数据类型 字段要求	属性值域或示例	约束/条件	备注
代码	要素分类代码及第七位的图形代码	长整型 10	2701013/2701014	M	
名称	干堤名称	字符型 60	“荆江大堤”	M	
实体编码	行业名称代码	字符型 20		C	
高程	堤顶高程(m)	浮点型 4.2	“24.5”	C	
数据源	数据来源类型	字符型 10		C	
更新日期	数据更新日期	日期型		C	

几何表示

几何特征		图形代码	表示方法	属性
复合	线	4	堤顶线	代码
	面	3	范围线构成的面	代码、名称、实体编码、高程、数据源、更新日期

几何表示示例	制图表示示例
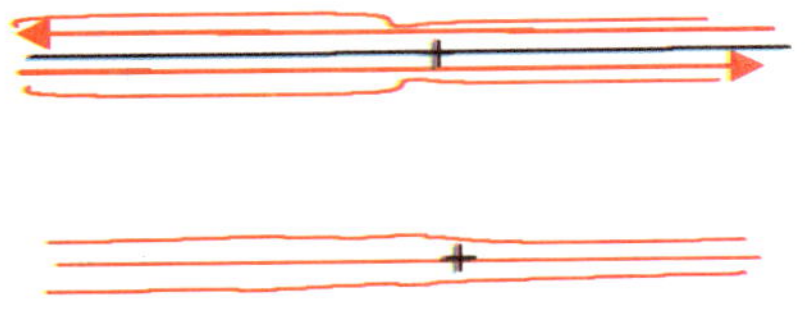	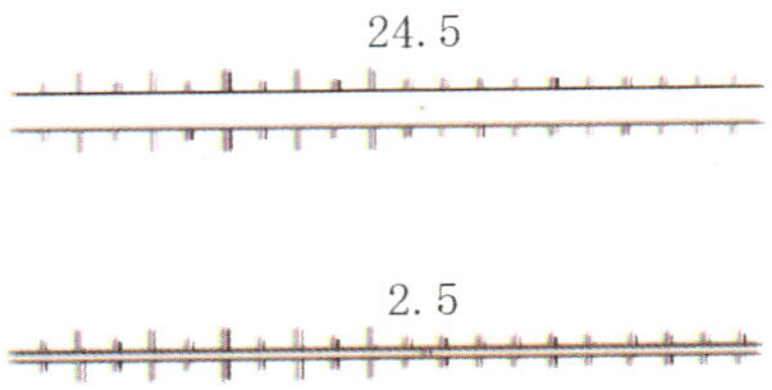

相关要素	道路
关系	重叠
备注	

要素名称　一般堤

要素描述　有防洪、防潮作用，实地堤顶宽度不大于 5 m、基底宽不大于 10 m 且堤高不大于 3 m 的人工修建的挡水构筑物。

要素分类代码　270102

属性表

属性名称	属性描述	数据类型 字段要求	属性值域或示例	约束/条件	备注
代码	要素分类代码及第七位的图形代码	长整型 10	2701022/2701023/2701024	M	
名称	一般堤名称	字符型 60		M	
实体编码	行业名称代码	字符型 20		C	
高程	堤顶高程(m)	浮点型 4.2	“24.5”	C	
比高	堤的比高(m)	浮点型 3.2	“2.5”	C	
数据源	数据来源类型	字符型 10		C	
更新日期	数据更新日期	日期型		C	

几何表示

几何特征		图形代码	表示方法	属性
线		2	中心线	代码、名称、实体编码、比高、数据源、更新日期
复合	线	4	有向的堤顶线	代码
	面	3	范围线构成的面	代码、名称、实体编码、高程、数据源、更新日期

几何表示示例	制图表示示例
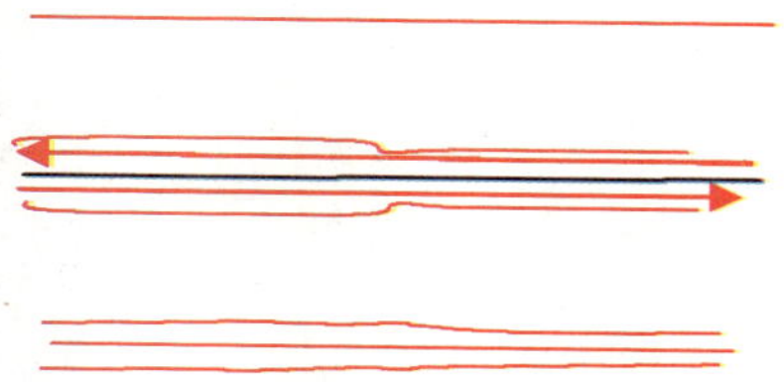	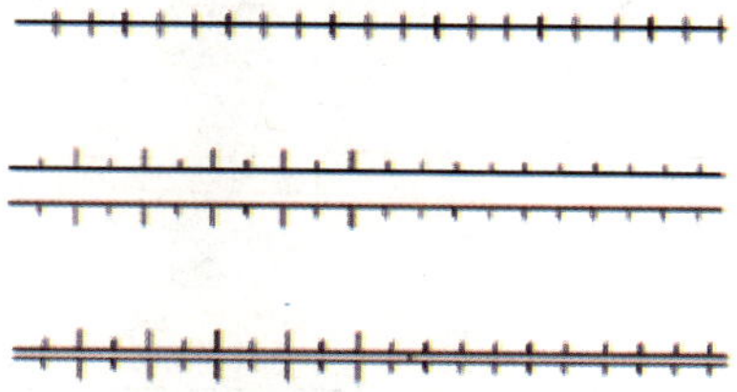

相关要素	
关系	
备注	

要素名称 水闸

要素描述 建在河流、水库和沟渠中，有闸门启闭，用以调节水位和控制流量的构筑物。

要素分类代码 270201

属性表

属性名称	属性描述	数据类型 字段要求	属性值域或示例	约束/条件	备注
代码	要素分类代码及第七位的图形代码	长整型 10	2702011/2702012/2702013	M	
名称	水闸的名称	字符型 60		M	
实体编码	行业名称代码	字符型 20		C	
通行性	水闸通车还是走人	字符型 6	通车/不通车/不能走人的	M	
类型	水闸的类型	字符型 6	进水闸/分水闸/节制闸/排洪闸/拦潮闸	C	
孔数	闸门孔数量	整型 2		M	
方向	与正东方向逆时针形成的夹角(°)	浮点型 4.8	0～360	M	
数据源	数据来源类型	字符型 10		C	
更新日期	数据更新日期	日期型		C	

几何表示

几何特征	图形代码	表示方法	属性
点	1	有向点	代码、名称、实体编码、通行性、类型、孔数、方向、数据源、更新日期
线	2	有向线	代码、名称、实体编码、通行性、类型、孔数、数据源、更新日期
面	3	范围线构成的面	代码、名称、实体编码、通行性、类型、孔数、数据源、更新日期

几何表示示例	制图表示示例
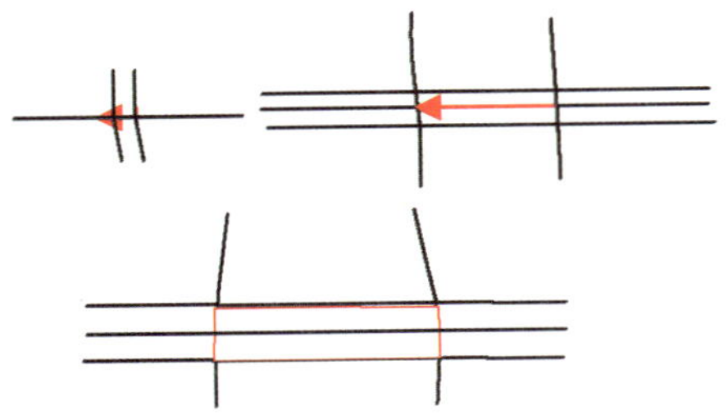	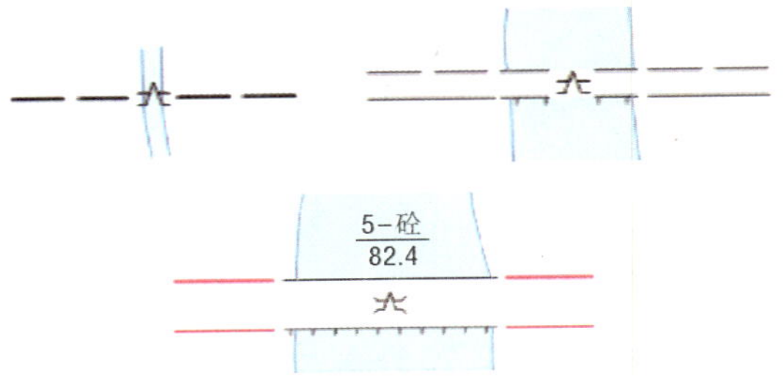

相关要素	河流、道路
关系	包含、连接
备注	

要素名称 船闸

要素描述 两端有闸封闭,两闸之间建有人工水道,将水位升高或降低,使船在高低水道间通行的设施。

要素分类代码 270202

属性表

属性名称	属性描述	数据类型 字段要求	属性值域或示例	约束/条件	备注
代码	要素分类代码及第七位的图形代码	长整型 10	2702023/2702024	M	
名称	船闸的名称	字符型 60		M	
实体编码	行业名称代码	字符型 20		C	
通航能力	航道通行吨数(t)	整型 6	“500”	C	
年通行量	每年可通过的万吨数(万 t)	整型 6	“16000”	C	
数据源	数据来源类型	字符型 10		C	
更新日期	数据更新日期	日期型		C	

几何表示

几何特征		图形代码	表示方法	属性
复合	线	4	表示水闸的有向线	代码
	面	3	范围线构成的面	代码、名称、实体编码、通航能力、年通行量、数据源、更新日期

几何表示示例	制图表示示例
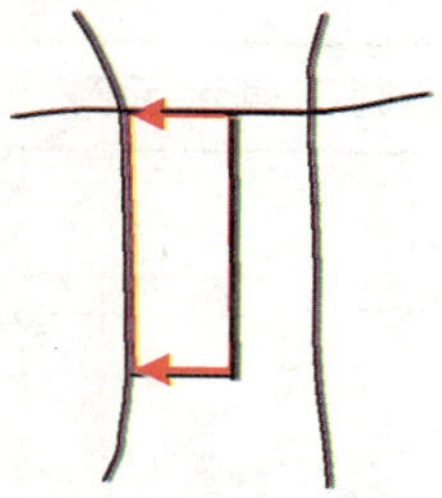	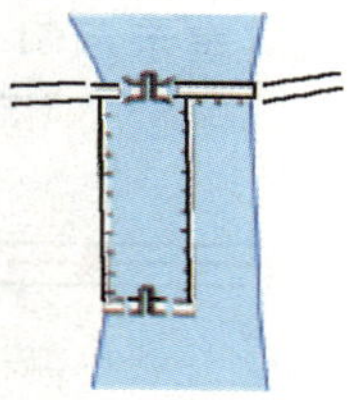

相关要素	河流、拦水坝、路堤
关系	包含、连接
备注	

要素名称 扬水站

要素描述 独立安置在水源处,利用水的冲力自动扬水或利用水泵扬水以进行农田灌溉的机电设备或设施。

要素分类代码 270300

属性表

属性名称	属性描述	数据类型 字段要求	属性值域或示例	约束/条件	备注
代码	要素分类代码及第七位的图形代码	长整型 10	2703001	M	
名称	扬水站的名称	字符型 40		C	
实体编码	行业名称代码	字符型 20		C	
数据源	数据来源类型	字符型 10		C	
更新日期	数据更新日期	日期型		C	

几何表示

几何特征	图形代码	表示方法	属性
点	1	定位点	代码、名称、实体编码、数据源、更新日期

几何表示示例	制图表示示例

相关要素	
关系	
备注	

要素名称 滚水坝

要素描述 横截河流，使河水经常或季节性地从上面溢过的坝式构筑物。

要素分类代码 270500

属性表

属性名称	属性描述	数据类型 字段要求	属性值域或示例	约束/条件	备注
代码	要素分类代码及第七位的图形代码	长整型 10	2705002/2705003/2705004	M	
名称	滚水坝的名称	字符型 60		C	
实体编码	行业名称代码	字符型 20		C	
高程	滚水坝的坝顶高程(m)	浮点型 4.2		C	
坝宽	滚水坝的宽度(m)	浮点型 3.2		C	
数据源	数据来源类型	字符型 10		C	
更新日期	数据更新日期	日期型		C	

几何表示

几何特征		图形代码	表示方法	属性
线		2	有向线	代码、名称、实体编码、高程、坝宽、数据源、更新日期
复合	线	4	有向线	代码
	面	3	范围线构成的面	代码、名称、实体编码、高程、坝宽、数据源、更新日期

几何表示示例	制图表示示例
	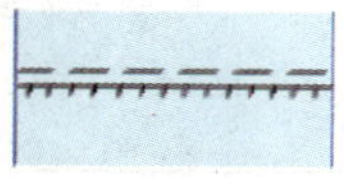
	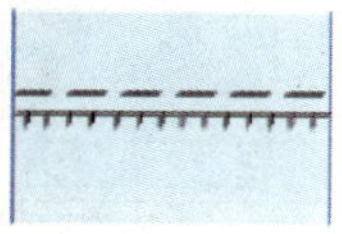

相关要素	河流
关系	包含
备注	

要素名称　拦水坝

要素描述　拦截山谷、横截河流以抬高水位的坝式构筑物。

要素分类代码　270600

属性表

属性名称	属性描述	数据类型 字段要求	属性值域或示例	约束/条件	备注
代码	要素分类代码及第七位的图形代码	长整型 10	2706002/2706003/2706004	M	
名称	拦水坝的名称	字符型 60		C	
通行性	可否通车	字符型 6	通车/不通车	M	
高程	坝顶高程(m)	浮点型 4.2	"72.4"	M	
坝长	拦水坝长度(m)	浮点型 4.2	"95"	C	
坝宽	拦水坝坝顶宽度(m)	浮点型 4.2		C	
材料	建筑材料	字符型 4	砼/石	M	
数据源	数据来源类型	字符型 10		C	
更新日期	数据更新日期	日期型		C	

几何表示

几何特征		图形代码	表示方法	属性
线		2	有向线	代码、名称、通行性、高程、坝长、坝宽、材料、数据源、更新日期
复合	线	4	坝顶有向线	代码
	面	3	范围线构成的面	代码、名称、通行性、高程、坝长、坝宽、材料、数据源、更新日期

几何表示示例	制图表示示例
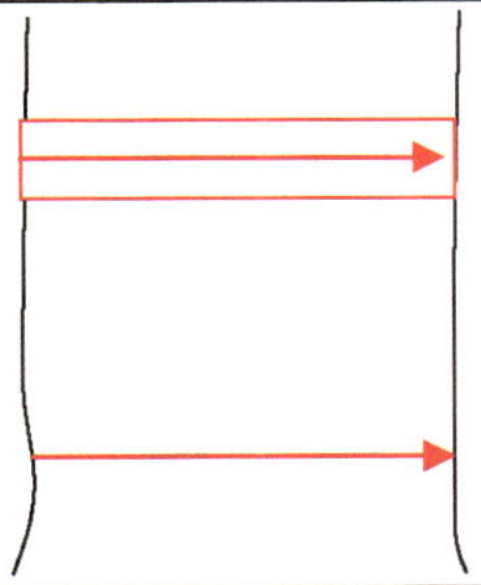	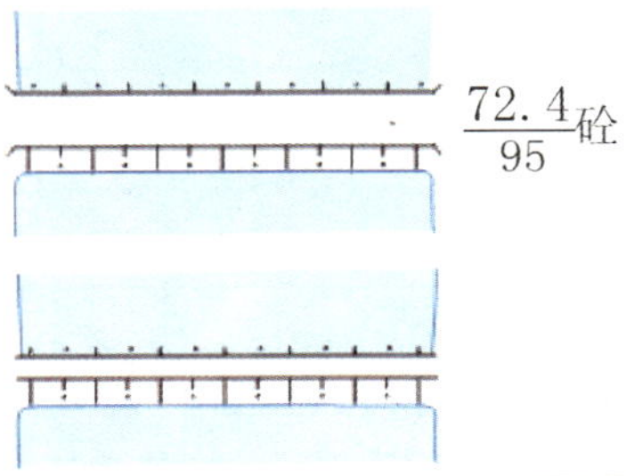

相关要素	河流
关系	包含
备注	

要素名称 制水坝

要素描述 调节水流方向或减缓水流流速，防护河岸的护岸式堤坝。

要素分类代码 270700

属性表

属性名称	属性描述	数据类型 字段要求	属性值域或示例	约束/条件	备注
代码	要素分类代码及第七位的图形代码	长整型 10	2707002/2707003/2707004	M	
所属水域	制水坝所属水域的名称	字符型 60		C	
类型	制水坝的类型	字符型 10	斜坡式/直立式/石垄式	M	
数据源	数据来源类型	字符型 10		C	
更新日期	数据更新日期	日期型		C	

几何表示

几何特征		图形代码	表示方法	属性
线		2	中心线	代码、所属水域、类型、数据源、更新日期
复合	线	4	坝顶线	代码
	面	3	范围线构成的面	代码、所属水域、类型、数据源、更新日期

几何表示示例	制图表示示例
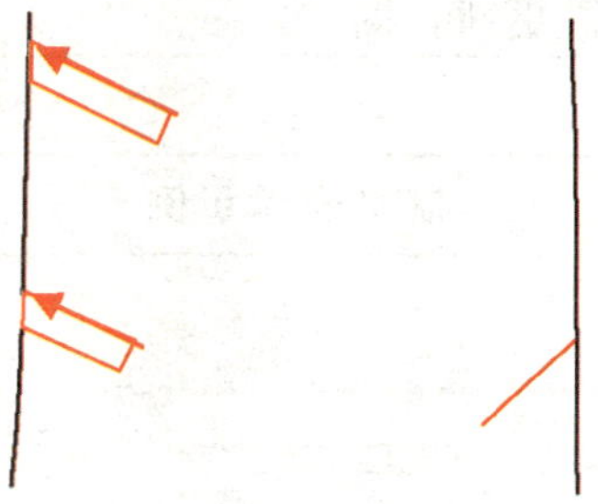	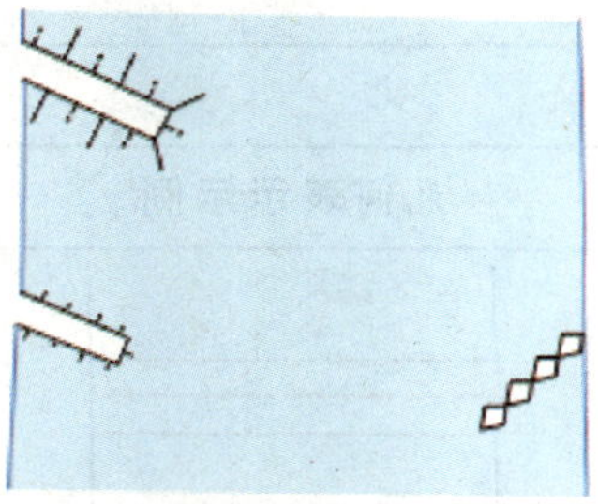

相关要素	
关系	
备注	

要素名称　有防洪墙加固岸

要素描述　用木桩、砖、石、水泥等材料建成，且在河流岸边建有墙体式的挡水设施的护岸构筑物。

要素分类代码　270801

属性表

属性名称	属性描述	数据类型 字段要求	属性值域或示例	约束/条件	备注
代码	要素分类代码及第七位的图形代码	长整型 10	2708012/2708013/2708014	M	
名称	有防洪墙加固岸的名称	字符型 60		C	
实体编码	行业名称代码	字符型 20		C	
类型	加固岸有无栏杆、有无滩	字符型 10	无栏杆无滩/无栏杆有滩/有栏杆有滩/有栏杆无滩	M	
数据源	数据来源类型	字符型 10		C	
更新日期	数据更新日期	日期型		C	

几何表示

几何特征		图形代码	表示方法	属性
线		2	有向线	代码、名称、实体编码、类型、数据源、更新日期
复合	面	3	范围线构成的面	代码、名称、实体编码、类型、数据源、更新日期
	线	4	防洪墙有向中心线	代码

几何表示示例	制图表示示例
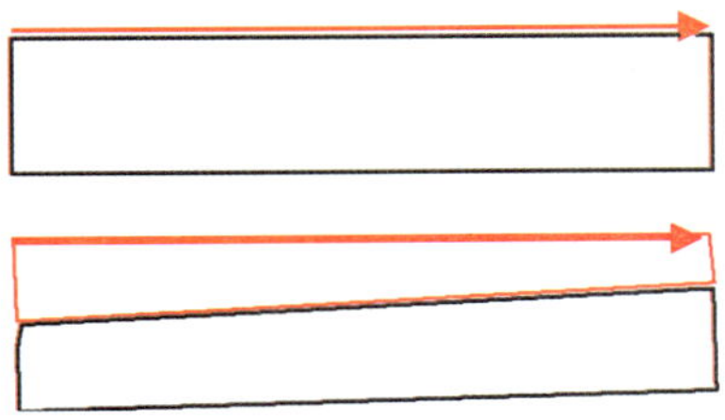	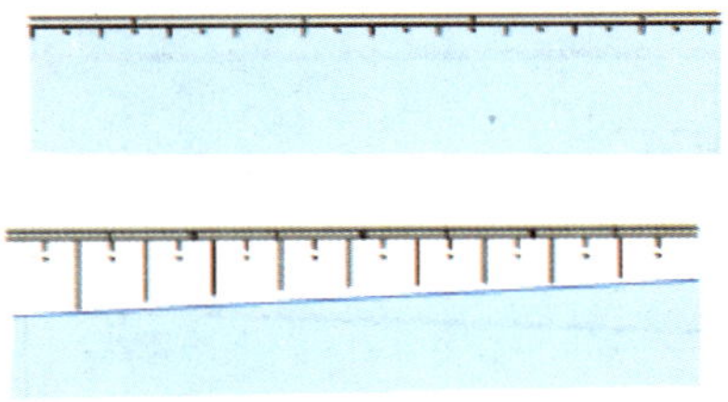

相关要素	
关系	
备注	

要素名称 无防洪墙加固岸

要素描述 用木桩、砖、石、水泥等材料建成，且在河流岸边没有墙体式的挡水设施的护岸构筑物。

要素分类代码 270802

属性表

属性名称	属性描述	数据类型 字段要求	属性值域或示例	约束/条件	备注
代码	要素分类代码及第七位的图形代码	长整型 10	2708022/2708023/2708024	M	
名称	无防洪墙加固岸的名称	字符型 60		C	
实体编码	行业名称代码	字符型 20		C	
类型	加固岸有无栏杆、有无滩	字符型 10	无栏杆无滩/无栏杆有滩/有栏杆有滩/有栏杆无滩	M	
数据源	数据来源类型	字符型 10		C	
更新日期	数据更新日期	日期型		C	

几何表示

几何特征		图形代码	表示方法	属性
线		2	有向线	代码、名称、实体编码、类型、数据源、更新日期
复合	面	3	范围线构成的面	代码、名称、实体编码、类型、数据源、更新日期
	线	4	防洪墙有向中心线	代码

几何表示示例	制图表示示例
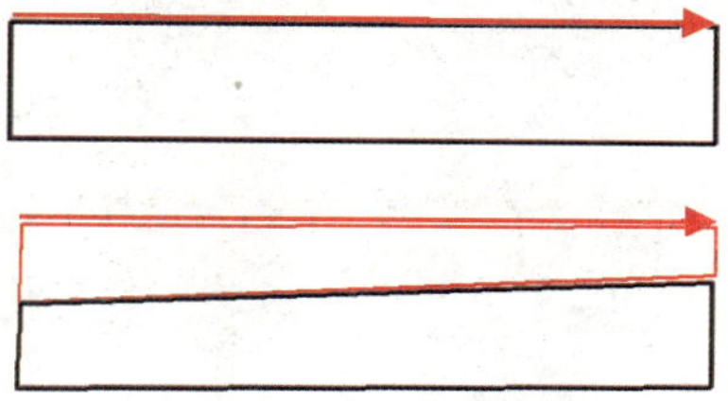	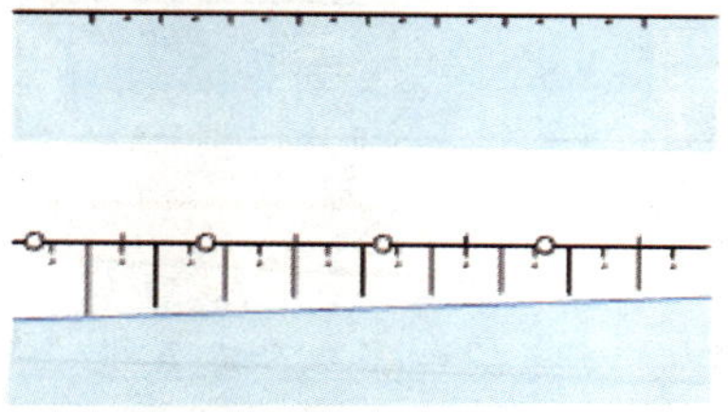

相关要素	河流
关系	连接
备注	

要素名称　单幢房屋、普通房屋—建成房屋

要素描述　在外形结构上自成一体的各种类型的独立房屋。

要素分类代码　310301

属性表

属性名称	属性描述	数据类型 字段要求	属性值域或示例	约束/条件	备注
代码	要素分类代码及第七位的图形代码	长整型 10	3103013	M	
名称	建成房屋名称	字符型 60		C	
类型	外形结构上的各种类型	字符型 10	一般房屋/有地下室的房屋/简单房屋	M	
房屋层数	地面以上房屋层数	整型 4	“3”	M	
地下房屋层数	地面以下房屋层数	整型 2	“2”	M	
结构类型	房屋建筑结构类型	字符型 10	钢/钢筋混凝土/混合结构/砖(石)木	M	
用途	房屋的功用	字符型 16	住宅/工业交通仓储/商业金融信息/教育医疗卫生科研/文化娱乐体育/办公/军事/其他	C	
高度	房屋高度(m)	浮点型 3.2		C	
数据源	数据来源类型	字符型 10		C	
更新日期	数据更新日期	日期型		C	

几何表示

几何特征	图形代码	表示方法	属性
面	3	轮廓线构成的面	代码、名称、类型、房屋层数、地下房屋层数、结构类型、用途、高度、数据源、更新日期

几何表示示例		制图表示示例	
 1∶500 1∶1000	 1∶2000	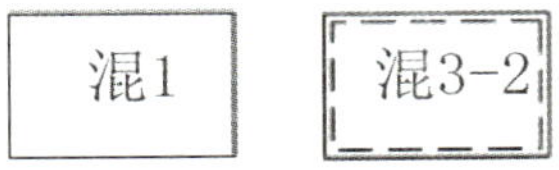 1∶500 1∶1000	 1∶2000

相关要素	
关系	
备注	

要素名称 单幢房屋、普通房屋—建筑中房屋

要素描述 建筑中的在外形结构上自成一体的各种类型的独立房屋。

要素分类代码 310302

属性表

属性名称	属性描述	数据类型 字段要求	属性值域或示例	约束/条件	备注
代码	要素分类代码及第七位的图形代码	长整型 10	3103023	M	
名称	建筑中房屋名称	字符型 60		C	
高度	房屋高度(m)	浮点型 3.2		C	
用途	房屋的功用	字符型 16	住宅/工业交通仓储/商业金融信息/教育医疗卫生科研/文化娱乐体育/办公/军事/其他	C	
数据源	数据来源类型	字符型 10		C	
更新日期	数据更新日期	日期型		C	

几何表示

几何特征	图形代码	表示方法	属性
面	3	轮廓线构成的面	代码、名称、高度、用途、数据源、更新日期

几何表示示例	制图表示示例
	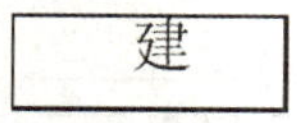

相关要素	
关系	
备注	

要素名称 突出房屋

要素描述 形态或颜色与周围房屋有明显区别并具有方位意义的房屋。

要素分类代码 310400

属性表

属性名称	属性描述	数据类型 字段要求	属性值域或示例	约束/条件	备注
代码	要素分类代码及第七位的图形代码	长整型 10	3104003	M	
名称	突出房屋名称	字符型 60		C	
房屋层数	地面以上房屋层数	整型 4	"28"	M	
地下房屋层数	地面以下房屋层数	整型 2	"2"	M	无地下室时，值为 0
结构类型	房屋建筑结构类型	字符型 10	钢/钢筋混凝土/混合结构/砖(石)木	M	
高度	房屋高度(m)	浮点型 3.2		C	
用途	房屋的功用	字符型 16	住宅/工业交通仓储/商业金融信息/教育医疗卫生科研/文化娱乐体育/办公/军事/其他	C	
数据源	数据来源类型	字符型 10		C	
更新日期	数据更新日期	日期型		C	

几何表示

几何特征	图形代码	表示方法	属性
面	3	轮廓线构成的面	代码、名称、房屋层数、地下房屋层数、结构类型、高度、用途、数据源、更新日期

几何表示示例	制图表示示例	
	 1：500 1：1000	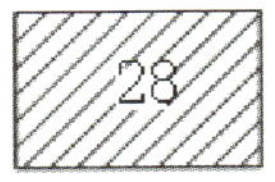 1：2000

相关要素	
关系	
备注	

要素名称　高层房屋

要素描述　10层及10层以上的房屋。

要素分类代码　310500

属性表

属性名称	属性描述	数据类型 字段要求	属性值域或示例	约束/条件	备注
代码	要素分类代码及第七位的图形代码	长整型 10	3105003	M	
名称	高层房屋名称	字符型 60		C	
房屋层数	地面以上房屋层数	整型 4	“28”	M	
地下房屋层数	地面以下房屋层数	整型 2		M	无地下室时，值为0
结构类型	房屋建筑结构类型	字符型 10	钢/钢筋混凝土/混合结构/砖(石)木	M	
高度	房屋高度(m)	浮点型 3.2		C	
用途	房屋的功用	字符型 16	住宅/工业交通仓储/商业金融信息/教育医疗卫生科研/文化娱乐体育/办公/军事/其他	C	
数据源	数据来源类型	字符型 10		C	
更新日期	数据更新日期	日期型		C	

几何表示

几何特征	图形代码	表示方法	属性
面	3	轮廓线构成的面	代码、名称、房屋层数、地下房屋层数、结构类型、高度、用途、数据源、更新日期

几何表示示例	制图表示示例

相关要素	
关系	
备注	

要素名称　棚房

要素描述　有顶棚，四周无墙或仅有简陋墙壁的建筑物。

要素分类代码　310600

属性表

属性名称	属性描述	数据类型 字段要求	属性值域或示例	约束/条件	备注
代码	要素分类代码及第七位的图形代码	长整型 10	3106003	M	
名称	棚房名称	字符型 60		C	
类型	棚房类型	字符型 10	四边有墙的/一边有墙的/无墙的	M	
数据源	数据来源类型	字符型 10		C	
更新日期	数据更新日期	日期型		C	

几何表示

几何特征	图形代码	表示方法	属性
面	3	轮廓线构成的面	代码、名称、类型、数据源、更新日期

几何表示示例	制图表示示例
	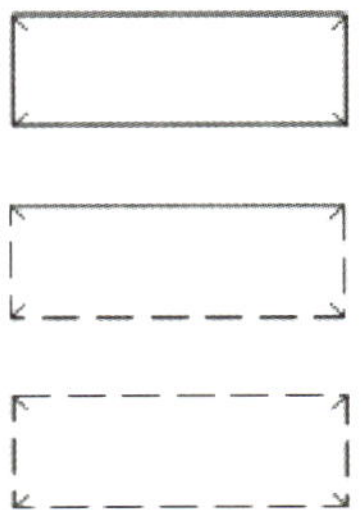

相关要素	
关系	
备注	

要素名称　破坏房屋
要素描述　受损坏无法正常使用的房屋或废墟。
要素分类代码　310700

属性表

属性名称	属性描述	数据类型 字段要求	属性值域或示例	约束/条件	备注
代码	要素分类代码及第七位的图形代码	长整型 10	3107003	M	
名称	破坏房屋的名称	字符型 10		C	
数据源	数据来源类型	字符型 10		C	
更新日期	数据更新日期	日期型		C	

几何表示

几何特征	图形代码	表示方法	属性
面	3	轮廓线构成的面	代码、名称、数据源、更新日期

几何表示示例	制图表示示例
	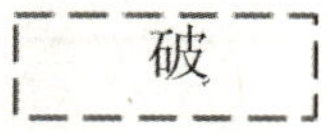

相关要素	
关系	
备注	

要素名称　架空房

要素描述　两楼间架空的楼层及下面有支柱的架空房屋。

要素分类代码　310800

属性表

属性名称	属性描述	数据类型 字段要求	属性值域或示例	约束/条件	备注
代码	要素分类代码及第七位的图形代码	长整型 10	3108003	M	
名称	架空房屋的名称	字符型 10		C	
数据源	数据来源类型	字符型 10		C	
更新日期	数据更新日期	日期型		C	

几何表示

几何特征	图形代码	表示方法	属性
面	3	轮廓线构成的面	代码、名称、数据源、更新日期

几何表示示例	制图表示示例
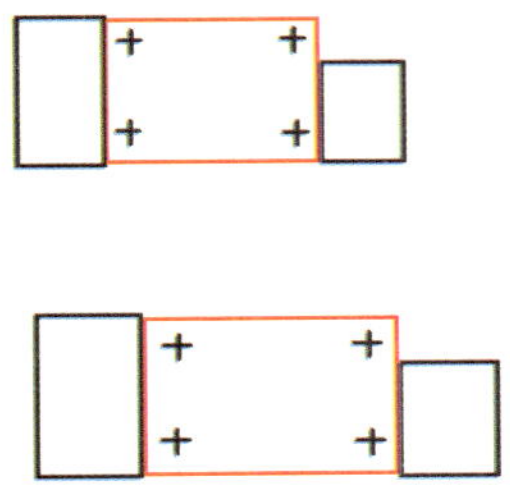	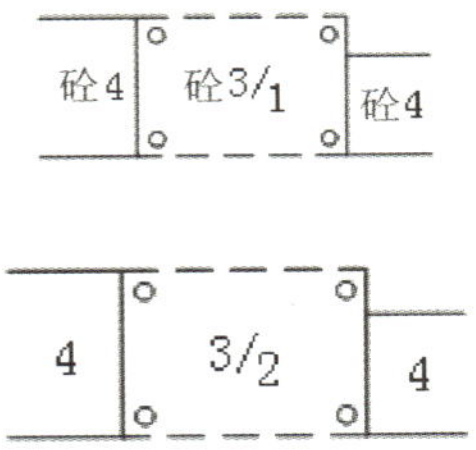

相关要素	
关系	
备注	

要素名称　廊房
要素描述　下面可通行的走廊式楼房。
要素分类代码　310900

属性表

属性名称	属性描述	数据类型 字段要求	属性值域或示例	约束/条件	备注
代码	要素分类代码及第七位的图形代码	长整型 10	3109003/3109004	M	
名称	廊房的名称	字符型 10		C	
数据源	数据来源类型	字符型 10		C	
更新日期	数据更新日期	日期型		C	

几何表示

几何特征		图形代码	表示方法	属性
复合	线	4	廊房墙的线	代码
	面	3	轮廓线构成的面	代码、名称、数据源、更新日期

几何表示示例	制图表示示例
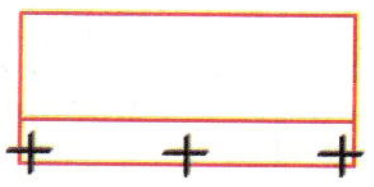	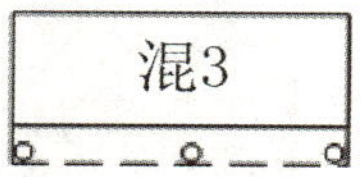

相关要素	
关系	
备注	

要素名称 地面窑洞

要素描述 在坡壁挖成的洞穴式居所。

要素分类代码 311001

属性表

属性名称	属性描述	数据类型 字段要求	属性值域或示例	约束/条件	备注
代码	要素分类代码及第七位的图形代码	长整型 10	3110011/3110012/3110013	M	
方向	与正东方向逆时针形成的夹角(°)	浮点型 4.8	0～360	M	
高度	窑洞的高度(m)	浮点型 2.2		C	
数据源	数据来源类型	字符型 10		C	
更新日期	数据更新日期	日期型		C	

几何表示

几何特征	图形代码	表示方法	属性
点	1	有向点	代码、方向、数据源、更新日期
线	2	有向线	代码、高度、数据源、更新日期
面	3	轮廓线构成的面	代码、高度、数据源、更新日期

几何表示示例	制图表示示例
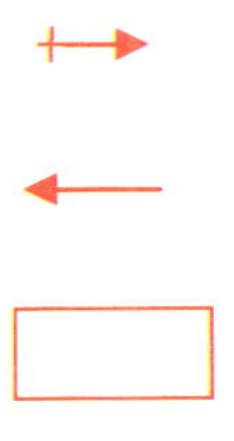	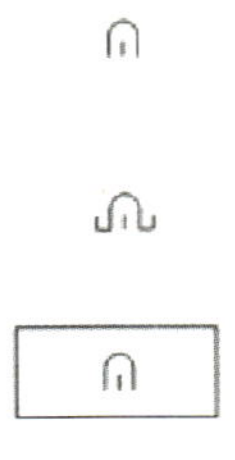

相关要素	
关系	
备注	

要素名称 地下窑洞

要素描述 在地面向下挖成平底大坑，再从坑壁上开凿的洞穴式居所。

要素分类代码 311002

属性表

属性名称	属性描述	数据类型 字段要求	属性值域或示例	约束/条件	备注
代码	要素分类代码及第七位的图形代码	长整型 10	3110021/3110023	M	
数据源	数据来源类型	字符型 10		C	
更新日期	数据更新日期	日期型		C	

几何表示

几何特征	图形代码	表示方法	属性
点	1	定位点	代码、数据源、更新日期
面	3	范围线构成的面	代码、数据源、更新日期

几何表示示例	制图表示示例
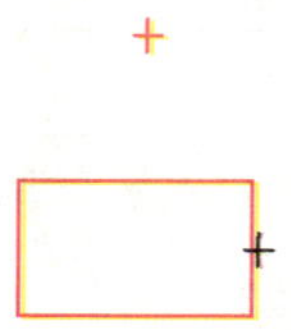	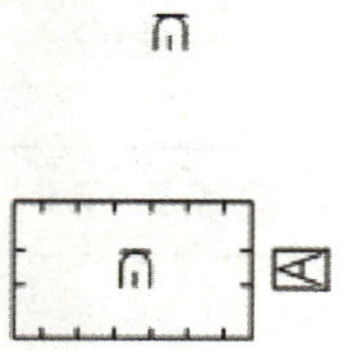

相关要素	
关系	
备注	

要素名称 蒙古包、放牧点

要素描述 牧民游牧时居住的常年或季节性的活动毡房或帐篷。

要素分类代码 311003

属性表

属性名称	属性描述	数据类型 字段要求	属性值域或示例	约束/条件	备注
代码	要素分类代码及第七位的图形代码	长整型 10	3110031/3110033	M	
名称	蒙古包、放牧点名称	字符型 60		C	
月份	驻扎月份	字符型 6	“3—6”	C	
数据源	数据来源类型	字符型 10		C	
更新日期	数据更新日期	日期型		C	

几何表示

几何特征	图形代码	表示方法	属性
点	1	定位点	代码、名称、月份、数据源、更新日期
面	3	轮廓线构成的面	代码、名称、月份、数据源、更新日期

几何表示示例	制图表示示例
	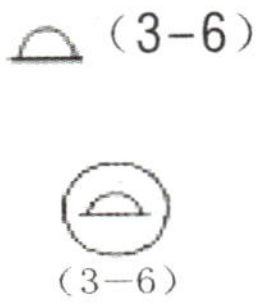

相关要素	
关系	
备注	

要素名称 国务院
要素描述 中央政府所在位置的标识。
要素分类代码 311101

属性表

属性名称	属性描述	数据类型字段要求	属性值域或示例	约束/条件	备注
代码	要素分类代码及第七位的图形代码	长整型 10	3111011	M	
名称	中央政府名称	字符型 60	中华人民共和国国务院	M	
数据源	数据来源类型	字符型 10		C	
更新日期	数据更新日期	日期型		C	

几何表示

几何特征	图形代码	表示方法	属性
点	1	标注点	代码、名称、数据源、更新日期

几何表示示例	制图表示示例
	制图不表示

相关要素	
关系	
备注	

要素名称 省级行政区政府

要素描述 省、自治区、直辖市、特别行政区政府所在位置的标识。

要素分类代码 311102

属性表

属性名称	属性描述	数据类型 字段要求	属性值域或示例	约束/条件	备注
代码	要素分类代码及第七位的图形代码	长整型 10	3111021	M	
名称	省级行政区政府名称	字符型 60	“陕西省人民政府”	M	
数据源	数据来源类型	字符型 10		C	
更新日期	数据更新日期	日期型		C	

几何表示

几何特征	图形代码	表示方法	属性
点	1	标注点	代码、名称、数据源、更新日期

几何表示示例	制图表示示例
	制图不表示

相关要素	
关系	
备注	

要素名称　地级行政区政府
要素描述　地级市、自治州(盟)政府、地区行署机关所在位置的标识。
要素分类代码　311103

属性表

属性名称	属性描述	数据类型 字段要求	属性值域或示例	约束/条件	备注
代码	要素分类代码及第七位的图形代码	长整型 10	3111031	M	
名称	地级行政区政府名称	字符型 60	“宝鸡市人民政府”	M	
数据源	数据来源类型	字符型 10		C	
更新日期	数据更新日期	日期型		C	

几何表示

几何特征	图形代码	表示方法	属性
点	1	标注点	代码、名称、数据源、更新日期

几何表示示例	制图表示示例
	制图不表示

相关要素	
关系	
备注	

要素名称 县级行政区政府

要素描述 县(旗)、县级政府所在位置的标识。

要素分类代码 311104

属性表

属性名称	属性描述	数据类型 字段要求	属性值域或示例	约束/条件	备注
代码	要素分类代码及第七位的图形代码	长整型 10	3111041	M	
名称	县级行政区政府名称	字符型 60	"蓝田县人民政府"	M	
数据源	数据来源类型	字符型 10		C	
更新日期	数据更新日期	日期型		C	

几何表示

几何特征	图形代码	表示方法	属性
点	1	标注点	代码、名称、数据源、更新日期

几何表示示例	制图表示示例
	制图不表示

相关要素	
关系	
备注	

要素名称　乡级行政区政府
要素描述　乡、镇政府所在位置的标识。
要素分类代码　311105

属性表

属性名称	属性描述	数据类型 字段要求	属性值域或示例	约束/条件	备注
代码	要素分类代码及第七位的图形代码	长整型 10	3111051	M	
名称	乡级行政区政府名称	字符型 60	“子午镇人民政府”	M	
数据源	数据来源类型	字符型 10		C	
更新日期	数据更新日期	日期型		C	

几何表示

几何特征	图形代码	表示方法	属性
点	1	标注点	代码、名称、数据源、更新日期

几何表示示例	制图表示示例
	制图不表示

相关要素	
关系	
备注	

要素名称 村委会
要素描述 村委会、居委会、社区所在位置的标识。
要素分类代码 311106

属性表

属性名称	属性描述	数据类型 字段要求	属性值域或示例	约束/条件	备注
代码	要素分类代码及第七位的图形代码	长整型 10	3111061	M	
名称	村委会名称	字符型 60	“八里村村委会”	M	
数据源	数据来源类型	字符型 10		C	
更新日期	数据更新日期	日期型		C	

几何表示

几何特征	图形代码	表示方法	属性
点	1	标注点	代码、名称、数据源、更新日期

几何表示示例	制图表示示例
+	制图不表示

相关要素	
关系	
备注	

要素名称 竖井井口

要素描述 垂直地面的主坑道出入口。

要素分类代码 320201

属性表

属性名称	属性描述	数据类型 字段要求	属性值域或示例	约束/条件	备注
代码	要素分类代码及第七位的图形代码	长整型 10	3202011/3202013	M	
名称	竖井名称	字符型 60		M	
类型	地下开采矿物类型	字符型 4	“铁”	M	
用途	井口用途	字符型 4	入风/出风/进水/出水	M	
数据源	数据来源类型	字符型 10		C	
更新日期	数据更新日期	日期型		C	

几何表示

几何特征	图形代码	表示方法	属性
点	1	定位点	代码、名称、类型、用途、数据源、更新日期
面	3	轮廓线构成的面	代码、名称、类型、用途、数据源、更新日期

几何表示示例	制图表示示例

相关要素	
关系	
备注	

要素名称　斜井井口

要素描述　斜交地面的主坑道出入口。

要素分类代码　320202

属性表

属性名称	属性描述	数据类型 字段要求	属性值域或示例	约束/条件	备注
代码	要素分类代码及第七位的图形代码	长整型 10	3202021/3202022	M	
名称	斜井名称	字符型 60		M	
类型	地下开采矿物类型	字符型 4	“煤”	M	
用途	井口用途	字符型 4	矿工出入口或矿物出口/入风/出风/进水/出水	M	
方向	与正东方向逆时针形成的夹角(°)	浮点型 4.8	0～360	M	
数据源	数据来源类型	字符型 10		C	
更新日期	数据更新日期	日期型		C	

几何表示

几何特征	图形代码	表示方法	属性
点	1	有向点	代码、名称、类型、用途、方向、数据源、更新日期
线	2	有向线	代码、名称、类型、用途、方向、数据源、更新日期

几何表示示例	制图表示示例

相关要素	
关系	
备注	

要素名称 平峒洞口

要素描述 平入矿层的主坑道出入口。

要素分类代码 320203

属性表

属性名称	属性描述	数据类型 字段要求	属性值域或示例	约束/条件	备注
代码	要素分类代码及第七位的图形代码	长整型 10	3202031/3202032	M	
名称	矿井名称	字符型 60		M	
类型	地下开采矿物类型	字符型 4	"铜"	M	
用途	井口用途	字符型 4	矿工出入口或矿物出口/入风/出风/进水/出水	M	
数据源	数据来源类型	字符型 10		C	
更新日期	数据更新日期	日期型		C	

几何表示

几何特征	图形代码	表示方法	属性
点	1	定位点	代码、名称、类型、用途、数据源、更新日期
线	2	有向线	代码、名称、类型、用途、数据源、更新日期

几何表示示例	制图表示示例
	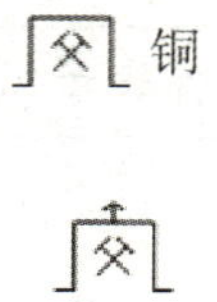

相关要素	
关系	
备注	

要素名称 露天采掘场

要素描述 露天开采矿物的场地。

要素分类代码 320300

属性表

属性名称	属性描述	数据类型 字段要求	属性值域或示例	约束/条件	备注
代码	要素分类代码及第七位的图形代码	长整型 10	3203003	M	
类型	露天采掘场开采矿物的类型	字符型 6	“石”	M	
数据源	数据来源类型	字符型 10		C	
更新日期	数据更新日期	日期型		C	

几何表示

几何特征	图形代码	表示方法	属性
面	3	范围线构成的面	代码、类型、数据源、更新日期

几何表示示例	制图表示示例
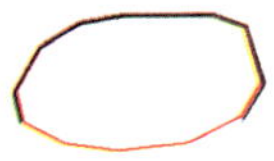	

相关要素	陡坎、地类界
关系	连接
备注	

要素名称 乱掘地

要素描述 挖掘沙、石、粘土等的场地。

要素分类代码 320400

属性表

属性名称	属性描述	数据类型 字段要求	属性值域或示例	约束/条件	备注
代码	要素分类代码及第七位的图形代码	长整型 10	3204003	M	
类型	乱掘地挖掘物类型	字符型 6	“土”	M	
数据源	数据来源类型	字符型 10		C	
更新日期	数据更新日期	日期型		C	

几何表示

几何特征	图形代码	表示方法	属性
面	3	范围线构成的面	代码、类型、数据源、更新日期

几何表示示例	制图表示示例

相关要素	
关系	
备注	

要素名称 管道井(油、气)

要素描述 用管道开采石油、天然气的井。

要素分类代码 320500

属性表

属性名称	属性描述	数据类型 字段要求	属性值域或示例	约束/条件	备注
代码	要素分类代码及第七位的图形代码	长整型 10	3205001	M	
类型	采掘类型	字符型 10	油/气	M	
数据源	数据来源类型	字符型 10		C	
更新日期	数据更新日期	日期型		C	

几何表示

几何特征	图形代码	表示方法	属性
点	1	定位点	代码、类型、数据源、更新日期

几何表示示例	制图表示示例

相关要素	
关系	
备注	

要素名称 盐井

要素描述 开采盐、卤水用的井。

要素分类代码 320600

属性表

属性名称	属性描述	数据类型 字段要求	属性值域或示例	约束/条件	备注
代码	要素分类代码及第七位的图形代码	长整型 10	3206001	M	
数据源	数据来源类型	字符型 10		C	
更新日期	数据更新日期	日期型		C	

几何表示

几何特征	图形代码	表示方法	属性
点	1	定位点	代码、数据源、更新日期

几何表示示例	制图表示示例

相关要素	
关系	
备注	

要素名称　废弃矿井
要素描述　废弃不用的矿井。
要素分类代码　320700

属性表

属性名称	属性描述	数据类型字段要求	属性值域或示例	约束/条件	备注
代码	要素分类代码及第七位的图形代码	长整型 10	3207001/3207003	M	
类型	废弃矿井的类型	字符型 10	竖井/斜井/平峒/小矿井	M	
数据源	数据来源类型	字符型 10		C	
更新日期	数据更新日期	日期型		C	

几何表示

几何特征	图形代码	表示方法	属性
点	1	定位点	代码、类型、数据源、更新日期
面	3	范围线构成的面	代码、类型、数据源、更新日期

几何表示示例	制图表示示例
	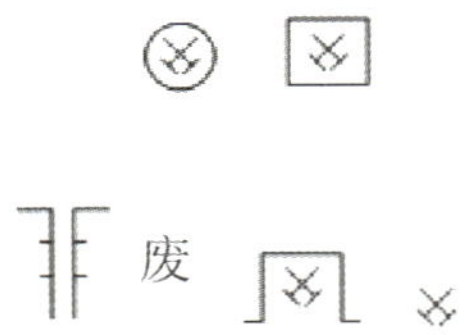

相关要素	
关系	
备注	

要素名称 海上平台

要素描述 海上固定的长期作为开采石油、天然气等的钻井架及作业平台。

要素分类代码 320800

属性表

属性名称	属性描述	数据类型 字段要求	属性值域或示例	约束/条件	备注
代码	要素分类代码及第七位的图形代码	长整型 10	3208003	M	
名称	海上平台的名称	字符型 60		M	
数据源	数据来源类型	字符型 10		C	
更新日期	数据更新日期	日期型		C	

几何表示

几何特征	图形代码	表示方法	属性
面	3	轮廓线构成的面	代码、名称、数据源、更新日期

几何表示示例	制图表示示例

相关要素	
关系	
备注	

要素名称　探井

要素描述　为勘探各种矿床、地层岩性和地质构造情况，由地面垂直向下挖掘的井。

要素分类代码　320901

属性表

属性名称	属性描述	数据类型 字段要求	属性值域或示例	约束/条件	备注
代码	要素分类代码及第七位的图形代码	长整型 10	3209011/3209013	M	
深度	探井深度(m)	浮点型 4.2		C	
数据源	数据来源类型	字符型 10		C	
更新日期	数据更新日期	日期型		C	

几何表示

几何特征	图形代码	表示方法	属性
点	1	定位点	代码、深度、数据源、更新日期
面	3	轮廓线构成的面	代码、类型、数据源、更新日期

几何表示示例	制图表示示例

相关要素	
关系	
备注	

要素名称 探槽
要素描述 专用于地质勘探的由人工挖掘的沟槽。
要素分类代码 320902

属性表

属性名称	属性描述	数据类型 字段要求	属性值域或示例	约束/条件	备注
代码	要素分类代码及第七位的图形代码	长整型 10	3209023	M	
数据源	数据来源类型	字符型 10		C	
更新日期	数据更新日期	日期型		C	

几何表示

几何特征	图形代码	表示方法	属性
面	3	范围线构成的面	代码、数据源、更新日期

几何表示示例	制图表示示例
	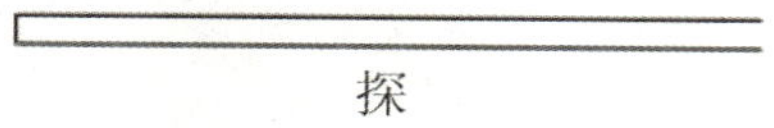

相关要素	
关系	
备注	

要素名称 钻孔

要素描述 钻机钻探的孔位。

要素分类代码 320903

属性表

属性名称	属性描述	数据类型 字段要求	属性值域或示例	约束/条件	备注
代码	要素分类代码及第七位的图形代码	长整型 10	3209031	M	
类型	钻孔类型	字符型 6	“涌”	M	
数据源	数据来源类型	字符型 10		C	
更新日期	数据更新日期	日期型		C	

几何表示

几何特征	图形代码	表示方法	属性
点	1	定位点	代码、类型、数据源、更新日期

几何表示示例	制图表示示例
+	⊙ 涌

相关要素	
关系	
备注	

要素名称 液、气贮存设备

要素描述 贮存液体、气体的大型容器或建筑物以及有方位意义的其他类似物体，如石油罐、煤气罐、氨水库、贮氧器等。

要素分类代码 321000

属性表

属性名称	属性描述	数据类型 字段要求	属性值域或示例	约束/条件	备注
代码	要素分类代码及第七位的图形代码	长整型 10	3210001/3210003	M	
名称	贮存设备的名称	字符型 60		C	
类型	贮存物的类型	字符型 10	石油/煤气(燃气)/氨水/氧	M	
数据源	数据来源类型	字符型 10		C	
更新日期	数据更新日期	日期型		C	

几何表示

几何特征	图形代码	表示方法	属性
点	1	定位点	代码、名称、类型、数据源、更新日期
面	3	轮廓线构成的面	代码、名称、类型、数据源、更新日期

几何表示示例	制图表示示例
	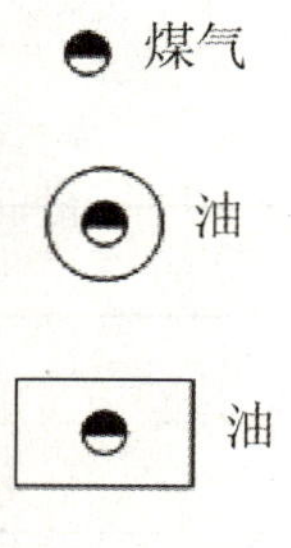

相关要素	
关系	
备注	

要素名称　散热塔

要素描述　用来散热的塔形建筑物。

要素分类代码　321101

属性表

属性名称	属性描述	数据类型字段要求	属性值域或示例	约束/条件	备注
代码	要素分类代码及第七位的图形代码	长整型 10	3211011/3211013	M	
名称	散热塔的名称	字符型 60		C	
数据源	数据来源类型	字符型 10		C	
更新日期	数据更新日期	日期型		C	

几何表示

几何特征	图形代码	表示方法	属性
点	1	定位点	代码、名称、数据源、更新日期
面	3	轮廓线构成的面	代码、名称、数据源、更新日期

几何表示示例	制图表示示例

相关要素	
关系	
备注	

要素名称 蒸馏塔

要素描述 用来蒸馏的塔形建筑物。

要素分类代码 321102

属性表

属性名称	属性描述	数据类型 字段要求	属性值域或示例	约束/条件	备注
代码	要素分类代码及第七位的图形代码	长整型 10	3211021/3211023	M	
名称	蒸馏塔的名称	字符型 60		C	
数据源	数据来源类型	字符型 10		C	
更新日期	数据更新日期	日期型		C	

几何表示

几何特征	图形代码	表示方法	属性
点	1	定位点	代码、名称、数据源、更新日期
面	3	轮廓线构成的面	代码、名称、数据源、更新日期

几何表示示例	制图表示示例
	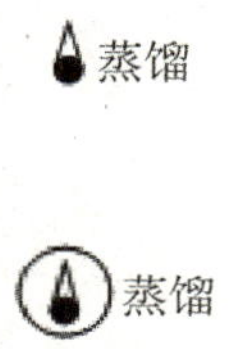

相关要素	
关系	
备注	

要素名称 瞭望塔
要素描述 瞭望用的塔形建筑物。
要素分类代码 321103

属性表

属性名称	属性描述	数据类型 字段要求	属性值域或示例	约束/条件	备注
代码	要素分类代码及第七位的图形代码	长整型 10	3211031/3211033	M	
名称	瞭望塔的名称	字符型 60		M	
数据源	数据来源类型	字符型 10		C	
更新日期	数据更新日期	日期型		C	

几何表示

几何特征	图形代码	表示方法	属性
点	1	定位点	代码、名称、数据源、更新日期
面	3	轮廓线构成的面	代码、名称、数据源、更新日期

几何表示示例	制图表示示例

相关要素	
关系	
备注	

要素名称 水塔
要素描述 提供供水水压的塔形建筑物。
要素分类代码 321104

属性表

属性名称	属性描述	数据类型 字段要求	属性值域或示例	约束/条件	备注
代码	要素分类代码及第七位的图形代码	长整型 10	3211041/3211043	M	
数据源	数据来源类型	字符型 10		C	
更新日期	数据更新日期	日期型		C	

几何表示

几何特征	图形代码	表示方法	属性
点	1	定位点	代码、数据源、更新日期
面	3	轮廓线构成的面	代码、数据源、更新日期

几何表示示例	制图表示示例

相关要素	
关系	
备注	

要素名称　水塔烟囱

要素描述　水塔和烟囱合为一体的建筑物。

要素分类代码　321105

属性表

属性名称	属性描述	数据类型 字段要求	属性值域或示例	约束/条件	备注
代码	要素分类代码及第七位的图形代码	长整型 10	3211051/3211053	M	
数据源	数据来源类型	字符型 10		C	
更新日期	数据更新日期	日期型		C	

几何表示

几何特征	图形代码	表示方法	属性
点	1	定位点	代码、数据源、更新日期
面	3	轮廓线构成的面	代码、数据源、更新日期

几何表示示例	制图表示示例

相关要素	
关系	
备注	

要素名称 烟囱
要素描述 排放燃烧废气的中空塔形建筑物。
要素分类代码 321106

属性表

属性名称	属性描述	数据类型 字段要求	属性值域或示例	约束/条件	备注
代码	要素分类代码及第七位的图形代码	长整型 10	3211061/3211063	M	
数据源	数据来源类型	字符型 10		C	
更新日期	数据更新日期	日期型		C	

几何表示

几何特征	图形代码	表示方法	属性
点	1	定位点	代码、数据源、更新日期
面	3	轮廓线构成的面	代码、数据源、更新日期

几何表示示例	制图表示示例
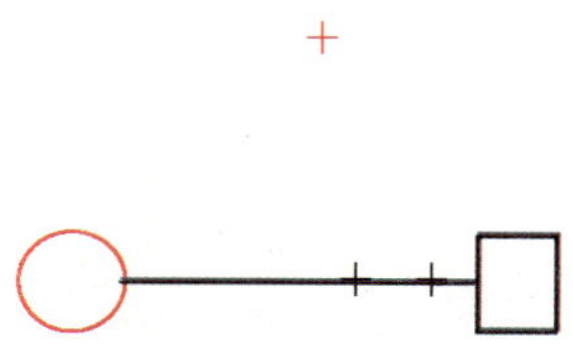	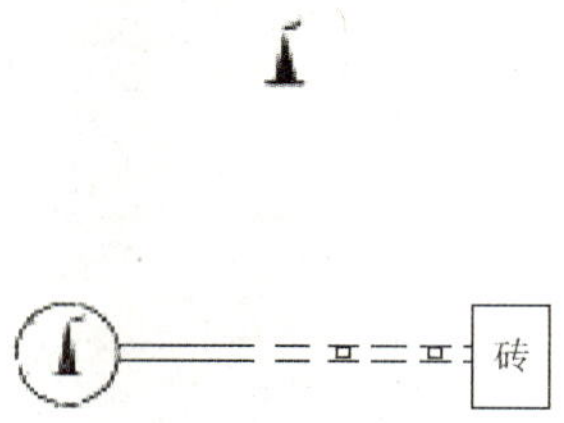

相关要素	烟道
关系	连接
备注	

要素名称　烟道
要素描述　用支架或/和用地形修筑的烟气通道。
要素分类代码　321107

属性表

属性名称	属性描述	数据类型 字段要求	属性值域或示例	约束/条件	备注
代码	要素分类代码及第七位的图形代码	长整型 10	3211072	M	
类型	烟道的类型	字符型 10	烟道/架空烟道	M	
数据源	数据来源类型	字符型 10		C	
更新日期	数据更新日期	日期型		C	

几何表示

几何特征	图形代码	表示方法	属性
线	2	中心线	代码、类型、数据源、更新日期

几何表示示例	制图表示示例

相关要素	烟囱
关系	连接
备注	

要素名称 放空火炬

要素描述 用于燃烧石油化工生产中产生的可燃烧气体的塔形建筑物。

要素分类代码 321108

属性表

属性名称	属性描述	数据类型 字段要求	属性值域或示例	约束/条件	备注
代码	要素分类代码及第七位的图形代码	长整型 10	3211081	M	
名称	放空火炬的名称	字符型 60		C	
数据源	数据来源类型	字符型 10		C	
更新日期	数据更新日期	日期型		C	

几何表示

几何特征	图形代码	表示方法	属性
点	1	定位点	代码、名称、数据源、更新日期

几何表示示例	制图表示示例

相关要素	
关系	
备注	

要素名称 盐田、盐场

要素描述 在内陆挖掘盐池、盐坑取卤水制盐或在海边利用海水晒盐的场所。

要素分类代码 321200

属性表

属性名称	属性描述	数据类型字段要求	属性值域或示例	约束/条件	备注
代码	要素分类代码及第七位的图形代码	长整型 10	3212001	M	
名称	盐田、盐场的名称	字符型 20		M	
数据源	数据来源类型	字符型 10		C	
更新日期	数据更新日期	日期型		C	

几何表示

几何特征	图形代码	表示方法	属性
点	1	标注点	代码、名称、数据源、更新日期

几何表示示例	制图表示示例
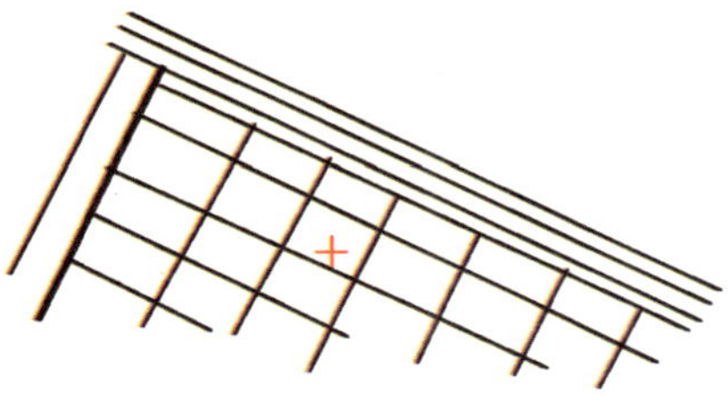	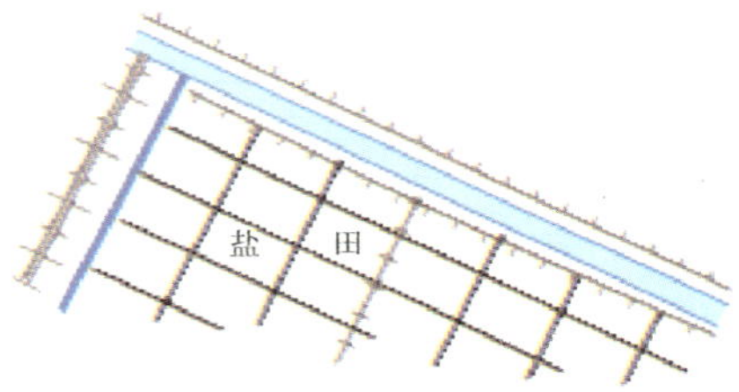

相关要素	沟渠、堤
关系	连接
备注	

要素名称　窑
要素描述　烧制砖瓦、陶瓷、木炭、石灰、炭黑、焦碳、水泥等的场所。
要素分类代码　321300

属性表

属性名称	属性描述	数据类型 字段要求	属性值域或示例	约束/条件	备注
代码	要素分类代码及第七位的图形代码	长整型 10	3213003	M	
名称	窑的名称	字符型 60		M	
产品	窑加工的产品	字符型 4	砖瓦/陶器/瓷器/石灰/木炭/炭黑/焦碳/水泥	M	
类型	窑的类型	字符型 6	堆式窑/台式窑/屋式窑	M	
状态	窑的存在或使用状态	字符型 6	使用/废弃	M	
数据源	数据来源类型	字符型 10		C	
更新日期	数据更新日期	日期型		C	

几何表示

几何特征	图形代码	表示方法	属性
面	3	轮廓线构成的面	代码、名称、产品、类型、状态、数据源、更新日期

几何表示示例	制图表示示例
	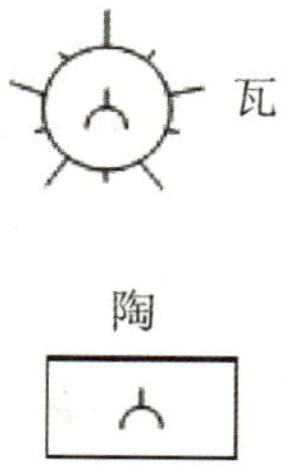

相关要素	
关系	
备注	

要素名称 露天设备
要素描述 装置在室外的生产设备，如反应锅、化工的催化裂化装置、铂重整装置等。
要素分类代码 321400

属性表

属性名称	属性描述	数据类型 字段要求	属性值域或示例	约束/条件	备注
代码	要素分类代码及第七位的图形代码	长整型 10	3214003	M	
名称	露天设备的名称	字符型 60		C	
类型	露天设备的类型	字符型 10	单个的/毗连成群的	M	
数据源	数据来源类型	字符型 10		C	
更新日期	数据更新日期	日期型		C	

几何表示

几何特征	图形代码	表示方法	属性
面	3	范围线/轮廓线构成的面	代码、名称、类型、数据源、更新日期

几何表示示例	制图表示示例
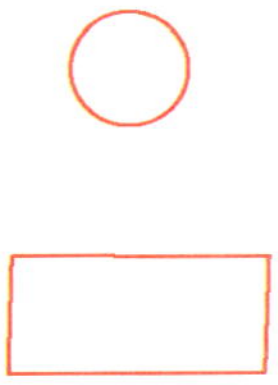	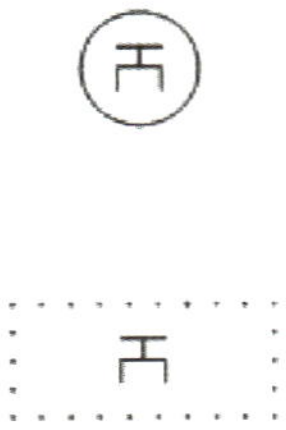

相关要素	地类界
关系	连接
备注	

要素名称 传送带
要素描述 指工矿区用于输送货物、有固定支柱(架)的带式传送设备。
要素分类代码 321501

属性表

属性名称	属性描述	数据类型 字段要求	属性值域或示例	约束/条件	备注
代码	要素分类代码及第七位的图形代码	长整型 10	3215012/3215013	M	
类型	传送带类型	字符型 10	地面上的/架空的/地面下的	M	
宽度	传送带的宽度(m)	浮点型 2.2		M	
数据源	数据来源类型	字符型 10		C	
更新日期	数据更新日期	日期型		C	

几何表示

几何特征	图形代码	表示方法	属性
线	2	中心线	代码、类型、宽度、数据源、更新日期
面	3	范围线构成的面	代码、类型、宽度、数据源、更新日期

几何表示示例		制图表示示例	
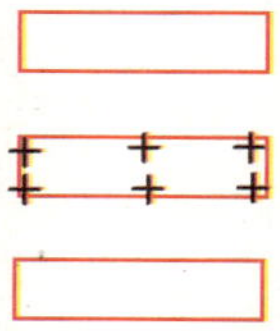 1∶500 1∶1000	 1∶2000	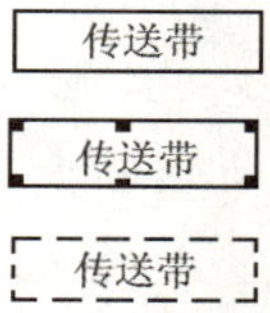 1∶500 1∶1000	 1∶2000

相关要素	
关系	
备注	

要素名称　起重机

要素描述　用于吊起大型重物的大型机械设备。

要素分类代码　321502

属性表

属性名称	属性描述	数据类型字段要求	属性值域或示例	约束/条件	备注
代码	要素分类代码及第七位的图形代码	长整型 10	3215021/3215022	M	
数据源	数据来源类型	字符型 10		C	
更新日期	数据更新日期	日期型		C	

几何表示

几何特征	图形代码	表示方法	属性
点	1	定位点	代码、数据源、更新日期
线	2	两边轨道中心线	代码、数据源、更新日期

几何表示示例	制图表示示例
	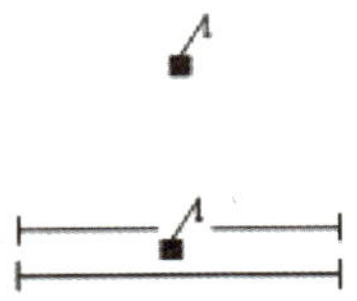

相关要素	
关系	
备注	

要素名称 吊车
要素描述 工矿区、车站、码头等具有轨道的固定的起重设备。
要素分类代码 321503

属性表

属性名称	属性描述	数据类型字段要求	属性值域或示例	约束/条件	备注
代码	要素分类代码及第七位的图形代码	长整型 10	3215032	M	
类型	吊车类型	字符型 10	龙门吊/天吊	M	
数据源	数据来源类型	字符型 10		C	
更新日期	数据更新日期	日期型		C	

几何表示

几何特征	图形代码	表示方法	属性
线	2	两边轨道中心线	代码、类型、数据源、更新日期

几何表示示例	制图表示示例
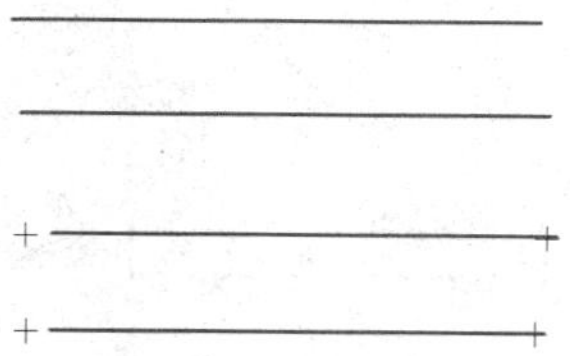	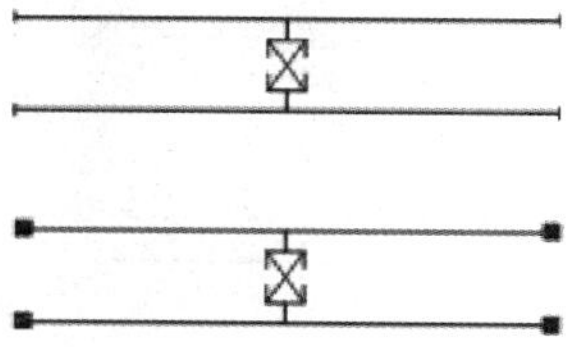

相关要素	
关系	
备注	

要素名称 装卸漏斗

要素描述 工矿区、车站等装卸矿物的固定设备。

要素分类代码 321504

属性表

属性名称	属性描述	数据类型 字段要求	属性值域或示例	约束/条件	备注
代码	要素分类代码及第七位的图形代码	长整型 10	3215041/3215043/3215044	M	
类型	装卸漏斗类型	字符型 10	斗在中间的/斗在一侧的/斗在墙上的/斗在坑内的	M	
数据源	数据来源类型	字符型 10		C	
更新日期	数据更新日期	日期型		C	

几何表示

几何特征		图形代码	表示方法	属性
点		1	定位点	代码、类型、数据源、更新日期
复合	点	4	定位点	代码、类型、数据源、更新日期
	面	3	范围线构成的面	代码、类型、数据源、更新日期

几何表示示例		制图表示示例	
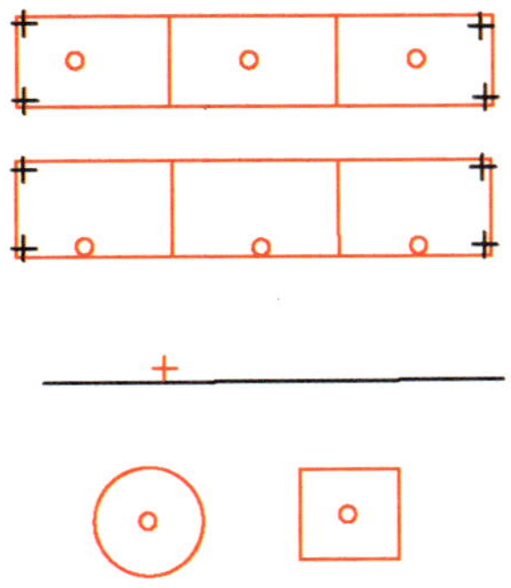 1∶500 1∶1000	 1∶2000	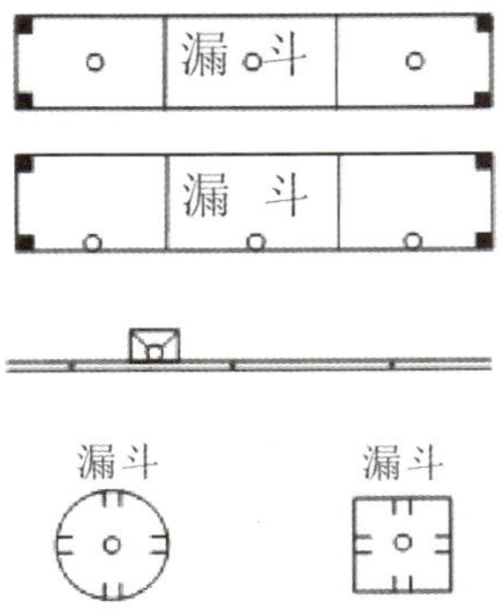 1∶500 1∶1000	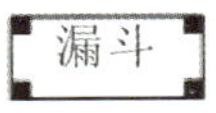 1∶2000

相关要素	
关系	
备注	

要素名称　滑槽

要素描述　在山谷或山地斜坡上架设或挖凿的供滑行运输的槽子。

要素分类代码　321505

属性表

属性名称	属性描述	数据类型 字段要求	属性值域或示例	约束/条件	备注
代码	要素分类代码及第七位的图形代码	长整型 10	3215052/3215053	M	
宽度	滑槽中线到边线的距离(m)	浮点型 2.2		M	
数据源	数据来源类型	字符型 10		C	
更新日期	数据更新日期	日期型		C	

几何表示

几何特征	图形代码	表示方法	属性
线	2	中心线	代码、宽度、数据源、更新日期
面	3	范围线构成的面	代码、宽度、数据源、更新日期

几何表示示例	制图表示示例
	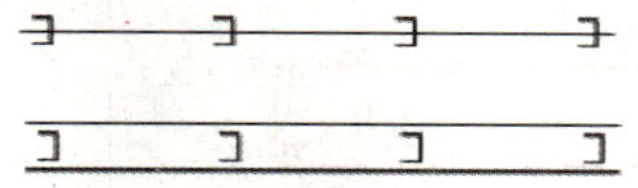

相关要素	
关系	
备注	

要素名称 地磅
要素描述 安置在地下，台面与路面齐平的称重设备。
要素分类代码 321506

属性表

属性名称	属性描述	数据类型字段要求	属性值域或示例	约束/条件	备注
代码	要素分类代码及第七位的图形代码	长整型 10	3215061	M	
类型	地磅类型	字符型 10	棚房内的/雨罩下的/露天的	M	
数据源	数据来源类型	字符型 10		C	
更新日期	数据更新日期	日期型		C	

几何表示

几何特征	图形代码	表示方法	属性
点	1	定位点	代码、类型、数据源、更新日期

几何表示示例	制图表示示例
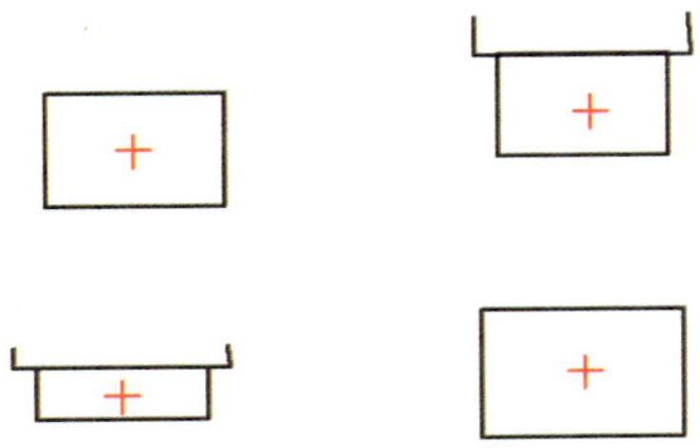	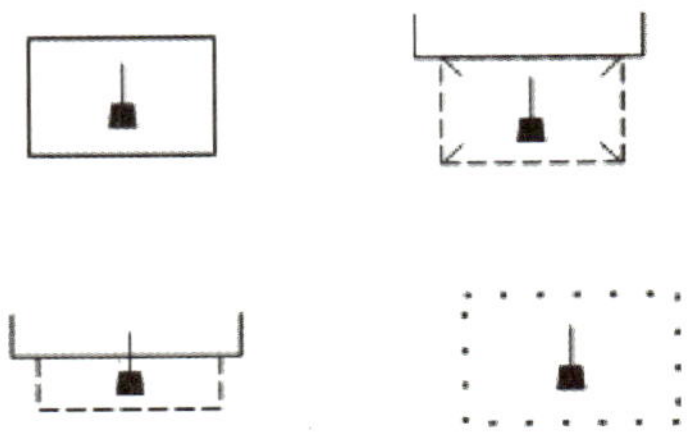

相关要素	
关系	
备注	

要素名称 露天货栈

要素描述 指露天堆放木材、钢材等物资的专用场地。

要素分类代码 321600

属性表

属性名称	属性描述	数据类型 字段要求	属性值域或示例	约束/条件	备注
代码	要素分类代码及第七位的图形代码	长整型 10	3216003	M	
类型	露天货栈类型	字符型 10	有平台/无平台	M	
数据源	数据来源类型	字符型 10		C	
更新日期	数据更新日期	日期型		C	

几何表示

几何特征	图形代码	表示方法	属性
面	3	范围线构成的面	代码、类型、数据源、更新日期

几何表示示例	制图表示示例
	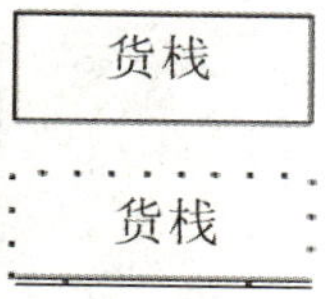

相关要素	
关系	
备注	

要素名称　抽水站

要素描述　固定的河渠边的抽水机安置点。

要素分类代码　330101

属性表

属性名称	属性描述	数据类型字段要求	属性值域或示例	约束/条件	备注
代码	要素分类代码及第七位的图形代码	长整型 10	3301011	M	
名称	抽水站的名称	字符型 60		C	
类型	抽水站的类型	字符型 10	露天/室内	C	
数据源	数据来源类型	字符型 10		C	
更新日期	数据更新日期	日期型		C	

几何表示

几何特征	图形代码	表示方法	属性
点	1	定位点	代码、名称、类型、数据源、更新日期

几何表示示例	制图表示示例

相关要素	
关系	
备注	

要素名称　饲养场

要素描述　较固定的用于饲养的场地。

要素分类代码　330200

属性表

属性名称	属性描述	数据类型字段要求	属性值域或示例	约束/条件	备注
代码	要素分类代码及第七位的图形代码	长整型 10	3302001	M	
名称	饲养场的名称	字符型 60		C	
数据源	数据来源类型	字符型 10		C	
更新日期	数据更新日期	日期型		C	

几何表示

几何特征	图形代码	表示方法	属性
点	1	定位点	代码、名称、数据源、更新日期

几何表示示例	制图表示示例
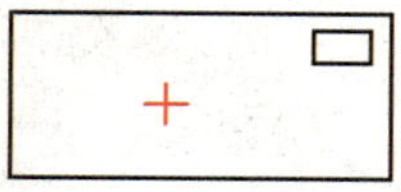	

相关要素	垣栅、房屋
关系	连接、包含
备注	

要素名称　水产养殖场
要素描述　基于海水环境的动植物养殖场所。
要素分类代码　330300

属性表

属性名称	属性描述	数据类型 字段要求	属性值域或示例	约束/条件	备注
代码	要素分类代码及第七位的图形代码	长整型 10	3303003	M	
名称	水产养殖场的名称	字符型 60		C	
种类	养殖水产的种类	字符型 20	“紫菜”	M	
数据源	数据来源类型	字符型 10		C	
更新日期	数据更新日期	日期型		C	

几何表示

几何特征	图形代码	表示方法	属性
面	3	范围线构成的面	代码、名称、种类、数据源、更新日期

几何表示示例	制图表示示例

相关要素	
关系	
备注	

要素名称 温室、大棚

要素描述 有防寒、加温和透光等功能的，供种植蔬菜、瓜果、花卉等喜温植物的房屋或棚房。

要素分类代码 330400

属性表

属性名称	属性描述	数据类型 字段要求	属性值域或示例	约束/条件	备注
代码	要素分类代码及第七位的图形代码	长整型 10	3304001/3304003	M	
名称	温室、大棚的名称	字符型 60		C	
类型	温室、大棚的用途类型	字符型 4	果/菜/花	C	
分布	温室、大棚的分布	字符型 4	单个/成群	C	
数据源	数据来源类型	字符型 10		C	
更新日期	数据更新日期	日期型		C	

几何表示

几何特征	图形代码	表示方法	属性
点	1	定位点	代码、名称、类型、分布、数据源、更新日期
面	3	轮廓线构成的面	代码、名称、类型、分布、数据源、更新日期

几何表示示例	制图表示示例
	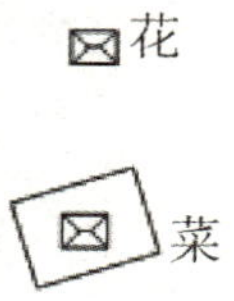

相关要素	
关系	
备注	

要素名称 粮仓(库)

要素描述 固定的储备粮食的建筑物。

要素分类代码 330500

属性表

属性名称	属性描述	数据类型字段要求	属性值域或示例	约束/条件	备注
代码	要素分类代码及第七位的图形代码	长整型 10	3305001/3305003	M	
名称	粮仓(库)的名称	字符型 60		C	
个数	粮仓群中粮仓个数	整型 2		M	
数据源	数据来源类型	字符型 10		C	
更新日期	数据更新日期	日期型		C	

几何表示

几何特征	图形代码	表示方法	属性
点	1	定位点	代码、名称、数据源、更新日期
面	3	范围线构成的面	代码、名称、个数、数据源、更新日期

几何表示示例	制图表示示例
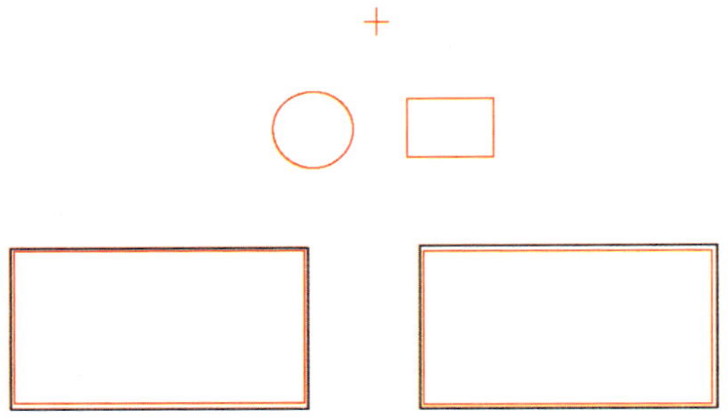	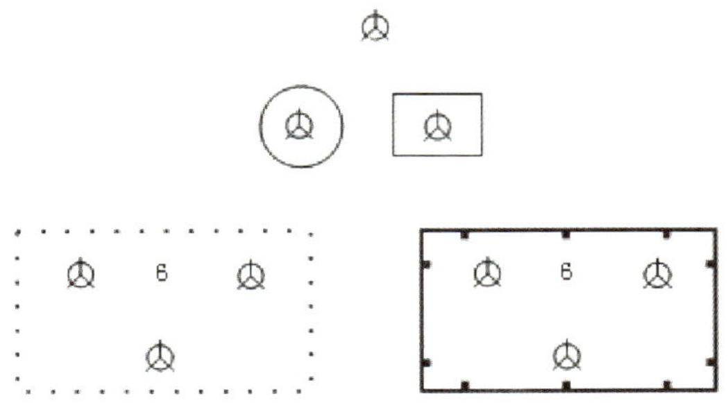

相关要素	地类界、垣栅、房屋
关系	连接、包含
备注	

要素名称 水磨房、水车
要素描述 以流水为动力，用以抽水、磨粮的磨房和固定的水车。
要素分类代码 330601

属性表

属性名称	属性描述	数据类型字段要求	属性值域或示例	约束/条件	备注
代码	要素分类代码及第七位的图形代码	长整型 10	3306011	M	
名称	水磨房、水车的名称	字符型 60		C	
用途	用途	字符型 10	水磨房/水车	C	
数据源	数据来源类型	字符型 10		C	
更新日期	数据更新日期	日期型		C	

几何表示

几何特征	图形代码	表示方法	属性
点	1	定位点	代码、名称、用途、数据源、更新日期

几何表示示例	制图表示示例

相关要素	
关系	
备注	

要素名称 风磨房、风车

要素描述 以风力为动力，用以抽水、磨粮或发电的磨房和固定的风车。

要素分类代码 330602

属性表

属性名称	属性描述	数据类型字段要求	属性值域或示例	约束/条件	备注
代码	要素分类代码及第七位的图形代码	长整型 10	3306021	M	
名称	风磨房、风车的名称	字符型 60		C	
用途	用途	字符型 10	发电/磨粮/抽水	C	
数据源	数据来源类型	字符型 10		C	
更新日期	数据更新日期	日期型		C	

几何表示

几何特征	图形代码	表示方法	属性
点	1	定位点	代码、名称、用途、数据源、更新日期

几何表示示例	制图表示示例

相关要素	
关系	
备注	

要素名称　打谷场

要素描述　较固定的碾打、晾晒粮食的场地。

要素分类代码　330603

属性表

属性名称	属性描述	数据类型 字段要求	属性值域或示例	约束/条件	备注
代码	要素分类代码及第七位的图形代码	长整型 10	3306033	M	
数据源	数据来源类型	字符型 10		C	
更新日期	数据更新日期	日期型		C	

几何表示

几何特征	图形代码	表示方法	属性
面	3	范围线构成的面	代码、数据源、更新日期

几何表示示例	制图表示示例

相关要素	
关系	
备注	

要素名称 贮草场

要素描述 较固定的贮存谷草、牲畜饲草的场所。

要素分类代码 330604

属性表

属性名称	属性描述	数据类型 字段要求	属性值域或示例	约束/条件	备注
代码	要素分类代码及第七位的图形代码	长整型 10	3306043	M	
名称	贮草场的名称	字符型 60		C	
数据源	数据来源类型	字符型 10		C	
更新日期	数据更新日期	日期型		C	

几何表示

几何特征	图形代码	表示方法	属性
面	3	范围线构成的面	代码、名称、数据源、更新日期

几何表示示例	制图表示示例

相关要素	
关系	
备注	

要素名称 药浴池
要素描述 在草原地区专修的供牲畜涉过的消毒液池。
要素分类代码 330605

属性表

属性名称	属性描述	数据类型 字段要求	属性值域或示例	约束/条件	备注
代码	要素分类代码及第七位的图形代码	长整型 10	3306051	M	
方向	与正东方向逆时针形成的夹角(°)	浮点型 4.8	0～360	M	
数据源	数据来源类型	字符型 10		C	
更新日期	数据更新日期	日期型		C	

几何表示

几何特征	图形代码	表示方法	属性
点	1	有向点	代码、方向、数据源、更新日期

几何表示示例	制图表示示例

相关要素	
关系	
备注	

要素名称 积肥池

要素描述 用于积肥的池子、粪池、沤池、氨气池、沼气池等。

要素分类代码 330606

属性表

属性名称	属性描述	数据类型 字段要求	属性值域或示例	约束/条件	备注
代码	要素分类代码及第七位的图形代码	长整型 10	3306061/3306063	M	
类型	积肥类型	字符型 10	积肥池/粪池/沤池/氨水池/沼气池	M	
数据源	数据来源类型	字符型 10		C	
更新日期	数据更新日期	日期型		C	

几何表示

几何特征	图形代码	表示方法	属性
点	1	定位点	代码、类型、数据源、更新日期
面	3	范围线构成的面	代码、类型、数据源、更新日期

几何表示示例	制图表示示例

相关要素	
关系	
备注	

要素名称 学校

要素描述 专门进行中、小学教育及职业教育的机构与场所，不包括大学。

要素分类代码 340101

属性表

属性名称	属性描述	数据类型 字段要求	属性值域或示例	约束/条件	备注
代码	要素分类代码及第七位的图形代码	长整型 10	3401011	M	
名称	学校的名称	字符型 60		M	
数据源	数据来源类型	字符型 10		C	
更新日期	数据更新日期	日期型		C	

几何表示

几何特征	图形代码	表示方法	属性
点	1	标注点	代码、名称、数据源、更新日期

几何表示示例		制图表示示例	
1∶500 1∶1 000 不表示	+ 1∶2000	1∶500 1∶1 000 不表示	文 1∶2000

相关要素	
关系	
备注	

要素名称 医院
要素描述 专门进行治疗和护理病人的机构。
要素分类代码 340102

属性表

属性名称	属性描述	数据类型字段要求	属性值域或示例	约束/条件	备注
代码	要素分类代码及第七位的图形代码	长整型 10	3401021	M	
名称	医院的名称	字符型 60		M	
数据源	数据来源类型	字符型 10		C	
更新日期	数据更新日期	日期型		C	

几何表示

几何特征	图形代码	表示方法	属性
点	1	标注点	代码、名称、数据源、更新日期

几何表示示例	制图表示示例
	制图不表示

相关要素	
关系	
备注	

要素名称 馆
要素描述 科技馆、博物馆、展览馆等。
要素分类代码 340103

属性表

属性名称	属性描述	数据类型 字段要求	属性值域或示例	约束/条件	备注
代码	要素分类代码及第七位的图形代码	长整型 10	3401031	M	
名称	馆的名称	字符型 60		M	
类型	馆的类型	字符型 20	科技馆/博物馆/展览馆	M	
数据源	数据来源类型	字符型 10		C	
更新日期	数据更新日期	日期型		C	

几何表示

几何特征	图形代码	表示方法	属性
点	1	定位点	代码、名称、类型、数据源、更新日期

几何表示示例	制图表示示例
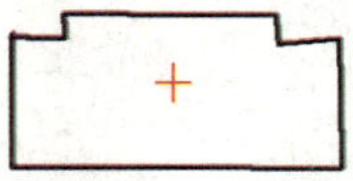	

相关要素	
关系	
备注	

要素名称 宾馆饭店

要素描述 提供旅客居住餐饮的场所。

要素分类代码 340201

属性表

属性名称	属性描述	数据类型 字段要求	属性值域或示例	约束/条件	备注
代码	要素分类代码及第七位的图形代码	长整型 10	3402011	M	
名称	宾馆饭店的名称	字符型 60		M	
数据源	数据来源类型	字符型 10		C	
更新日期	数据更新日期	日期型		C	

几何表示

几何特征	图形代码	表示方法	属性
点	1	定位点	代码、名称、数据源、更新日期

几何表示示例	制图表示示例
	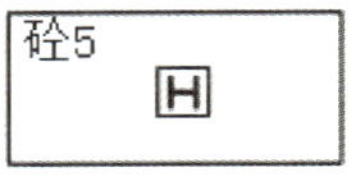

相关要素	
关系	
备注	

要素名称 超市

要素描述 大型多部门的、实行顾客“自我服务”方式的零售商场。

要素分类代码 340202

属性表

属性名称	属性描述	数据类型 字段要求	属性值域或示例	约束/条件	备注
代码	要素分类代码及第七位的图形代码	长整型 10	3402021	M	
名称	超市的名称	字符型 60		M	
数据源	数据来源类型	字符型 10		C	
更新日期	数据更新日期	日期型		C	

几何表示

几何特征	图形代码	表示方法	属性
点	1	定位点	代码、名称、数据源、更新日期

几何表示示例	制图表示示例
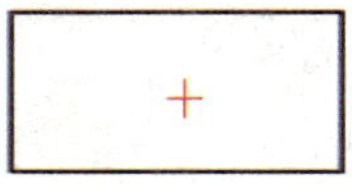	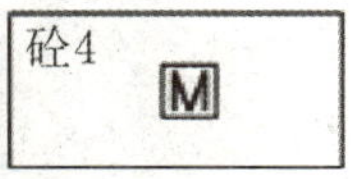

相关要素	
关系	
备注	

要素名称　游乐场

要素描述　范围较大且有大型游乐设施供游人活动的场所。

要素分类代码　340301

属性表

属性名称	属性描述	数据类型字段要求	属性值域或示例	约束/条件	备注
代码	要素分类代码及第七位的图形代码	长整型 10	3403011	M	
名称	游乐场的名称	字符型 60		M	
数据源	数据来源类型	字符型 10		C	
更新日期	数据更新日期	日期型		C	

几何表示

几何特征	图形代码	表示方法	属性
点	1	标注点	代码、名称、数据源、更新日期

几何表示示例	制图表示示例
	制图不表示

相关要素	
关系	
备注	

要素名称 公园

要素描述 构造景观供游人休闲活动的场所。

要素分类代码 340302

属性表

属性名称	属性描述	数据类型 字段要求	属性值域或示例	约束/条件	备注
代码	要素分类代码及第七位的图形代码	长整型 10	3403021	M	
名称	公园的名称	字符型 60		M	
数据源	数据来源类型	字符型 10		C	
更新日期	数据更新日期	日期型		C	

几何表示

几何特征	图形代码	表示方法	属性
点	1	标注点	代码、名称、数据源、更新日期

几何表示示例	制图表示示例
+	制图不表示

相关要素	
关系	
备注	

要素名称 陵园
要素描述 以领袖、烈士、知名人士的陵墓为主的园林。
要素分类代码 340303

属性表

属性名称	属性描述	数据类型 字段要求	属性值域或示例	约束/条件	备注
代码	要素分类代码及第七位的图形代码	长整型 10	3403031	M	
名称	陵园的名称	字符型 60		M	
数据源	数据来源类型	字符型 10		C	
更新日期	数据更新日期	日期型		C	

几何表示

几何特征	图形代码	表示方法	属性
点	1	标注点	代码、名称、数据源、更新日期

几何表示示例	制图表示示例
+	制图不表示

相关要素	
关系	
备注	

要素名称 动物园

要素描述 集中饲养动物供游人参观的场所。

要素分类代码 340304

属性表

属性名称	属性描述	数据类型 字段要求	属性值域或示例	约束/条件	备注
代码	要素分类代码及第七位的图形代码	长整型 10	3403041	M	
名称	动物园的名称	字符型 60		M	
数据源	数据来源类型	字符型 10		C	
更新日期	数据更新日期	日期型		C	

几何表示

几何特征	图形代码	表示方法	属性
点	1	标注点	代码、名称、数据源、更新日期

几何表示示例	制图表示示例
+	制图不表示

相关要素	
关系	
备注	

要素名称 植物园

要素描述 集中栽培植物供游人参观或科学研究的场所。

要素分类代码 340305

属性表

属性名称	属性描述	数据类型 字段要求	属性值域或示例	约束/条件	备注
代码	要素分类代码及第七位的图形代码	长整型 10	3403051	M	
名称	植物园的名称	字符型 60		M	
数据源	数据来源类型	字符型 10		C	
更新日期	数据更新日期	日期型		C	

几何表示

几何特征	图形代码	表示方法	属性
点	1	标注点	代码、名称、数据源、更新日期

几何表示示例	制图表示示例
	制图不表示

相关要素	
关系	
备注	

要素名称 剧场、电影院

要素描述 供戏剧、歌舞、曲艺等演出和电影放映的场所。

要素分类代码 340306

属性表

属性名称	属性描述	数据类型字段要求	属性值域或示例	约束/条件	备注
代码	要素分类代码及第七位的图形代码	长整型 10	3403061	M	
名称	剧场、电影院的名称	字符型 60		M	
数据源	数据来源类型	字符型 10		C	
更新日期	数据更新日期	日期型		C	

几何表示

几何特征	图形代码	表示方法	属性
点	1	定位点	代码、名称、数据源、更新日期

几何表示示例	制图表示示例
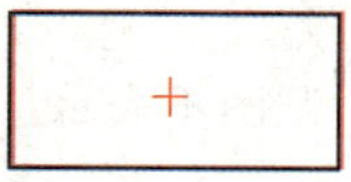	

相关要素	
关系	
备注	

要素名称 露天体育场

要素描述 大型无顶盖体育运动场所。

要素分类代码 340401

属性表

属性名称	属性描述	数据类型字段要求	属性值域或示例	约束/条件	备注
代码	要素分类代码及第七位的图形代码	长整型 10	3404013	M	
名称	露天体育场的名称	字符型 60		M	
类型	运动场类型	字符型 6	有看台/无看台/网球场/小型运动场/溜冰场/球场	M	
数据源	数据来源类型	字符型 10		C	
更新日期	数据更新日期	日期型		C	

几何表示

几何特征	图形代码	表示方法	属性
面	3	范围线构成的面	代码、名称、类型、数据源、更新日期

几何表示示例	制图表示示例
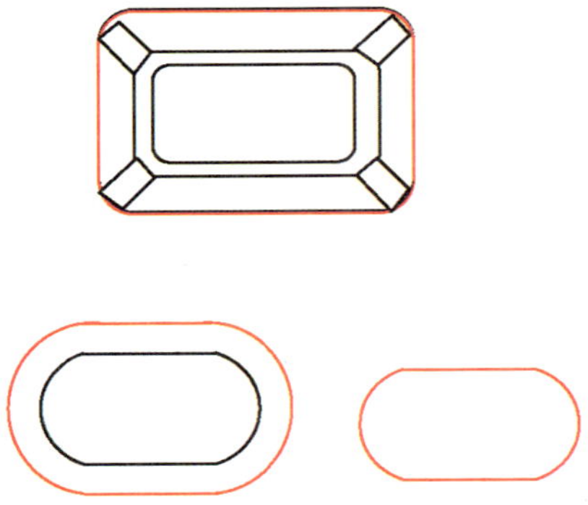	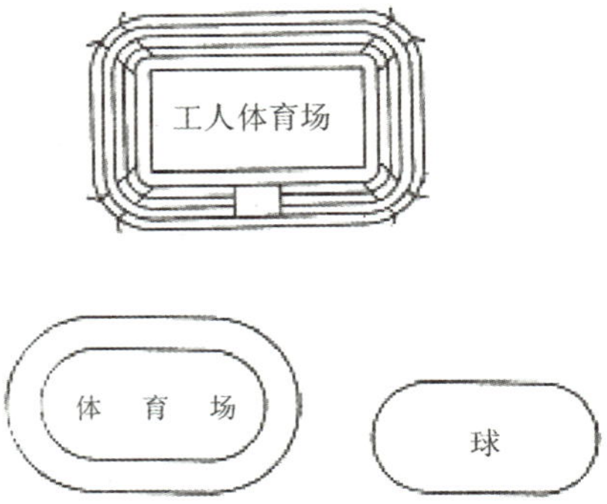

相关要素	
关系	
备注	

要素名称 体育馆

要素描述 用作各种室内体育运动并备有体育设施的场所。

要素分类代码 340403

属性表

属性名称	属性描述	数据类型 字段要求	属性值域或示例	约束/条件	备注
代码	要素分类代码及第七位的图形代码	长整型 10	3404031	M	
名称	体育馆的名称	字符型 60		M	
数据源	数据来源类型	字符型 10		C	
更新日期	数据更新日期	日期型		C	

几何表示

几何特征	图形代码	表示方法	属性
点	1	定位点	代码、名称、数据源、更新日期

几何表示示例	制图表示示例
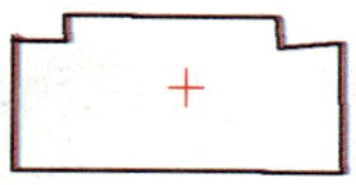	

相关要素	
关系	
备注	

要素名称　游泳场、池

要素描述　有固定设施的专供露天游泳的场所。

要素分类代码　340404

属性表

属性名称	属性描述	数据类型 字段要求	属性值域或示例	约束/条件	备注
代码	要素分类代码及第七位的图形代码	长整型 10	3404043	M	
名称	游泳场/池的名称	字符型 60		M	
数据源	数据来源类型	字符型 10		C	
更新日期	数据更新日期	日期型		C	

几何表示

几何特征	图形代码	表示方法	属性
面	3	范围线构成的面	代码、名称、数据源、更新日期

几何表示示例	制图表示示例

相关要素	
关系	
备注	

要素名称 跳伞塔
要素描述 专供跳伞运动训练用的柱形塔。
要素分类代码 340405

属性表

属性名称	属性描述	数据类型 字段要求	属性值域或示例	约束/条件	备注
代码	要素分类代码及第七位的图形代码	长整型 10	3404051/3404053	M	
名称	跳伞塔的名称	字符型 60		C	
数据源	数据来源类型	字符型 10		C	
更新日期	数据更新日期	日期型		C	

几何表示

几何特征	图形代码	表示方法	属性
点	1	定位点	代码、名称、数据源、更新日期
面	3	轮廓线构成的面	代码、名称、数据源、更新日期

几何表示示例	制图表示示例
	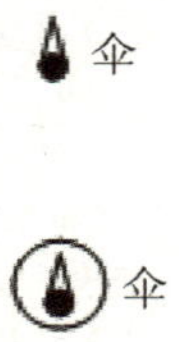

相关要素	
关系	
备注	

要素名称　露天舞台

要素描述　便于观众观看的高出地面的场所。

要素分类代码　340406

属性表

属性名称	属性描述	数据类型 字段要求	属性值域或示例	约束/条件	备注
代码	要素分类代码及第七位的图形代码	长整型 10	3404063	M	
名称	露天舞台的名称	字符型 60		M	
数据源	数据来源类型	字符型 10		C	
更新日期	数据更新日期	日期型		C	

几何表示

几何特征	图形代码	表示方法	属性
面	3	轮廓线构成的面	代码、名称、数据源、更新日期

几何表示示例	制图表示示例
	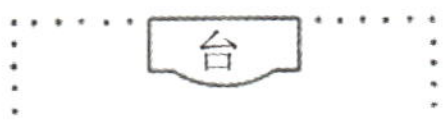

相关要素	
关系	
备注	

要素名称 电视台
要素描述 编制和发送电视节目的场所。
要素分类代码 340501

属性表

属性名称	属性描述	数据类型 字段要求	属性值域或示例	约束/条件	备注
代码	要素分类代码及第七位的图形代码	长整型 10	3405011	M	
名称	电视台的名称	字符型 60		M	
数据源	数据来源类型	字符型 10		C	
更新日期	数据更新日期	日期型		C	

几何表示

几何特征	图形代码	表示方法	属性
点	1	定位点	代码、名称、数据源、更新日期

几何表示示例	制图表示示例

相关要素	
关系	
备注	

要素名称 电信局

要素描述 办理电信业务的场所。

要素分类代码 340502

属性表

属性名称	属性描述	数据类型 字段要求	属性值域或示例	约束/条件	备注
代码	要素分类代码及第七位的图形代码	长整型 10	3405021	M	
名称	电信局的名称	字符型 60		M	
数据源	数据来源类型	字符型 10		C	
更新日期	数据更新日期	日期型		C	

几何表示

几何特征	图形代码	表示方法	属性
点	1	定位点	代码、名称、数据源、更新日期

几何表示示例	制图表示示例
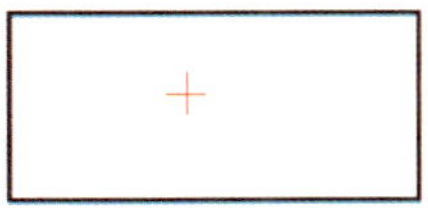	

相关要素	
关系	
备注	

要素名称 邮局
要素描述 办理邮政业务的场所。
要素分类代码 340503

属性表

属性名称	属性描述	数据类型 字段要求	属性值域或示例	约束/条件	备注
代码	要素分类代码及第七位的图形代码	长整型 10	3405031	M	
名称	邮局的名称	字符型 60		M	
数据源	数据来源类型	字符型 10		C	
更新日期	数据更新日期	日期型		C	

几何表示

几何特征	图形代码	表示方法	属性
点	1	定位点	代码、名称、数据源、更新日期

几何表示示例	制图表示示例
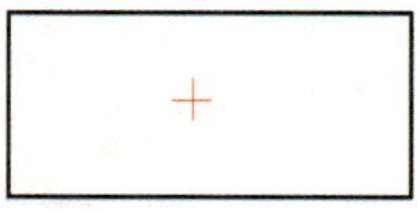	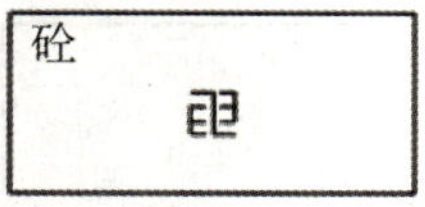

相关要素	
关系	
备注	

要素名称 电视发射塔

要素描述 架设广播电视天线的塔形建筑物。

要素分类代码 340504

属性表

属性名称	属性描述	数据类型 字段要求	属性值域或示例	约束/条件	备注
代码	要素分类代码及第七位的图形代码	长整型 10	3405043	M	
名称	电视发射塔的名称	字符型 60		M	
塔高	电视发射塔的高度(m)	整型 3		C	
数据源	数据来源类型	字符型 10		C	
更新日期	数据更新日期	日期型		C	

几何表示

几何特征	图形代码	表示方法	属性
面	3	轮廓线构成的面	代码、名称、塔高、数据源、更新日期

几何表示示例	制图表示示例

相关要素	
关系	
备注	

要素名称 移动通信塔

要素描述 发射或接收无线电通信信号的塔设备。

要素分类代码 340505

属性表

属性名称	属性描述	数据类型 字段要求	属性值域或示例	约束/条件	备注
代码	要素分类代码及第七位的图形代码	长整型 10	3405051/3405053	M	
名称	移动通信塔的名称	字符型 60		C	
数据源	数据来源类型	字符型 10		C	
更新日期	数据更新日期	日期型		C	

几何表示

几何特征	图形代码	表示方法	属性
点	1	定位点	代码、名称、数据源、更新日期
面	3	范围线构成的面	代码、名称、数据源、更新日期

几何表示示例	制图表示示例
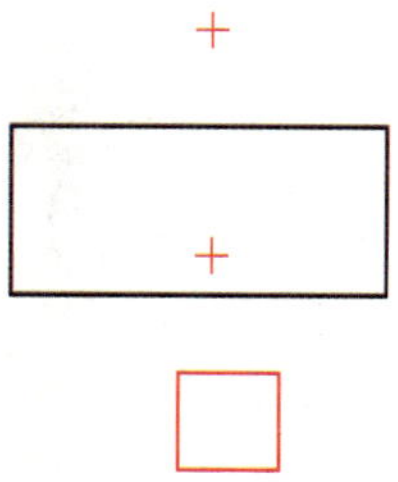	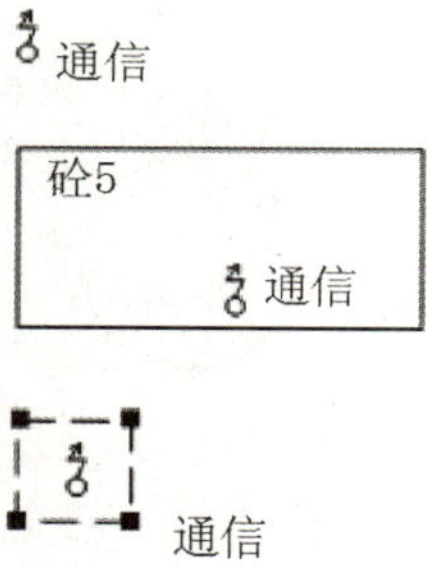

相关要素	
关系	
备注	

要素名称 微波塔

要素描述 实施微波信号传输的塔形建筑物。

要素分类代码 340506

属性表

属性名称	属性描述	数据类型 字段要求	属性值域或示例	约束/条件	备注
代码	要素分类代码及第七位的图形代码	长整型 10	3405061/3405063	M	
名称	微波塔的名称	字符型 60		C	
数据源	数据来源类型	字符型 10		C	
更新日期	数据更新日期	日期型		C	

几何表示

几何特征	图形代码	表示方法	属性
点	1	定位点	代码、名称、数据源、更新日期
面	3	范围线构成的面	代码、名称、数据源、更新日期

几何表示示例	制图表示示例
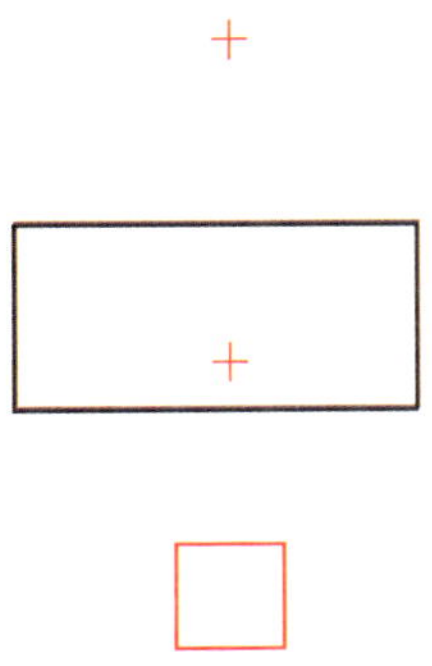	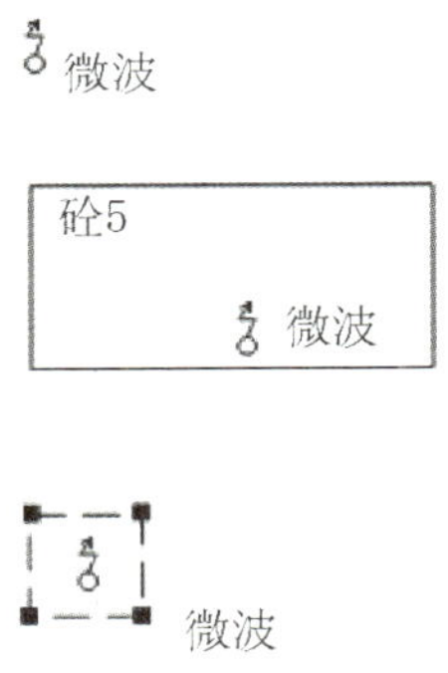

相关要素	
关系	
备注	

要素名称　厕所

要素描述　独立的、完整的、固定的厕所。

要素分类代码　340601

属性表

属性名称	属性描述	数据类型 字段要求	属性值域或示例	约束/条件	备注
代码	要素分类代码及第七位的图形代码	长整型 10	3406011	M	
数据源	数据来源类型	字符型 10		C	
更新日期	数据更新日期	日期型		C	

几何表示

几何特征	图形代码	表示方法	属性
点	1	定位点	代码、数据源、更新日期

几何表示示例	制图表示示例

相关要素	
关系	
备注	

要素名称 垃圾台(场)
要素描述 固定的将垃圾集中进行清理或填埋的场所。
要素分类代码 340602

属性表

属性名称	属性描述	数据类型 字段要求	属性值域或示例	约束/条件	备注
代码	要素分类代码及第七位的图形代码	长整型 10	3406021/3406023	M	
名称	垃圾台(场)的名称	字符型 60		C	
类型	垃圾台(场)的类型	字符型 6	垃圾台/垃圾场	M	
数据源	数据来源类型	字符型 10		C	
更新日期	数据更新日期	日期型		C	

几何表示

几何特征	图形代码	表示方法	属性
点	1	定位点	代码、名称、类型、数据源、更新日期
面	3	范围线/轮廓线构成的面	代码、名称、类型、数据源、更新日期

几何表示示例	制图表示示例
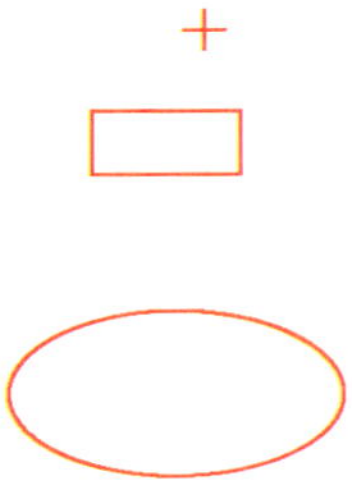	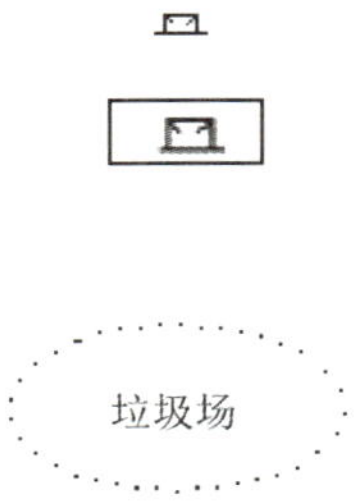

相关要素	
关系	
备注	

要素名称 公墓

要素描述 具有一定规模的经营性质的公共墓地。

要素分类代码 340701

属性表

属性名称	属性描述	数据类型 字段要求	属性值域或示例	约束/条件	备注
代码	要素分类代码及第七位的图形代码	长整型 10	3407013	M	
名称	公墓的名称	字符型 60		M	
数据源	数据来源类型	字符型 10		C	
更新日期	数据更新日期	日期型		C	

几何表示

几何特征	图形代码	表示方法	属性
面	3	范围线构成的面	代码、名称、数据源、更新日期

几何表示示例	制图表示示例
	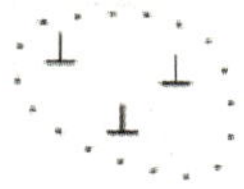

相关要素	
关系	
备注	

要素名称　坟地

要素描述　山坡、村庄外坟墓比较集中的坟墓占地。

要素分类代码　340702

属性表

属性名称	属性描述	数据类型 字段要求	属性值域或示例	约束/条件	备注
代码	要素分类代码及第七位的图形代码	长整型 10	3407021/3407023	M	
名称	坟地名称	字符型 10		C	
数据源	数据来源类型	字符型 10		C	
更新日期	数据更新日期	日期型		C	

几何表示

几何特征	图形代码	表示方法	属性
点	1	定位点	代码、数据源、更新日期
面	3	范围线构成的面	代码、名称、数据源、更新日期

几何表示示例	制图表示示例
	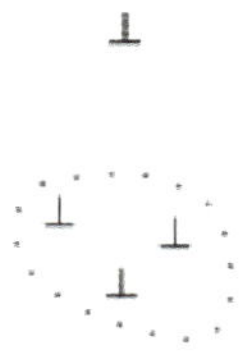

相关要素	
关系	
备注	

要素名称　独立大坟
要素描述　有明显方位意义、形体比较高大的独立坟墓。
要素分类代码　340703

属性表

属性名称	属性描述	数据类型 字段要求	属性值域或示例	约束/条件	备注
代码	要素分类代码及第七位的图形代码	长整型 10	3407031/3407033	M	
名称	独立大坟的名称	字符型 60		M	
数据源	数据来源类型	字符型 10		C	
更新日期	数据更新日期	日期型		C	

几何表示

几何特征	图形代码	表示方法	属性
点	1	定位点	代码、名称、数据源、更新日期
面	3	范围线构成的面	代码、名称、数据源、更新日期

几何表示示例	制图表示示例
	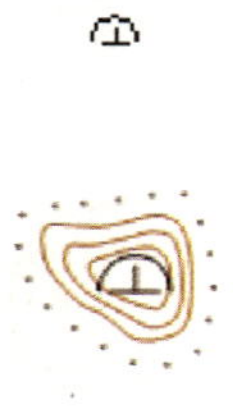

相关要素	
关系	
备注	

要素名称　殡葬场所
要素描述　焚化、殡仪的场所。
要素分类代码　340704

属性表

属性名称	属性描述	数据类型 字段要求	属性值域或示例	约束/条件	备注
代码	要素分类代码及第七位的图形代码	长整型 10	3407041	M	
名称	殡葬场所的名称	字符型 60		M	
数据源	数据来源类型	字符型 10		C	
更新日期	数据更新日期	日期型		C	

几何表示

几何特征	图形代码	表示方法	属性
点	1	标注点	代码、名称、数据源、更新日期

几何表示示例	制图表示示例
+	制图不表示

相关要素	
关系	
备注	

要素名称 烽火台
要素描述 古代遗留下来的供燃烧烟火传递信号的高台建筑物。
要素分类代码 350101

属性表

属性名称	属性描述	数据类型 字段要求	属性值域或示例	约束/条件	备注
代码	要素分类代码及第七位的图形代码	长整型 10	3501013	M	
名称	烽火台的名称	字符型 60		C	
比高	烽火台的高度(m)	浮点型 3.2	“5.0”	M	
数据源	数据来源类型	字符型 10		C	
更新日期	数据更新日期	日期型		C	

几何表示

几何特征	图形代码	表示方法	属性
面	3	轮廓线构成的面	代码、名称、比高、数据源、更新日期

几何表示示例	制图表示示例
	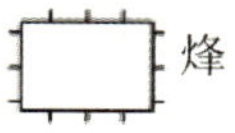

相关要素	城墙、长城
关系	包含
备注	

要素名称　纪念碑、柱、墩

要素描述　各种比较高大、有纪念意义或有方位作用的碑、柱、墩和其他类似物体。

要素分类代码　350201

属性表

属性名称	属性描述	数据类型 字段要求	属性值域或示例	约束/条件	备注
代码	要素分类代码及第七位的图形代码	长整型 10	3502011/3502013	M	
名称	纪念碑、柱、墩的名称	字符型 60		M	
数据源	数据来源类型	字符型 10		C	
更新日期	数据更新日期	日期型		C	

几何表示

几何特征	图形代码	表示方法	属性
点	1	定位点	代码、名称、数据源、更新日期
面	3	轮廓线构成的面	代码、名称、数据源、更新日期

几何表示示例	制图表示示例
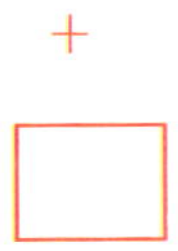	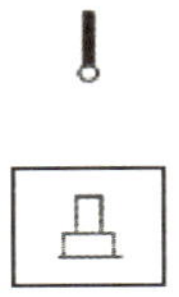

相关要素	
关系	
备注	

要素名称　北回归线标志塔

要素描述　在北回归线上建造的标志性建筑物。

要素分类代码　350202

属性表

属性名称	属性描述	数据类型 字段要求	属性值域或示例	约束/条件	备注
代码	要素分类代码及第七位的图形代码	长整型 10	3502021/3502023	M	
数据源	数据来源类型	字符型 10		C	
更新日期	数据更新日期	日期型		C	

几何表示

几何特征	图形代码	表示方法	属性
点	1	定位点	代码、数据源、更新日期
面	3	轮廓线构成的面	代码、数据源、更新日期

几何表示示例	制图表示示例
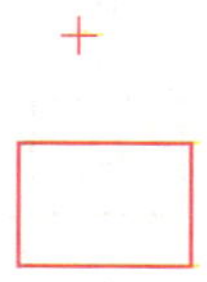	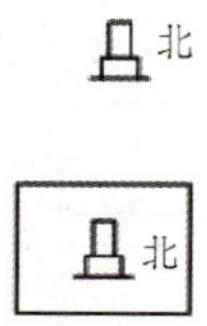

相关要素	北回归线
关系	包含
备注	

要素名称 牌楼、牌坊、彩门

要素描述 起装饰作用或具有纪念意义的单门或多门的框架式建筑物。

要素分类代码 350203

属性表

属性名称	属性描述	数据类型 字段要求	属性值域或示例	约束/条件	备注
代码	要素分类代码及第七位的图形代码	长整型 10	3502031/3502032	M	
名称	牌楼、牌坊、彩门的名称	字符型 60		M	
方向	与正东方向逆时针形成的夹角(°)	浮点型 4.8	0～360	M	
数据源	数据来源类型	字符型 10		C	
更新日期	数据更新日期	日期型		C	

几何表示

几何特征	图形代码	表示方法	属性
点	1	有向点	代码、名称、方向、数据源、更新日期
线	2	有向线	代码、名称、数据源、更新日期

几何表示示例	制图表示示例
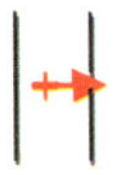 	 

相关要素	道路
关系	包含
备注	

要素名称 钟鼓楼、城楼、古关塞

要素描述 古时遗留下来的放置大钟(鼓)而建造的古式楼宇,或建筑在城门上供远望用的楼,或古时的关口要塞。

要素分类代码 350204

属性表

属性名称	属性描述	数据类型字段要求	属性值域或示例	约束/条件	备注
代码	要素分类代码及第七位的图形代码	长整型 10	3502041/3502043	M	
名称	钟鼓楼、城楼、古关塞的名称	字符型 60		M	
类型	属于钟鼓楼、城楼、古关塞的哪一种	字符型 10	钟楼/鼓楼/城楼/古关塞	M	
数据源	数据来源类型	字符型 10		C	
更新日期	数据更新日期	日期型		C	

几何表示

几何特征	图形代码	表示方法	属性
点	1	定位点	代码、名称、类型、数据源、更新日期
面	3	轮廓线构成的面	代码、名称、类型、数据源、更新日期

几何表示示例	制图表示示例
	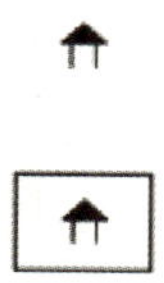

相关要素	道路、城墙、长城
关系	连接、包含
备注	

要素名称 亭

要素描述 花园、公园或娱乐场所供游乐、休息或装饰性的有顶无墙的建筑物。

要素分类代码 350205

属性表

属性名称	属性描述	数据类型 字段要求	属性值域或示例	约束/条件	备注
代码	要素分类代码及第七位的图形代码	长整型 10	3502051/3502053	M	
名称	亭的名称	字符型 60		M	
类型	亭的类型	字符型 6	有底座/无底座	M	
数据源	数据来源类型	字符型 10		C	
更新日期	数据更新日期	日期型		C	

几何表示

几何特征	图形代码	表示方法	属性
点	1	定位点	代码、名称、数据源、更新日期
面	3	轮廓线构成的面	代码、名称、数据源、更新日期

几何表示示例	制图表示示例

相关要素	
关系	
备注	

要素名称　文物碑石

要素描述　大型的、具有文物保护价值的各种碑石及其他类似物体。

要素分类代码　350206

属性表

属性名称	属性描述	数据类型 字段要求	属性值域或示例	约束/条件	备注
代码	要素分类代码及第七位的图形代码	长整型 10	3502061/3502063	M	
名称	文物碑石的名称	字符型 60		M	
数据源	数据来源类型	字符型 10		C	
更新日期	数据更新日期	日期型		C	

几何表示

几何特征	图形代码	表示方法	属性
点	1	定位点	代码、名称、数据源、更新日期
面	3	范围线构成的面	代码、名称、数据源、更新日期

几何表示示例	制图表示示例

相关要素	
关系	
备注	

要素名称 旗杆

要素描述 指有固定基座的高大旗杆。

要素分类代码 350207

属性表

属性名称	属性描述	数据类型 字段要求	属性值域或示例	约束/条件	备注
代码	要素分类代码及第七位的图形代码	长整型 10	3502071	M	
数据源	数据来源类型	字符型 10		C	
更新日期	数据更新日期	日期型		C	

几何表示

几何特征	图形代码	表示方法	属性
点	1	定位点	代码、数据源、更新日期

几何表示示例	制图表示示例

相关要素	
关系	
备注	

要素名称 塑像

要素描述 具有纪念意义或环境美化而修建的大型艺术性的雕塑或造形及古代遗留下来的石雕等类似物体。

要素分类代码 350208

属性表

属性名称	属性描述	数据类型 字段要求	属性值域或示例	约束/条件	备注
代码	要素分类代码及第七位的图形代码	长整型 10	3502081/3502083	M	
名称	塑像的名称	字符型 60		C	
数据源	数据来源类型	字符型 10		C	
更新日期	数据更新日期	日期型		C	

几何表示

几何特征	图形代码	表示方法	属性
点	1	定位点	代码、名称、数据源、更新日期
面	3	范围线构成的面	代码、名称、数据源、更新日期

几何表示示例	制图表示示例
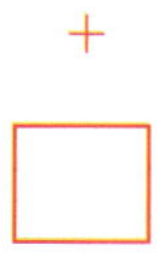	

相关要素	
关系	
备注	

要素名称 庙宇

要素描述 佛教、道教活动的寺、庙、庵、洞、宫、观以及孔庙、神庙等宗教建筑物。

要素分类代码 360100

属性表

属性名称	属性描述	数据类型 字段要求	属性值域或示例	约束/条件	备注
代码	要素分类代码及第七位的图形代码	长整型 10	3601001	M	
名称	庙宇的名称	字符型 60		M	
数据源	数据来源类型	字符型 10		C	
更新日期	数据更新日期	日期型		C	

几何表示

几何特征	图形代码	表示方法	属性
点	1	定位点	代码、名称、数据源、更新日期

几何表示示例	制图表示示例
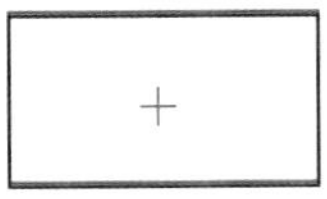	

相关要素	房屋
关系	包含
备注	

要素名称　清真寺

要素描述　伊斯兰教进行宗教仪式及礼拜的场所。

要素分类代码　360200

属性表

属性名称	属性描述	数据类型字段要求	属性值域或示例	约束/条件	备注
代码	要素分类代码及第七位的图形代码	长整型 10	3602001	M	
名称	清真寺的名称	字符型 60		M	
数据源	数据来源类型	字符型 10		C	
更新日期	数据更新日期	日期型		C	

几何表示

几何特征	图形代码	表示方法	属性
点	1	定位点	代码、名称、数据源、更新日期

几何表示示例	制图表示示例
	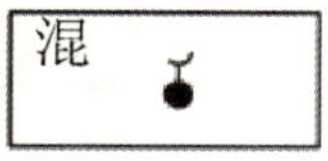

相关要素	房屋
关系	包含
备注	

要素名称 教堂
要素描述 基督教进行宗教仪式及礼拜的场所。
要素分类代码 360300

属性表

属性名称	属性描述	数据类型 字段要求	属性值域或示例	约束/条件	备注
代码	要素分类代码及第七位的图形代码	长整型 10	3603001	M	
名称	教堂的名称	字符型 60		M	
数据源	数据来源类型	字符型 10		C	
更新日期	数据更新日期	日期型		C	

几何表示

几何特征	图形代码	表示方法	属性
点	1	定位点	代码、名称、数据源、更新日期

几何表示示例	制图表示示例
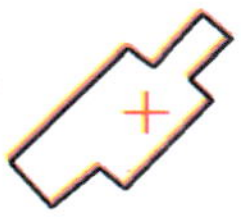	

相关要素	房屋
关系	包含
备注	

要素名称 宝塔、经塔
要素描述 宗教或纪念性塔形建筑物。
要素分类代码 360400

属性表

属性名称	属性描述	数据类型 字段要求	属性值域或示例	约束/条件	备注
代码	要素分类代码及第七位的图形代码	长整型 10	3604001/3604003	M	
名称	宝塔、经塔的名称	字符型 60		M	
数据源	数据来源类型	字符型 10		C	
更新日期	数据更新日期	日期型		C	

几何表示

几何特征	图形代码	表示方法	属性
点	1	定位点	代码、名称、数据源、更新日期
面	3	轮廓线构成的面	代码、名称、数据源、更新日期

几何表示示例	制图表示示例

相关要素	
关系	
备注	

要素名称 敖包、经堆
要素描述 少数民族地区简易的进行宗教活动的场所。
要素分类代码 360500

属性表

属性名称	属性描述	数据类型 字段要求	属性值域或示例	约束/条件	备注
代码	要素分类代码及第七位的图形代码	长整型 10	3605001/3605003	M	
名称	敖包、经堆的名称	字符型 60		M	
数据源	数据来源类型	字符型 10		C	
更新日期	数据更新日期	日期型		C	

几何表示

几何特征	图形代码	表示方法	属性
点	1	定位点	代码、名称、数据源、更新日期
面	3	范围线构成的面	代码、名称、数据源、更新日期

几何表示示例	制图表示示例
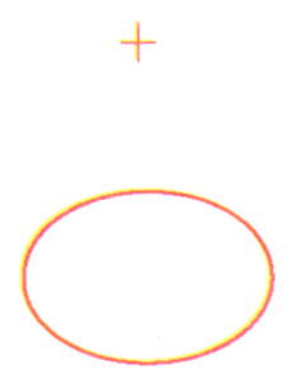	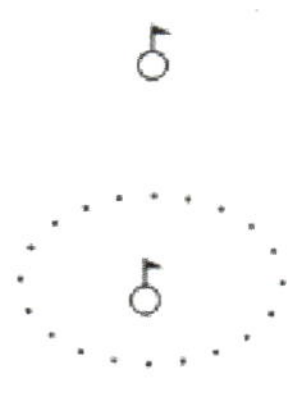

相关要素	
关系	
备注	

要素名称 气象站

要素描述 进行气象观察的场所。

要素分类代码 370101

属性表

属性名称	属性描述	数据类型 字段要求	属性值域或示例	约束/条件	备注
代码	要素分类代码及第七位的图形代码	长整型 10	3701011	M	
名称	气象站的名称	字符型 60		M	
实体编码	行业名称代码	字符型 20		C	
数据源	数据来源类型	字符型 10		C	
更新日期	数据更新日期	日期型		C	

几何表示

几何特征	图形代码	表示方法	属性
点	1	定位点	代码、名称、实体编码、数据源、更新日期

几何表示示例	制图表示示例

相关要素	
关系	
备注	

要素名称 水文站

要素描述 测验河、湖、水库及沿海海域水位、流速、流量及含沙量等水文数据的场所或机构。

要素分类代码 370102

属性表

属性名称	属性描述	数据类型 字段要求	属性值域或示例	约束/条件	备注
代码	要素分类代码及第七位的图形代码	长整型 10	3701021	M	
名称	水文站比较正式的名称	字符型 60		M	
用途	水文站具体用途	字符型 6	水文/水位/流量/验潮	M	
数据源	数据来源类型	字符型 10		C	
更新日期	数据更新日期	日期型		C	

几何表示

几何特征	图形代码	表示方法	属性
点	1	定位点	代码、名称、用途、数据源、更新日期

几何表示示例	制图表示示例
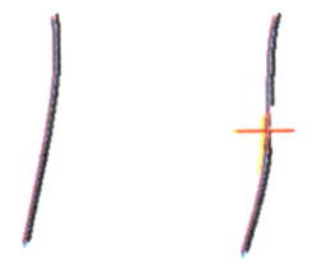	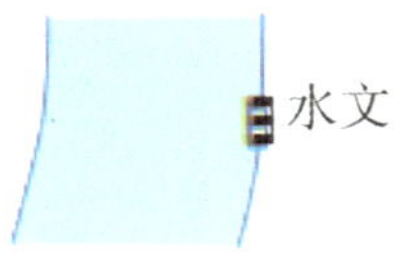

相关要素	
关系	
备注	

要素名称 地震台

要素描述 进行地震监测和处理地震信息的场所。

要素分类代码 370103

属性表

属性名称	属性描述	数据类型 字段要求	属性值域或示例	约束/条件	备注
代码	要素分类代码及第七位的图形代码	长整型 10	3701031	M	
名称	地震台的名称	字符型 60		M	
数据源	数据来源类型	字符型 10		C	
更新日期	数据更新日期	日期型		C	

几何表示

几何特征	图形代码	表示方法	属性
点	1	定位点	代码、名称、数据源、更新日期

几何表示示例	制图表示示例

相关要素[a]	房屋
关系	包含
备注	

要素名称 天文台
要素描述 进行天文观测的场所。
要素分类代码 370104

属性表

属性名称	属性描述	数据类型字段要求	属性值域或示例	约束/条件	备注
代码	要素分类代码及第七位的图形代码	长整型 10	3701041	M	
名称	天文台的名称	字符型 60		M	
数据源	数据来源类型	字符型 10		C	
更新日期	数据更新日期	日期型		C	

几何表示

几何特征	图形代码	表示方法	属性
点	1	定位点	代码、名称、数据源、更新日期

几何表示示例	制图表示示例
	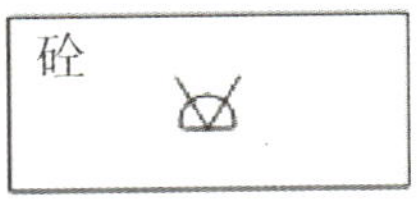

相关要素	房屋
关系	包含
备注	

要素名称 环保监测站

要素描述 进行环境污染监测、环境保护的测站。

要素分类代码 370105

属性表

属性名称	属性描述	数据类型 字段要求	属性值域或示例	约束/条件	备注
代码	要素分类代码及第七位的图形代码	长整型 10	3701051	M	
名称	环保测站的名称	字符型 60		M	
内容	环保监测内容	字符型 20	地表水/大气/酸雨/噪声/土壤/放射性	M	
数据源	数据来源类型	字符型 10		C	
更新日期	数据更新日期	日期型		C	

几何表示

几何特征	图形代码	表示方法	属性
点	1	定位点	代码、名称、内容、数据源、更新日期

几何表示示例	制图表示示例
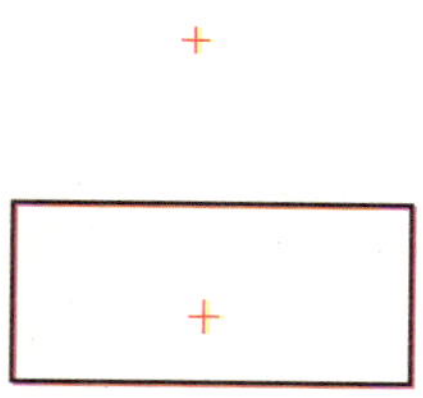	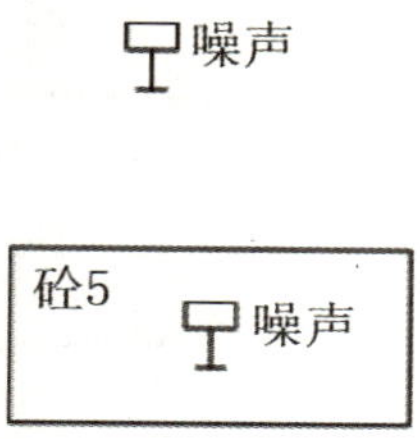

相关要素	房屋
关系	包含
备注	

要素名称 卫星地面站

要素描述 地面上跟踪卫星轨道或接收卫星发回数据的设施。

要素分类代码 370200

属性表

属性名称	属性描述	数据类型 字段要求	属性值域或示例	约束/条件	备注
代码	要素分类代码及第七位的图形代码	长整型 10	3702001	M	
名称	卫星地面站的名称	字符型 60		M	
数据源	数据来源类型	字符型 10		C	
更新日期	数据更新日期	日期型		C	

几何表示

几何特征	图形代码	表示方法	属性
点	1	定位点	代码、名称、数据源、更新日期

几何表示示例	制图表示示例
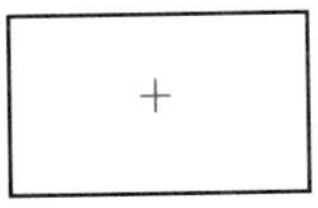	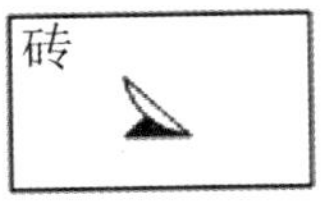

相关要素	房屋
关系	包含
备注	

要素名称 科学试验站

要素描述 进行科学试验的场所。

要素分类代码 370300

属性表

属性名称	属性描述	数据类型 字段要求	属性值域或示例	约束/条件	备注
代码	要素分类代码及第七位的图形代码	长整型 10	3703001	M	
名称	科学试验站的名称	字符型 60		M	
数据源	数据来源类型	字符型 10		C	
更新日期	数据更新日期	日期型		C	

几何表示

几何特征	图形代码	表示方法	属性
点	1	定位点	代码、名称、数据源、更新日期

几何表示示例	制图表示示例

相关要素	房屋
关系	包含
备注	

要素名称 砖石城墙(完好)
要素描述 古代遗留下来的,用于防卫的高大砖石城垣。
要素分类代码 380101

属性表

属性名称	属性描述	数据类型 字段要求	属性值域或示例	约束/条件	备注
代码	要素分类代码及第七位的图形代码	长整型 10	3801013/3801014	M	
名称	砖石城墙的名称	字符型 60		M	
数据源	数据来源类型	字符型 10		C	
更新日期	数据更新日期	日期型		C	

几何表示

几何特征		图形代码	表示方法	属性
复合	线	4	外侧轮廓线	代码
	面	3	轮廓线构成的面	代码、名称、数据源、更新日期

几何表示示例	制图表示示例
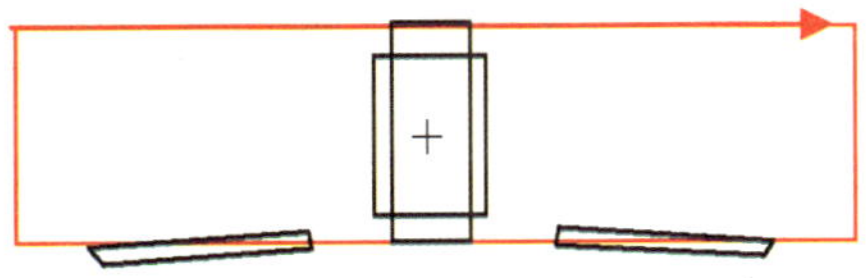	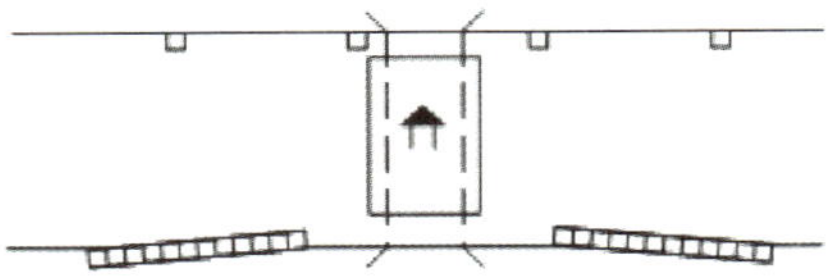

相关要素	
关系	
备注	

要素名称　砖石城墙(破坏)

要素描述　已经破坏的用砖石砌成的高大城垣。

要素分类代码　380102

属性表

属性名称	属性描述	数据类型 字段要求	属性值域或示例	约束/条件	备注
代码	要素分类代码及第七位的图形代码	长整型 10	3801023/3801024	M	
名称	砖石城墙的名称	字符型 60		M	
数据源	数据来源类型	字符型 10		C	
更新日期	数据更新日期	日期型		C	

几何表示

几何特征		图形代码	表示方法	属性
复合	线	4	外侧轮廓线	代码
	面	3	轮廓线构成的面	代码、名称、数据源、更新日期

几何表示示例	制图表示示例
	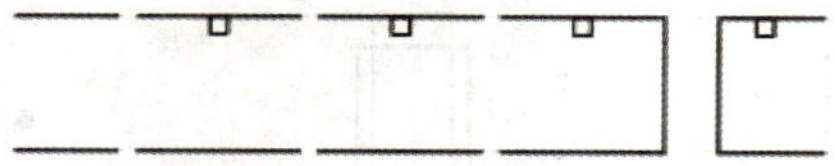

相关要素	
关系	
备注	

要素名称 土城墙
要素描述 古代建筑在城市四周作防守用的土墙。
要素分类代码 380103

属性表

属性名称	属性描述	数据类型 字段要求	属性值域或示例	约束/条件	备注
代码	要素分类代码及第七位的图形代码	长整型 10	3801033/3801034	M	
名称	土城墙的名称	字符型 60		M	
状态	土城墙的使用状态	字符型 6	完好/损坏	M	
数据源	数据来源类型	字符型 10		C	
更新日期	数据更新日期	日期型		C	

几何表示

几何特征		图形代码	表示方法	属性
复合	线	4	外侧轮廓线	代码
	面	3	轮廓线构成的面	代码、名称、状态、数据源、更新日期

几何表示示例	制图表示示例
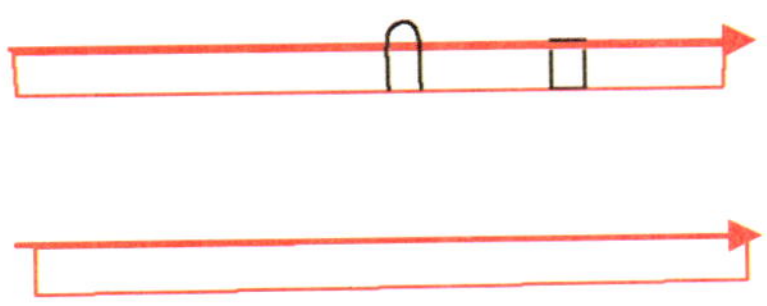	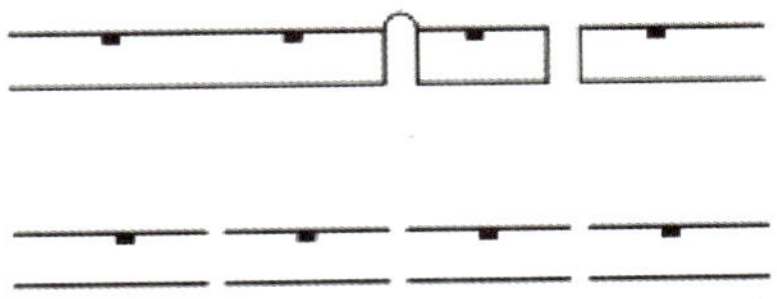

相关要素	
关系	
备注	

要素名称　围墙

要素描述　用土或砖、石砌成的起封闭阻隔作用的墙体。

要素分类代码　380201

属性表

属性名称	属性描述	数据类型 字段要求	属性值域或示例	约束/条件	备注
代码	要素分类代码及第七位的图形代码	长整型 10	3802012/3802013/3802014	M	
数据源	数据来源类型	字符型 10		C	
更新日期	数据更新日期	日期型		C	

几何表示

几何特征		图形代码	表示方法	属性
线		2	有向线	代码、数据源、更新日期
复合	线	4	外侧轮廓线	代码
	面	3	轮廓线构成的面	代码、数据源、更新日期

几何表示示例	制图表示示例
	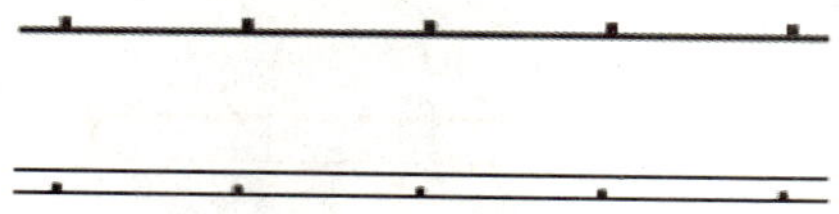

相关要素	
关系	
备注	

要素名称 栅栏
要素描述 有支柱或基座的，用铁、木、砖、石、混凝土等材料制成的起封闭阻隔作用的障碍物。
要素分类代码 380202

属性表

属性名称	属性描述	数据类型 字段要求	属性值域或示例	约束/条件	备注
代码	要素分类代码及第七位的图形代码	长整型 10	3802022	M	
数据源	数据来源类型	字符型 10		C	
更新日期	数据更新日期	日期型		C	

几何表示

几何特征	图形代码	表示方法	属性
线	2	有向线	代码、数据源、更新日期

几何表示示例	制图表示示例

相关要素	
关系	
备注	

要素名称 篱笆

要素描述 用竹、木编织成的能长期保留的起封闭阻隔作用的障碍物。

要素分类代码 380203

属性表

属性名称	属性描述	数据类型 字段要求	属性值域或示例	约束/条件	备注
代码	要素分类代码及第七位的图形代码	长整型 10	3802032	M	
数据源	数据来源类型	字符型 10		C	
更新日期	数据更新日期	日期型		C	

几何表示

几何特征	图形代码	表示方法	属性
线	2	中心线	代码、数据源、更新日期

几何表示示例	制图表示示例

相关要素	
关系	
备注	

要素名称 活树篱笆

要素描述 由灌木、荆棘等活树形成规整的起封闭阻隔作用的障碍物。

要素分类代码 380204

属性表

属性名称	属性描述	数据类型 字段要求	属性值域或示例	约束/条件	备注
代码	要素分类代码及第七位的图形代码	长整型 10	3802042	M	
数据源	数据来源类型	字符型 10		C	
更新日期	数据更新日期	日期型		C	

几何表示

几何特征	图形代码	表示方法	属性
线	2	中心线	代码、数据源、更新日期

几何表示示例	制图表示示例

相关要素	
关系	
备注	

要素名称 铁丝网、电网
要素描述 起封闭阻隔作用的永久性的铁丝网或围养牲畜用的低压电网。
要素分类代码 380205

属性表

属性名称	属性描述	数据类型 字段要求	属性值域或示例	约束/条件	备注
代码	要素分类代码及第七位的图形代码	长整型 10	3802052	M	
类型	构筑篱笆的材料	字符型 10	铁丝网/电网	M	
数据源	数据来源类型	字符型 10		C	
更新日期	数据更新日期	日期型		C	

几何表示

几何特征	图形代码	表示方法	属性
线	2	中心线	代码、类型、数据源、更新日期

几何表示示例	制图表示示例
	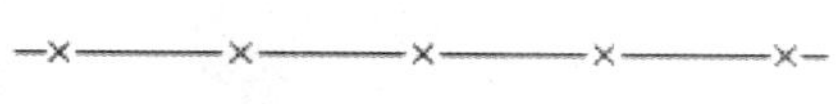

相关要素	
关系	
备注	

要素名称 地下建筑物—出入口

要素描述 地下通道、地铁、防空洞、地下停车场等地下建筑物的地表出入口。

要素分类代码 380301

属性表

属性名称	属性描述	数据类型 字段要求	属性值域或示例	约束/条件	备注
代码	要素分类代码及第七位的图形代码	长整型 10	3803011	M	
名称	地下建筑物出入口的名称	字符型 60		M	
方向	与正东方向逆时针形成的夹角(°)	浮点型 4.8	0～360	M	
数据源	数据来源类型	字符型 10		C	
更新日期	数据更新日期	日期型		C	

几何表示

几何特征	图形代码	表示方法	属性
点	1	有向点	代码、名称、方向、数据源、更新日期

几何表示示例	制图表示示例

相关要素	
关系	
备注	

要素名称　地下建筑物天窗

要素描述　地下通道、地铁、防空洞、地下停车场等地下建筑物中用于采光的窗口。

要素分类代码　380302

属性表

属性名称	属性描述	数据类型 字段要求	属性值域或示例	约束/条件	备注
代码	要素分类代码及第七位的图形代码	长整型 10	3803023	M	
名称	地下建筑物天窗的名称	字符型 60		M	
类型	地下建筑物天窗类型	字符型 20	地下通道/地铁/防空洞/地下停车场	C	
方向	与正东方向逆时针形成的夹角(°)	浮点型 4.8	0～360	M	
数据源	数据来源类型	字符型 10		C	
更新日期	数据更新日期	日期型		C	

几何表示

几何特征	图形代码	表示方法	属性
点	1	有向点	代码、名称、类型、方向、数据源、更新日期

几何表示示例	制图表示示例
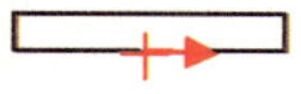	

相关要素	
关系	
备注	

要素名称 地下建筑物通风口

要素描述 地下通道、地铁、防空洞、地下停车场等地下建筑物的通风口。

要素分类代码 380303

属性表

属性名称	属性描述	数据类型 字段要求	属性值域或示例	约束/条件	备注
代码	要素分类代码及第七位的图形代码	长整型 10	3803031	M	
名称	地下建筑物通风口的名称	字符型 60		M	
类型	地下建筑物通风口类型	字符型 20	地下通道/地铁/防空洞/地下停车场	C	
数据源	数据来源类型	字符型 10		C	
更新日期	数据更新日期	日期型		C	

几何表示

几何特征	图形代码	表示方法	属性
点	1	定位点	代码、名称、类型、数据源、更新日期

几何表示示例	制图表示示例

相关要素	
关系	
备注	

要素名称 柱廊

要素描述 由支柱和顶盖组成供人通行的走廊。

要素分类代码 380401

属性表

属性名称	属性描述	数据类型字段要求	属性值域或示例	约束/条件	备注
代码	要素分类代码及第七位的图形代码	长整型 10	3804013	M	
名称	柱廊的名称	字符型 60		C	
类型	柱廊是否有墙	字符型 6	有墙/无墙	M	
数据源	数据来源类型	字符型 10		C	
更新日期	数据更新日期	日期型		C	

几何表示

几何特征	图形代码	表示方法	属性
面	3	范围线构成的面	代码、名称、类型、数据源、更新日期

几何表示示例	制图表示示例
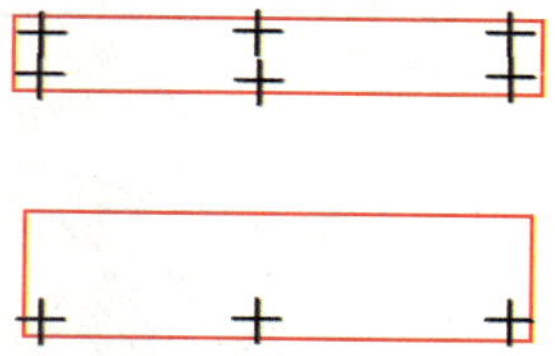	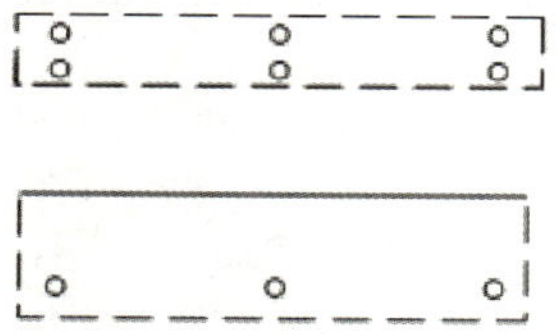

相关要素	道路
关系	连接
备注	

要素名称 门顶
要素描述 大门的顶盖。
要素分类代码 380402

属性表

属性名称	属性描述	数据类型 字段要求	属性值域或示例	约束/条件	备注
代码	要素分类代码及第七位的图形代码	长整型 10	3804023	M	
数据源	数据来源类型	字符型 10		C	
更新日期	数据更新日期	日期型		C	

几何表示

几何特征	图形代码	表示方法	属性
面	3	范围线构成的面	代码、数据源、更新日期

几何表示示例	制图表示示例
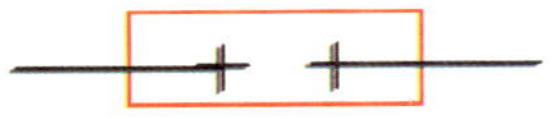	

相关要素	
关系	
备注	

要素名称 阳台
要素描述 楼房伸出墙外的悬挂部分。
要素分类代码 380403

属性表

属性名称	属性描述	数据类型 字段要求	属性值域或示例	约束/条件	备注
代码	要素分类代码及第七位的图形代码	长整型 10	3804033	M	
数据源	数据来源类型	字符型 10		C	
更新日期	数据更新日期	日期型		C	

几何表示

几何特征	图形代码	表示方法	属性
面	3	范围线构成的面	代码、数据源、更新日期

几何表示示例	制图表示示例
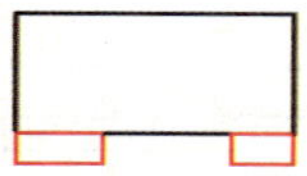	

相关要素	建筑物
关系	连接
备注	

要素名称 台阶

要素描述 砖、石、水泥砌成的阶梯式构筑物。

要素分类代码 380404

属性表

属性名称	属性描述	数据类型字段要求	属性值域或示例	约束/条件	备注
代码	要素分类代码及第七位的图形代码	长整型 10	3804043	M	
数据源	数据来源类型	字符型 10		C	
更新日期	数据更新日期	日期型		C	

几何表示

几何特征	图形代码	表示方法	属性
面	3	范围线构成的面	代码、数据源、更新日期

几何表示示例	制图表示示例
	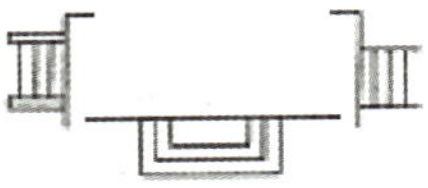

相关要素	建筑物、河流
关系	连接
备注	

要素名称　室外楼梯

要素描述　依附楼房外墙的非封闭楼梯。

要素分类代码　380405

属性表

属性名称	属性描述	数据类型字段要求	属性值域或示例	约束/条件	备注
代码	要素分类代码及第七位的图形代码	长整型 10	3804053	M	
数据源	数据来源类型	字符型 10		C	
更新日期	数据更新日期	日期型		C	

几何表示

几何特征	图形代码	表示方法	属性
面	3	范围线构成的面	代码、数据源、更新日期

几何表示示例	制图表示示例

相关要素	建筑物
关系	连接
备注	

要素名称 院门

要素描述 各单位和大的居民院落没有门墩的大门。

要素分类代码 380406

属性表

属性名称	属性描述	数据类型 字段要求	属性值域或示例	约束/条件	备注
代码	要素分类代码及第七位的图形代码	长整型 10	3804061	M	
方向	与正东方向逆时针形成的夹角(°)	浮点型 4.8	0～360	M	
数据源	数据来源类型	字符型 10		C	
更新日期	数据更新日期	日期型		C	

几何表示

几何特征	图形代码	表示方法	属性
点	1	有向点	代码、方向、数据源、更新日期

几何表示示例	制图表示示例
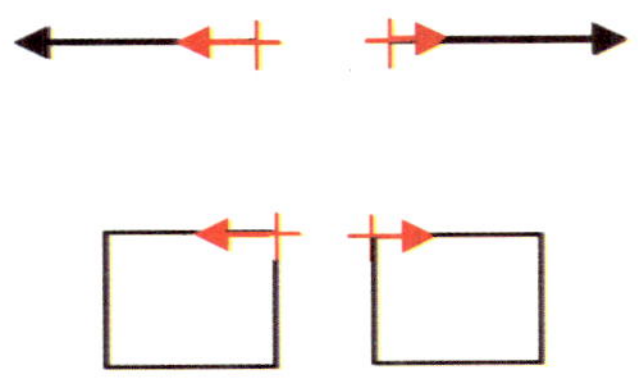	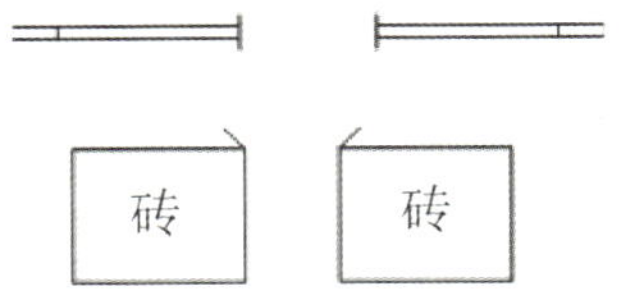

相关要素	垣栅
关系	连接
备注	

要素名称　门墩

要素描述　各种铁门、木门借以竖立的墩柱。

要素分类代码　380407

属性表

属性名称	属性描述	数据类型字段要求	属性值域或示例	约束/条件	备注
代码	要素分类代码及第七位的图形代码	长整型 10	3804071/3804073	M	
方向	与正东方向逆时针形成的夹角(°)	浮点型 4.8	0～360	M	
数据源	数据来源类型	字符型 10		C	
更新日期	数据更新日期	日期型		C	

几何表示

几何特征	图形代码	表示方法	属性
点	1	有向点	代码、方向、数据源、更新日期
面	3	范围线构成的面	代码、数据源、更新日期

几何表示示例	制图表示示例
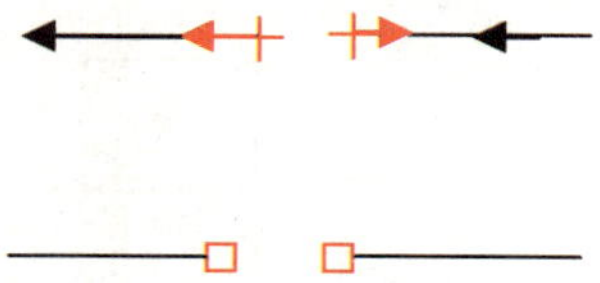	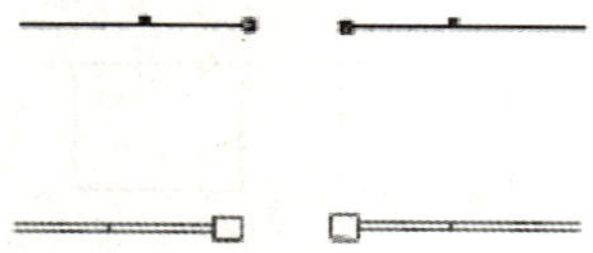

相关要素	垣栅
关系	连接
备注	

要素名称　支柱、墩
要素描述　支撑各种建筑物、构筑物的水泥柱、钢架、石墩等支撑体。
要素分类代码　380408

属性表

属性名称	属性描述	数据类型字段要求	属性值域或示例	约束/条件	备注
代码	要素分类代码及第七位的图形代码	长整型 10	3804081/3804083	M	
外形形状	支柱、墩的大致形状	字符型 4	方/圆	M	
相关类型	被支撑物的轮廓线类型	字符型 4	实线/虚线	M	
方向	与正东方向逆时针形成的夹角(°)	浮点型 4.8	0～360	M	
数据源	数据来源类型	字符型 10		C	
更新日期	数据更新日期	日期型		C	

几何表示

几何特征	图形代码	表示方法	属性
点	1	定位点	代码、外形形状、相关类型、数据源、更新日期
点	1	有向点	代码、外形形状、相关类型、方向、数据源、更新日期
面	3	范围线构成的面	代码、外形形状、相关类型、数据源、更新日期

几何表示示例	制图表示示例
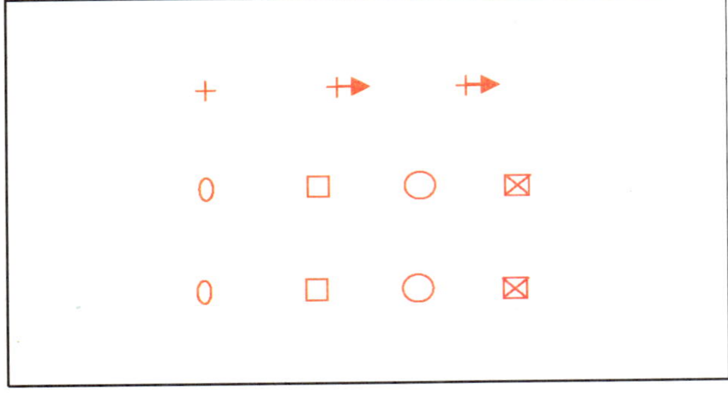	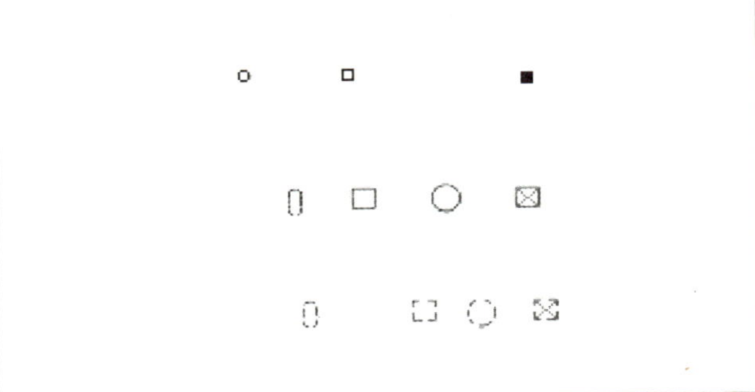

相关要素	建筑物
关系	包含
备注	

要素名称 路灯

要素描述 安装在道路或广场等处提供照明的柱式灯具。

要素分类代码 380501

属性表

属性名称	属性描述	数据类型 字段要求	属性值域或示例	约束/条件	备注
代码	要素分类代码及第七位的图形代码	长整型 10	3805011	M	
类型	路灯的类型	字符型 4	双臂/单臂	M	
数据源	数据来源类型	字符型 10		C	
更新日期	数据更新日期	日期型		C	

几何表示

几何特征	图形代码	表示方法	属性
点	1	定位点	代码、类型、数据源、更新日期

几何表示示例	制图表示示例

相关要素	
关系	
备注	

要素名称　照射灯

要素描述　采用聚光光束方式提供照明的灯具。

要素分类代码　380502

属性表

属性名称	属性描述	数据类型 字段要求	属性值域或示例	约束/条件	备注
代码	要素分类代码及第七位的图形代码	长整型 10	3805021/3805023	M	
类型	照射灯的种类	字符型 20	杆式/桥式/塔式	M	
数据源	数据来源类型	字符型 10		C	
更新日期	数据更新日期	日期型		C	

几何表示

几何特征	图形代码	表示方法	属性
点	1	定位点	代码、类型、数据源、更新日期
面	3	范围线构成的面	代码、类型、数据源、更新日期

几何表示示例	制图表示示例
	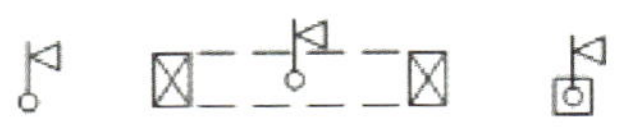

相关要素	
关系	
备注	

要素名称 岗亭、岗楼
要素描述 用于值岗警卫的亭楼。
要素分类代码 380503

属性表

属性名称	属性描述	数据类型字段要求	属性值域或示例	约束/条件	备注
代码	要素分类代码及第七位的图形代码	长整型 10	3805031/3805033	M	
类型	岗亭/岗楼的种类	字符型 20	交通岗亭/警卫亭/警卫楼	C	
数据源	数据来源类型	字符型 10		C	
更新日期	数据更新日期	日期型		C	

几何表示

几何特征	图形代码	表示方法	属性
点	1	定位点	代码、类型、数据源、更新日期
面	3	范围线构成的面	代码、类型、数据源、更新日期

几何表示示例	制图表示示例

相关要素	
关系	
备注	

要素名称 宣传橱窗、广告牌

要素描述 独立、固定的大型宣传橱窗、广告牌。

要素分类代码 380504

属性表

属性名称	属性描述	数据类型 字段要求	属性值域或示例	约束/条件	备注
代码	要素分类代码及第七位的图形代码	长整型 10	3805041/3805042	M	
数据源	数据来源类型	字符型 10		C	
更新日期	数据更新日期	日期型		C	

几何表示

几何特征	图形代码	表示方法	属性
点	1	定位点	代码、数据源、更新日期
线	2	有向线	代码、数据源、更新日期

几何表示示例	制图表示示例
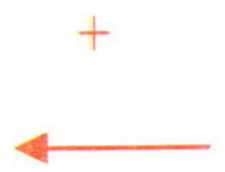	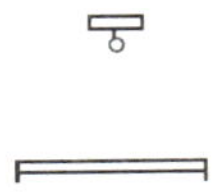

相关要素	
关系	
备注	

要素名称 喷水池

要素描述 公园及公共场所设置的专供喷水的池子。

要素分类代码 380505

属性表

属性名称	属性描述	数据类型 字段要求	属性值域或示例	约束/条件	备注
代码	要素分类代码及第七位的图形代码	长整型 10	3805053/3805054	M	
数据源	数据来源类型	字符型 10		C	
更新日期	数据更新日期	日期型		C	

几何表示

几何特征		图形代码	表示方法	属性
复合	点	4	定位点	代码、数据源、更新日期
	面	3	范围线构成的面	代码、数据源、更新日期

几何表示示例	制图表示示例

相关要素	
关系	
备注	

要素名称 假石山

要素描述 在公共场所建造的一种山状装饰性设施。

要素分类代码 380506

属性表

属性名称	属性描述	数据类型 字段要求	属性值域或示例	约束/条件	备注
代码	要素分类代码及第七位的图形代码	长整型 10	3805063	M	
数据源	数据来源类型	字符型 10		C	
更新日期	数据更新日期	日期型		C	

几何表示

几何特征	图形代码	表示方法	属性
面	3	范围线构成的面	代码、数据源、更新日期

几何表示示例	制图表示示例
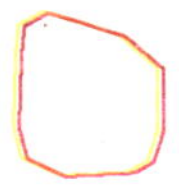	

相关要素	
关系	
备注	

要素名称 避雷针
要素描述 独立的保护室外设备免受雷击的装置。
要素分类代码 380600

属性表

属性名称	属性描述	数据类型 字段要求	属性值域或示例	约束/条件	备注
代码	要素分类代码及第七位的图形代码	长整型 10	3806001	M	
数据源	数据来源类型	字符型 10		C	
更新日期	数据更新日期	日期型		C	

几何表示

几何特征	图形代码	表示方法	属性
点	1	定位点	代码、数据源、更新日期

几何表示示例	制图表示示例

相关要素	
关系	
备注	

要素名称　单线标准轨

要素描述　轨距为 1.435m 的铁路线路。

要素分类代码　410101

属性表

属性名称	属性描述	数据类型字段要求	属性值域或示例	约束/条件	备注
代码	要素分类代码及第七位的图形代码	长整型 10	4101012	M	
名称	线路名称	字符型 60		M	
线路代码	线路的代码	整型 10		M	
线路类型	牵引动力的类型	字符型 6	一般机车/电气机车	M	
数据源	数据来源类型	字符型 10		C	
更新日期	数据更新日期	日期型		C	

几何表示

几何特征	图形代码	表示方法	属性
线	2	中心线	代码、名称、线路代码、线路类型、数据源、更新日期

几何表示示例	制图表示示例	
	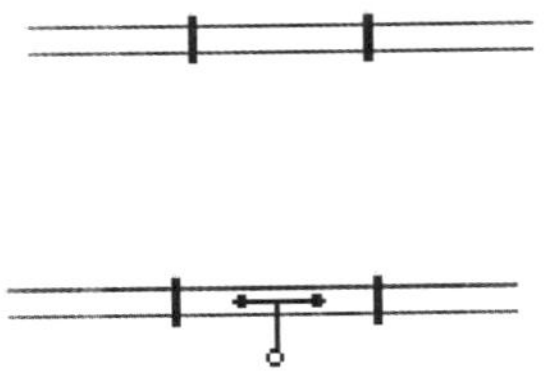 1∶500 1∶1000	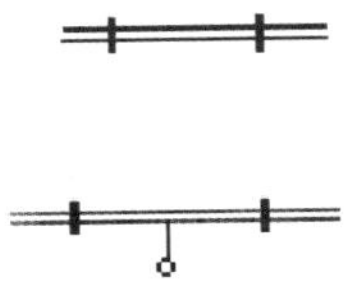 1∶2000

相关要素	桥梁
关系	包含
备注	

要素名称 建设中铁路
要素描述 正在修建中的、其路基已基本形成的铁路线路。
要素分类代码 410103

属性表

属性名称	属性描述	数据类型 字段要求	属性值域或示例	约束/条件	备注
代码	要素分类代码及第七位的图形代码	长整型 10	4101032	M	
名称	线路名称	字符型 60		M	
线路代码	线路的代码	整型 10		M	
数据源	数据来源类型	字符型 10		C	
更新日期	数据更新日期	日期型		C	

几何表示

几何特征	图形代码	表示方法	属性
线	2	中心线	代码、名称、线路代码、数据源、更新日期

几何表示示例	制图表示示例	
	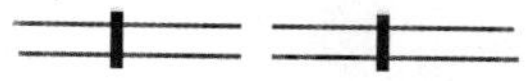 1∶500 1∶1000	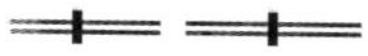 1∶2000

相关要素	桥梁
关系	包含
备注	

要素名称　单线窄轨
要素描述　轨距小于1.435 m的铁路线路。
要素分类代码　410201

属性表

属性名称	属性描述	数据类型字段要求	属性值域或示例	约束/条件	备注
代码	要素分类代码及第七位的图形代码	长整型 10	4102012	M	
名称	线路名称	字符型 60		M	
线路代码	线路的代码	整型 10		M	
数据源	数据来源类型	字符型 10		C	
更新日期	数据更新日期	日期型		C	

几何表示

几何特征	图形代码	表示方法	属性
线	2	中心线	代码、名称、线路代码、数据源、更新日期

几何表示示例	制图表示示例	
	 1∶500　1∶1000	 1∶2000

相关要素	桥梁
关系	包含
备注	

要素名称 火车站

要素描述 铁路上指挥调度车辆和人员、货物集散的场所。

要素分类代码 410301

属性表

属性名称	属性描述	数据类型 字段要求	属性值域或示例	约束/条件	备注
代码	要素分类代码及第七位的图形代码	长整型 10	4103011	M	
名称	火车站的名称	字符型 60		M	
车站代码	火车站的国标代码	整型 10		M	
数据源	数据来源类型	字符型 10		C	
更新日期	数据更新日期	日期型		C	

几何表示

几何特征	图形代码	表示方法	属性
点	1	定位点	代码、名称、车站代码、数据源、更新日期

几何表示示例	制图表示示例
	制图不表示

相关要素	
关系	
备注	

要素名称　机车转盘

要素描述　供机车转换方向的设备。

要素分类代码　410302

属性表

属性名称	属性描述	数据类型 字段要求	属性值域或示例	约束/条件	备注
代码	要素分类代码及第七位的图形代码	长整型 10	4103023	M	
编号	机车转盘的编号	字符型 10		M	
数据源	数据来源类型	字符型 10		C	
更新日期	数据更新日期	日期型		C	

几何表示

几何特征	图形代码	表示方法	属性
面	3	范围线构成的面	代码、编号、数据源、更新日期

几何表示示例		制图表示示例	
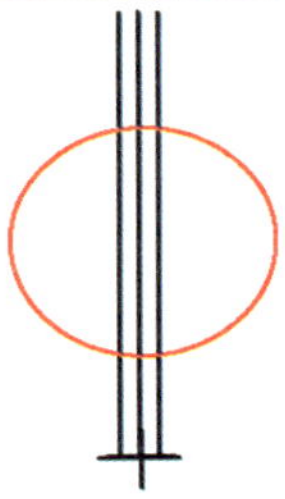 1∶500　1∶1 000	 1∶2000	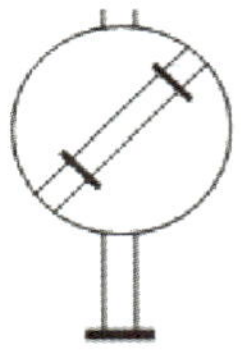 1∶500　1∶1 000	 1∶2000

相关要素	
关系	
备注	

要素名称 车挡
要素描述 铁路支线尽头的挡车设备。
要素分类代码 410303

属性表

属性名称	属性描述	数据类型字段要求	属性值域或示例	约束/条件	备注
代码	要素分类代码及第七位的图形代码	长整型 10	4103031	M	
方向	与正东方向逆时针形成的夹角(°)	浮点型 4.8	0～360	M	
数据源	数据来源类型	字符型 10		C	
更新日期	数据更新日期	日期型		C	

几何表示

几何特征	图形代码	表示方法	属性
点	1	有向点	代码、方向、数据源、更新日期
线	2	线	代码、数据源、更新日期

几何表示示例		制图表示示例	
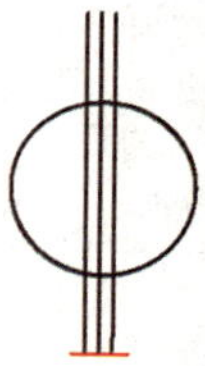		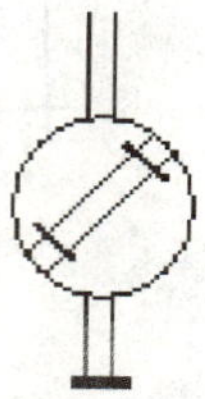	
1∶500 1∶1 000	1∶2000	1∶500 1∶1 000	1∶2000

相关要素	站线
关系	连接
备注	

要素名称 信号灯柱
要素描述 铁路上用灯光或其他信号指示火车能否通行的设备。
要素分类代码 410304

属性表

属性名称	属性描述	数据类型字段要求	属性值域或示例	约束/条件	备注
代码	要素分类代码及第七位的图形代码	长整型 10	4103041	M	
编号	信号灯柱的编号	字符型 10		C	
类型	信号灯柱的类型	字符型 4	高柱/矮柱	M	
数据源	数据来源类型	字符型 10		C	
更新日期	数据更新日期	日期型		C	

几何表示

几何特征	图形代码	表示方法	属性
点	1	定位点	代码、编号、类型、数据源、更新日期

几何表示示例	制图表示示例

相关要素	
关系	
备注	

要素名称 水鹤

要素描述 供机车注水的设备。

要素分类代码 410306

属性表

属性名称	属性描述	数据类型 字段要求	属性值域或示例	约束/条件	备注
代码	要素分类代码及第七位的图形代码	长整型 10	4103061	M	
数据源	数据来源类型	字符型 10		C	
更新日期	数据更新日期	日期型		C	

几何表示

几何特征	图形代码	表示方法	属性
点	1	定位点	代码、数据源、更新日期

几何表示示例	制图表示示例

相关要素	
关系	
备注	

要素名称 站台

要素描述 车站上下乘客或装卸货物用的平台。

要素分类代码 410307

属性表

属性名称	属性描述	数据类型 字段要求	属性值域或示例	约束/条件	备注
代码	要素分类代码及第七位的图形代码	长整型 10	4103073	M	
数据源	数据来源类型	字符型 10		C	
更新日期	数据更新日期	日期型		C	

几何表示

几何特征	图形代码	表示方法	属性
面	3	轮廓线构成的面	代码、数据源、更新日期

几何表示示例		制图表示示例	
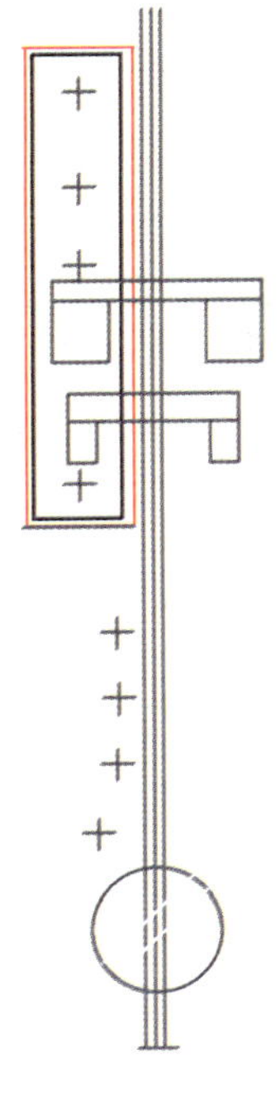 1∶500　1∶1 000	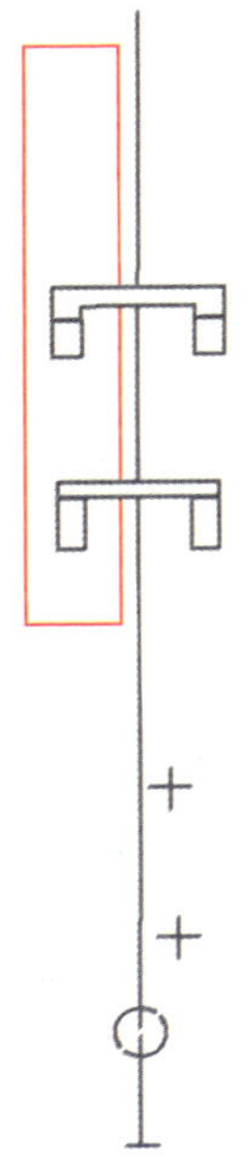 1∶2000	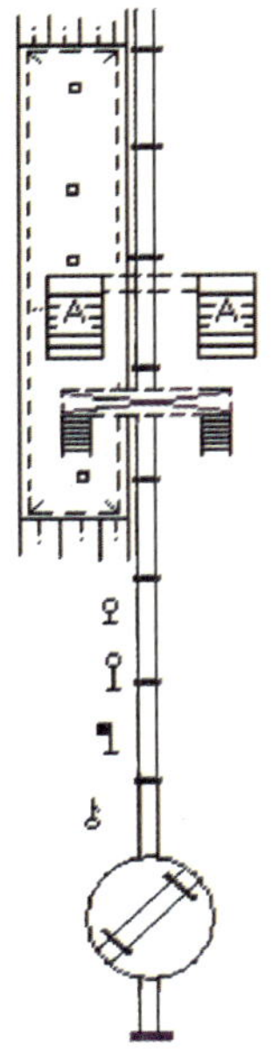 1∶500　1∶1 000	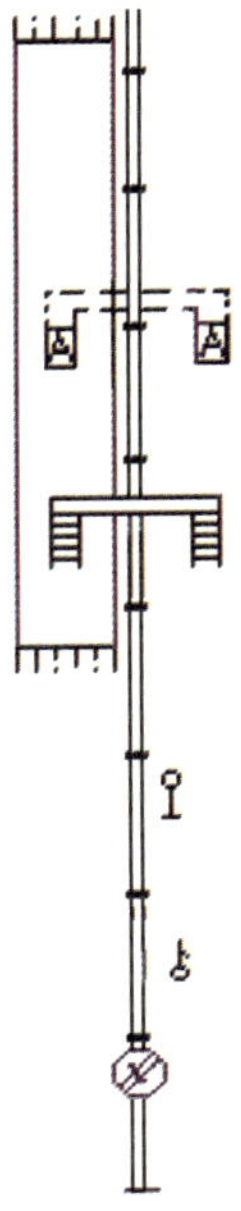 1∶2000

相关要素	
关系	
备注	

要素名称 国道—建成

要素描述 已建成的贯通国土的，具有全国性的政治、经济、国防意义，并经确定为国家级干线的公路。

要素分类代码 420101

属性表

属性名称	属性描述	数据类型字段要求	属性值域或示例	约束/条件	备注
代码	要素分类代码及第七位的图形代码	长整型 10	4201012/4201013/4201014	M	
名称	国道路线名称	字符型 60		M	
编号	国道路线编号	字符型 10		M	
等级	技术等级	字符型 8	高速公路/一级公路/二级公路/三级公路/四级公路/等外公路	M	
路面类型	路面铺设材料类型	字符型 6	“沥”	C	
路宽	路面宽度(m)	浮点型 3.2		C	
铺宽	路面铺面宽度(m)	浮点型 3.2		C	
数据源	数据来源类型	字符型 10		C	
更新日期	数据更新日期	日期型		C	

几何表示

几何特征		图形代码	表示方法	属性
复合	线	2	中心线	代码、名称、编号、等级、路面类型、路宽、铺宽、数据源、更新日期
	线	4	边线	代码
	面	3	范围线构成的面	代码、名称、编号、等级、路面类型、路宽、铺宽、数据源、更新日期

几何表示示例	制图表示示例
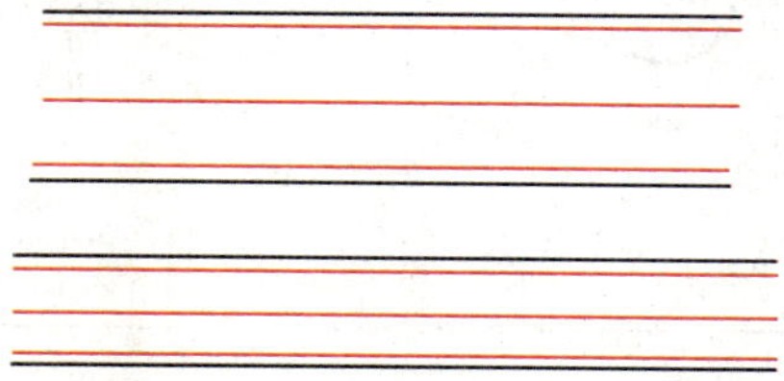	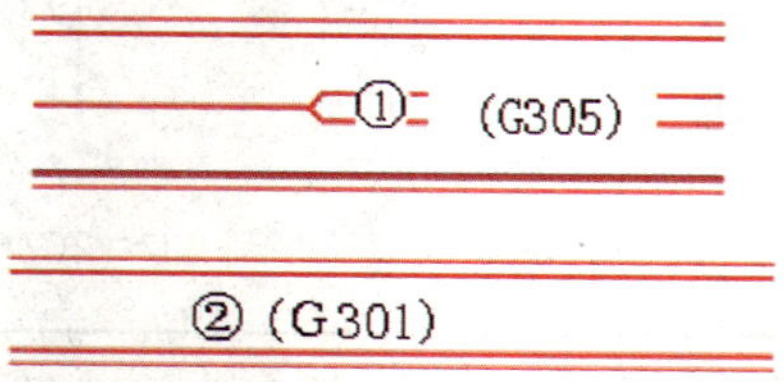

相关要素	桥、道路
关系	包含、连接
备注	

要素名称　国道—建筑中

要素描述　正在修建、路基已基本形成的国家干线公路。

要素分类代码　420102

属性表

属性名称	属性描述	数据类型 字段要求	属性值域或示例	约束/条件	备注
代码	要素分类代码及第七位的图形代码	长整型 10	4201022/4201023/4201024	M	
名称	国道路线名称	字符型 60		M	
编号	国道路线编号	字符型 10		M	
等级	技术等级	字符型 8	高速公路/一级公路/二级公路/三级公路/四级公路/等外公路	M	
路面类型	路面铺设材料类型	字符型 10		C	
路宽	路面宽度(m)	浮点型 3.2		C	
铺宽	路面铺面宽度(m)	浮点型 3.2		C	
数据源	数据来源类型	字符型 10		C	
更新日期	数据更新日期	日期型		C	

几何表示

几何特征		图形代码	表示方法	属性
复合	线	2	中心线	代码、名称、编号、等级、路面类型、路宽、铺宽、数据源、更新日期
	线	4	边线	代码
	面	3	范围线构成的面	代码、名称、编号、等级、路面类型、路宽、铺宽、数据源、更新日期

几何表示示例	制图表示示例
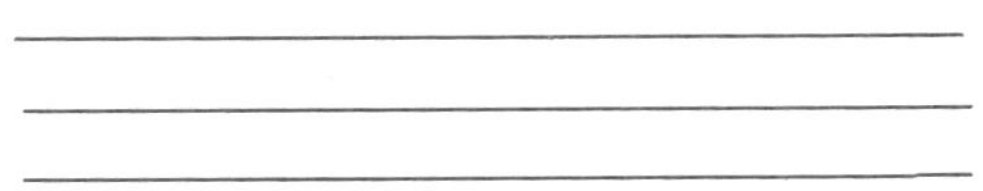	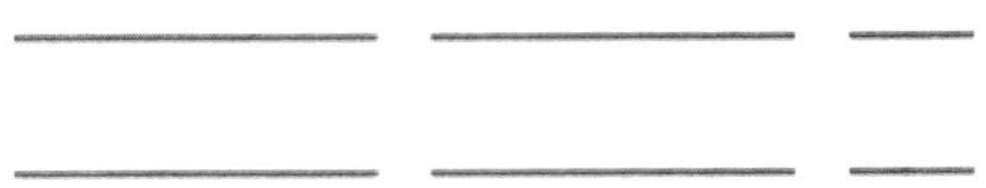

相关要素	桥、道路
关系	包含、连接
备注	

要素名称 省道—建成

要素描述 具有全省政治、经济意义，连接省内中心城市和主要经济区的公路，以及不属于国道的省际间的重要公路。

要素分类代码 420201

属性表

属性名称	属性描述	数据类型 字段要求	属性值域或示例	约束/条件	备注
代码	要素分类代码及第七位的图形代码	长整型 10	4202012/4202013/4202014	M	
名称	省道路线名称	字符型 60		M	
编号	省道路线编号	字符型 10		M	
等级	技术等级	字符型 8	高速公路/一级公路/二级公路/三级公路/四级公路/等外公路	M	
路面类型	路面铺设材料类型	字符型 10		C	
路宽	路面宽度(m)	浮点型 3.2		C	
铺宽	路面铺面宽度(m)	浮点型 3.2		C	
数据源	数据来源类型	字符型 10		C	
更新日期	数据更新日期	日期型		C	

几何表示

几何特征		图形代码	表示方法	属性
复合	线	2	中心线	代码、名称、编号、等级、路面类型、路宽、铺宽、数据源、更新日期
	线	4	边线	代码
	面	3	范围线构成的面	代码、名称、编号、等级、路面类型、路宽、铺宽、数据源、更新日期

几何表示示例	制图表示示例
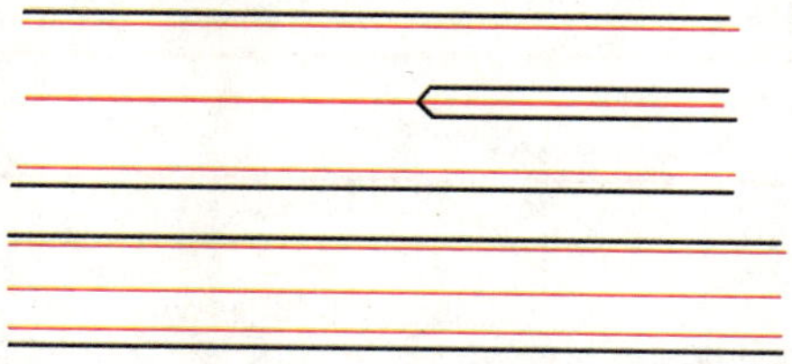	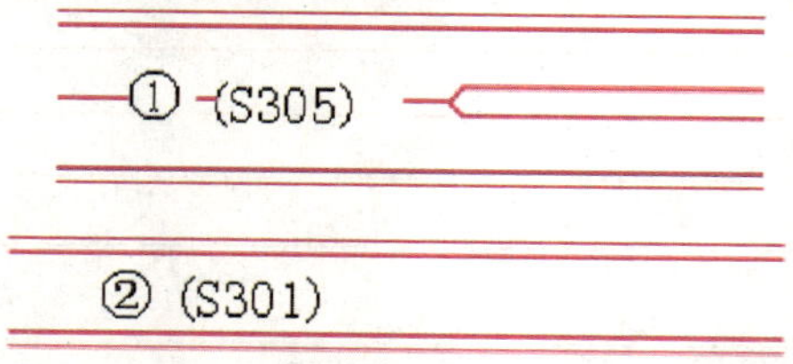

相关要素	桥、道路
关系	包含、连接
备注	

要素名称 省道—建筑中

要素描述 正在修建、路基已基本形成的省干线公路。

要素分类代码 420202

属性表

属性名称	属性描述	数据类型 字段要求	属性值域或示例	约束/条件	备注
代码	要素分类代码及第七位的图形代码	长整型 10	4202022/4202023/4202024	M	
名称	省道路线名称	字符型 60		M	
编号	省道路线编号	字符型 10		M	
等级	技术等级	字符型 8	高速公路/一级公路/二级公路/三级公路/四级公路/等外公路	M	
路面类型	路面铺设材料类型	字符型 10		C	
路宽	路面宽度(m)	浮点型 3.2		C	
铺宽	路面铺面宽度(m)	浮点型 3.2		C	
数据源	数据来源类型	字符型 10		C	
更新日期	数据更新日期	日期型		C	

几何表示

几何特征		图形代码	表示方法	属性
复合	线	2	中心线	代码、名称、编号、等级、路面类型、路宽、铺宽、数据源、更新日期
	线	4	边线	代码
	面	3	范围线构成的面	代码、名称、编号、等级、路面类型、路宽、铺宽、数据源、更新日期

几何表示示例	制图表示示例
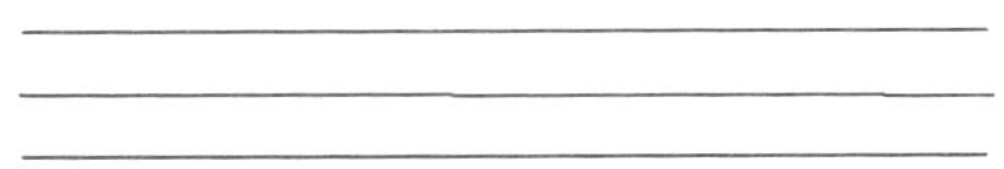	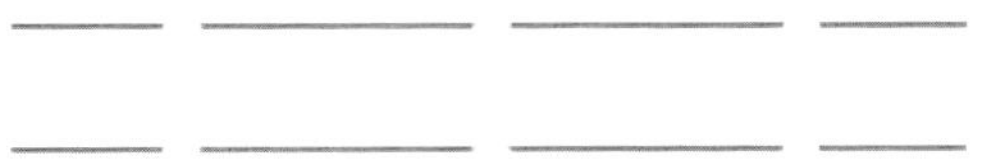

相关要素	桥、道路
关系	包含、连接
备注	

要素名称　县道—建成

要素描述　具有全县政治、经济意义，连接县城和县内主要乡(镇)，主要商品生产和集散的公路，以及不属于国道、省道的县际间的公路。

要素分类代码　420301

属性表

属性名称	属性描述	数据类型 字段要求	属性值域或示例	约束/条件	备注
代码	要素分类代码及第七位的图形代码	长整型 10	4203012/4203013/4203014	M	
名称	县道路线名称	字符型 60		M	
编号	县道路线编号	字符型 10		M	
等级	技术等级	字符型 8	高速公路/一级公路/二级公路/三级公路/四级公路/等外公路	M	
路面类型	路面铺设材料类型	字符型 10		C	
路宽	路面宽度(m)	浮点型 3.2		C	
铺宽	路面铺面宽度(m)	浮点型 3.2		C	
数据源	数据来源类型	字符型 10		C	
更新日期	数据更新日期	日期型		C	

几何表示

几何特征		图形代码	表示方法	属性
复合	线	2	中心线	代码、名称、编号、等级、路面类型、路宽、铺宽、数据源、更新日期
	线	4	边线	代码
	面	3	范围线构成的面	代码、名称、编号、等级、路面类型、路宽、铺宽、数据源、更新日期

几何表示示例	制图表示示例
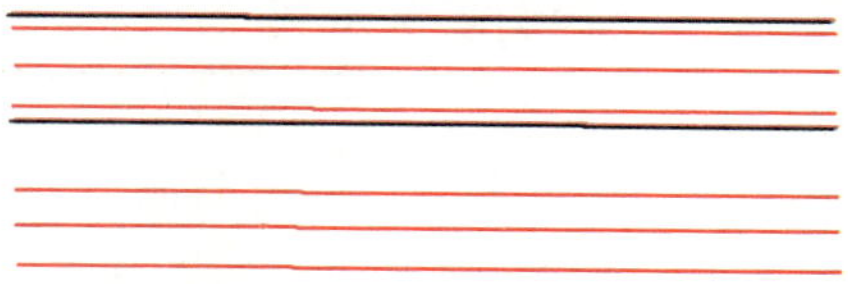	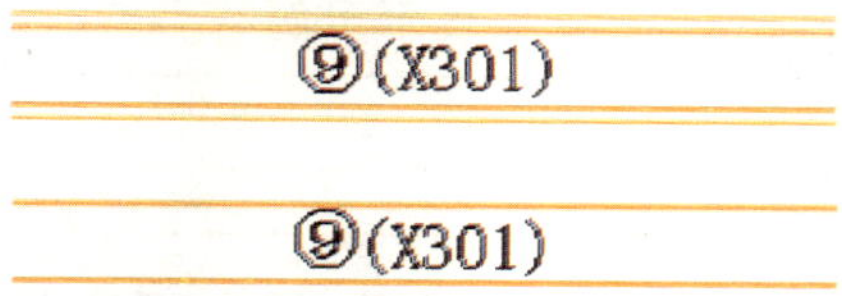

相关要素	桥、道路
关系	包含、连接
备注	

要素名称 县道—建筑中

要素描述 正在修建、路基已基本形成的县级公路及其他公路。

要素分类代码 420302

属性表

属性名称	属性描述	数据类型 字段要求	属性值域或示例	约束/条件	备注
代码	要素分类代码及第七位的图形代码	长整型 10	4203022/4203023/4203024	M	
名称	县道路线名称	字符型 60		M	
编号	县道路线编号	字符型 10		M	
等级	技术等级	字符型 8	高速公路/一级公路/二级公路/三级公路/四级公路/等外公路	M	
路面类型	路面铺设材料类型	字符型 10		C	
路宽	路面宽度(m)	浮点型 3.2		C	
铺宽	路面铺面宽度(m)	浮点型 3.2		C	
数据源	数据来源类型	字符型 10		C	
更新日期	数据更新日期	日期型		C	

几何表示

几何特征		图形代码	表示方法	属性
复合	线	2	中心线	代码、名称、编号、等级、路面类型、路宽、铺宽、数据源、更新日期
	线	4	边线	代码
	面	3	范围线构成的面	代码、名称、编号、等级、路面类型、路宽、铺宽、数据源、更新日期

几何表示示例	制图表示示例
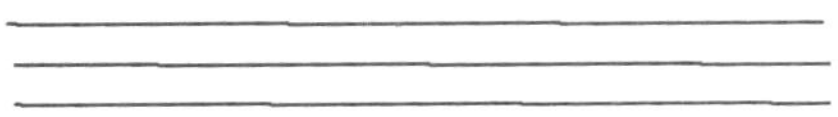	

相关要素	桥、道路
关系	包含、连接
备注	

要素名称 乡道

要素描述 主要为乡(镇)村经济、文化、行政服务的公路,以及不属于县道以上公路的乡镇之间以及乡镇与外部联络的公路。

要素分类代码 420400

属性表

属性名称	属性描述	数据类型 字段要求	属性值域或示例	约束/条件	备注
代码	要素分类代码及第七位的图形代码	长整型 10	4204002/4204003/4204004	M	
名称	乡道路线名称	字符型 60		M	
编号	乡道路线编号	字符型 10		M	
等级	技术等级	字符型 8	高速公路/一级公路/二级公路/三级公路/四级公路/等外公路	M	
路面类型	路面铺设材料类型	字符型 10		C	
路宽	路面宽度(m)	浮点型 3.2		C	
铺宽	路面铺面宽度(m)	浮点型 3.2		C	
数据源	数据来源类型	字符型 10		C	
更新日期	数据更新日期	日期型		C	

几何表示

几何特征		图形代码	表示方法	属性
复合	线	2	中心线	代码、名称、编号、等级、路面类型、路宽、铺宽、数据源、更新日期
	线	4	边线	代码
	面	3	范围线构成的面	代码、名称、编号、等级、路面类型、路宽、铺宽、数据源、更新日期

几何表示示例	制图表示示例
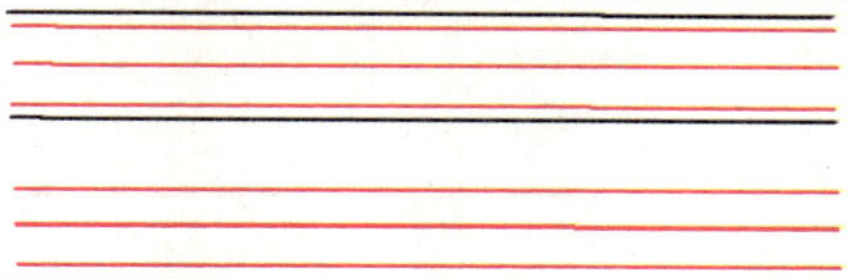	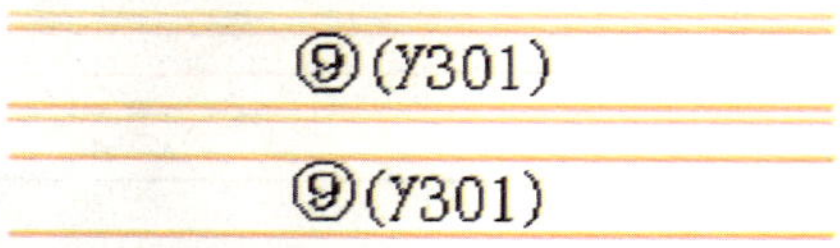

相关要素	桥、道路
关系	包含、连接
备注	

要素名称 专用公路

要素描述 专供特定用途服务的公路。

要素分类代码 420500

属性表

属性名称	属性描述	数据类型 字段要求	属性值域或示例	约束/条件	备注
代码	要素分类代码及第七位的图形代码	长整型 10	4205002/4205003/4205004	M	
名称	专用公路路线名称	字符型 60		M	
编号	专用公路路线编号	字符型 10		M	
等级	技术等级	字符型 8	高速公路/一级公路/二级公路/三级公路/四级公路/等外公路	M	
路面类型	路面铺设材料类型	字符型 10		C	
路宽	路面宽度(m)	浮点型 3.2		C	
铺宽	路面铺面宽度(m)	浮点型 3.2		C	
数据源	数据来源类型	字符型 10		C	
更新日期	数据更新日期	日期型		C	

几何表示

几何特征		图形代码	表示方法	属性
复合	线	2	中心线	代码、名称、编号、等级、路面类型、路宽、铺宽、数据源、更新日期
	线	4	边线	代码
	面	3	范围线构成的面	代码、名称、编号、等级、路面类型、路宽、铺宽、数据源、更新日期

几何表示示例	制图表示示例
	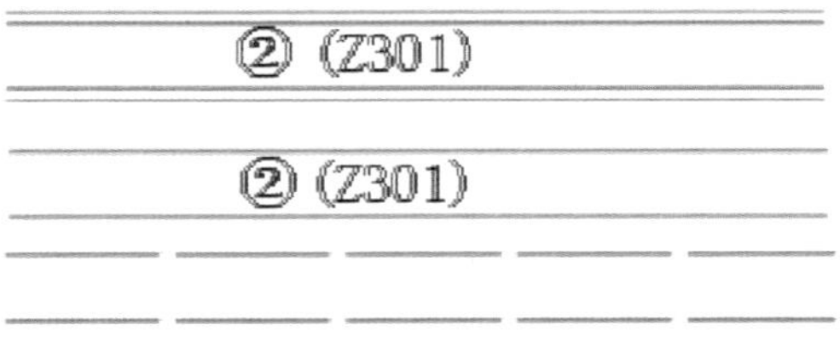

相关要素	桥、道路
关系	包含、连接
备注	

要素名称 匝道(连接道、交换道)

要素描述 互通式立体交叉上下各层公路之间供转弯车辆行驶的连接道。

要素分类代码 420600

属性表

属性名称	属性描述	数据类型 字段要求	属性值域或示例	约束/条件	备注
代码	要素分类代码及第七位的图形代码	长整型 10	4206002/4206003/4206004	M	
连接道路等级	匝道(连接道、交换道)所连接道路的技术等级	字符型 60	“省道、国道”;“省道、省道”	C	
数据源	数据来源类型	字符型 10		C	
更新日期	数据更新日期	日期型		C	

几何表示

几何特征		图形代码	表示方法	属性
复合	线	2	中心线	代码、连接道路等级、数据源、更新日期
	线	4	边线	代码
	面	3	范围线构成的面	代码、连接道路等级、数据源、更新日期

几何表示示例	制图表示示例
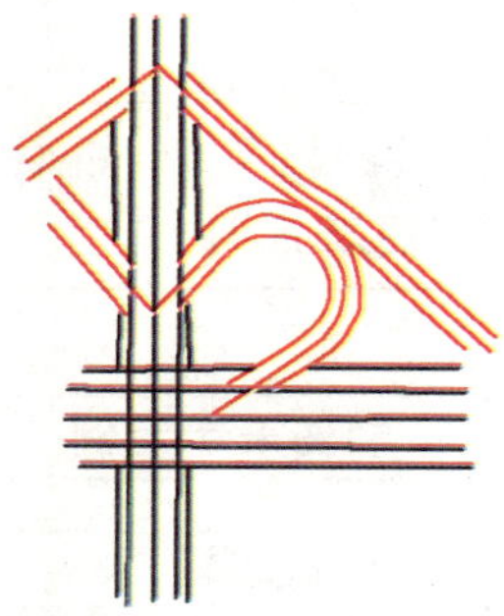	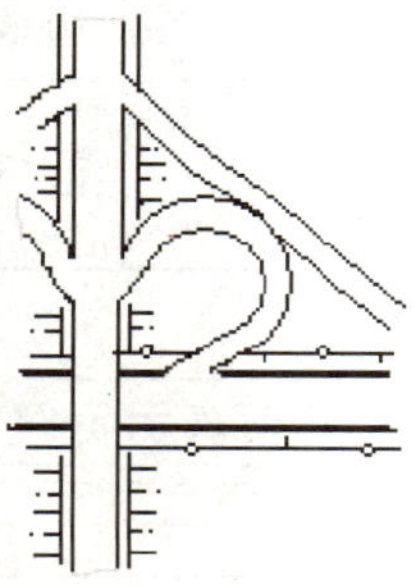

相关要素	桥、道路
关系	包含、连接
备注	

要素名称 高速路入口

要素描述 高速公路的入口处。

要素分类代码 420701

属性表

属性名称	属性描述	数据类型 字段要求	属性值域或示例	约束/条件	备注
代码	要素分类代码及第七位的图形代码	长整型 10	4207011	M	
名称	高速路入口的名称	字符型 60		M	
数据源	数据来源类型	字符型 10		C	
更新日期	数据更新日期	日期型		C	

几何表示

几何特征	图形代码	表示方法	属性
点	1	定位点	代码、名称、数据源、更新日期

几何表示示例	制图表示示例
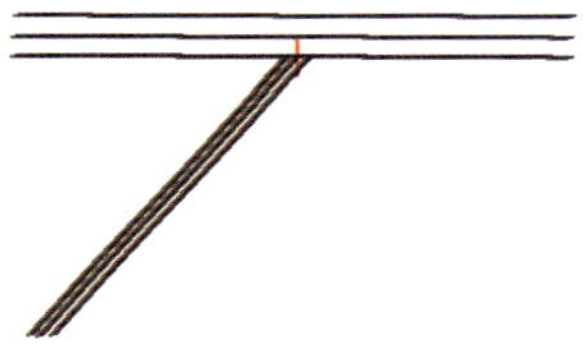	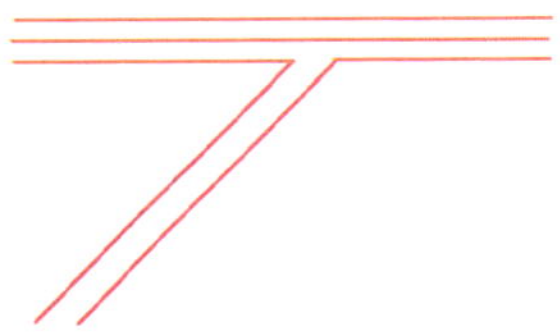

相关要素	城际公路、城市道路
关系	包含、连接
备注	

要素名称 高速路出口
要素描述 高速公路的出口处。
要素分类代码 420702

属性表

属性名称	属性描述	数据类型 字段要求	属性值域或示例	约束/条件	备注
代码	要素分类代码及第七位的图形代码	长整型 10	4207021	M	
名称	高速路出口的名称	字符型 60		M	
数据源	数据来源类型	字符型 10		C	
更新日期	数据更新日期	日期型		C	

几何表示

几何特征	图形代码	表示方法	属性
点	1	定位点	代码、名称、数据源、更新日期

几何表示示例	制图表示示例
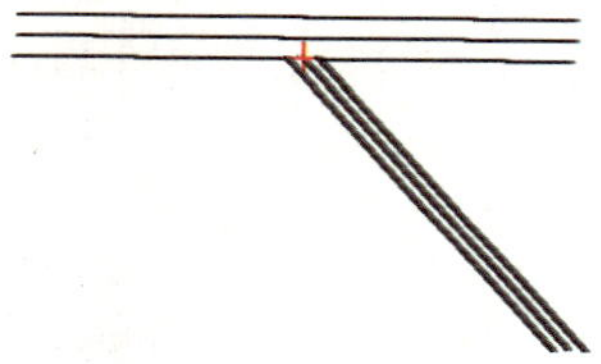	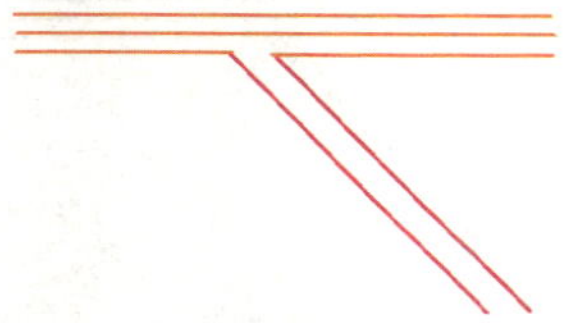

相关要素	城际公路、城市道路
关系	包含、连接
备注	

要素名称 高速公路临时停车点

要素描述 高速公路上设立的临时停车点。

要素分类代码 420703

属性表

属性名称	属性描述	数据类型 字段要求	属性值域或示例	约束/条件	备注
代码	要素分类代码及第七位的图形代码	长整型 10	4207031	M	
名称	高速公路临时停车点的名称	字符型 60		M	
数据源	数据来源类型	字符型 10		C	
更新日期	数据更新日期	日期型		C	

几何表示

几何特征	图形代码	表示方法	属性
点	1	标注点	代码、名称、数据源、更新日期

几何表示示例	制图表示示例
	制图不表示

相关要素	
关系	
备注	

要素名称 地铁

要素描述 城市中铺设在地下隧道中供高速、大运量的电力机车行驶的铁道，由地下连接到地面的线路也视为地铁。

要素分类代码 430101

属性表

属性名称	属性描述	数据类型 字段要求	属性值域或示例	约束/条件	备注
代码	要素分类代码及第七位的图形代码	长整型 10	4301012	M	
名称	地铁的名称	字符型 60		M	
类型	地铁类型	字符型 6	地面上/地面下	M	
数据源	数据来源类型	字符型 10		C	
更新日期	数据更新日期	日期型		C	

几何表示

几何特征	图形代码	表示方法	属性
线	2	中心线	代码、名称、轨道数、数据源、更新日期

几何表示示例	制图表示示例
	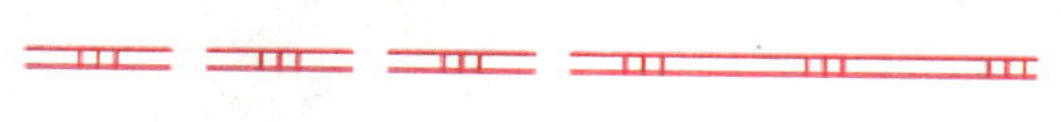

相关要素	
关系	
备注	

要素名称 轻轨

要素描述 城市中修建的高速、中运量的轨道交通客运系统。

要素分类代码 430102

属性表

属性名称	属性描述	数据类型 字段要求	属性值域或示例	约束/条件	备注
代码	要素分类代码及第七位的图形代码	长整型 10	4301022	M	
名称	轻轨的名称	字符型 60		M	
类型	轻轨的类型	字符型 10	轻轨线路/磁浮线路	M	
数据源	数据来源类型	字符型 10		C	
更新日期	数据更新日期	日期型		C	

几何表示

几何特征	图形代码	表示方法	属性
线	2	中心线	代码、名称、类型、数据源、更新日期

几何表示示例	制图表示示例

相关要素	
关系	
备注	

要素名称　有轨电车轨道

要素描述　有导轨的电车道。

要素分类代码　430103

属性表

属性名称	属性描述	数据类型 字段要求	属性值域或示例	约束/条件	备注
代码	要素分类代码及第七位的图形代码	长整型 10	4301032	M	
数据源	数据来源类型	字符型 10		C	
更新日期	数据更新日期	日期型		C	

几何表示

几何特征	图形代码	表示方法	属性
线	2	中心线	代码、数据源、更新日期

几何表示示例	制图表示示例
	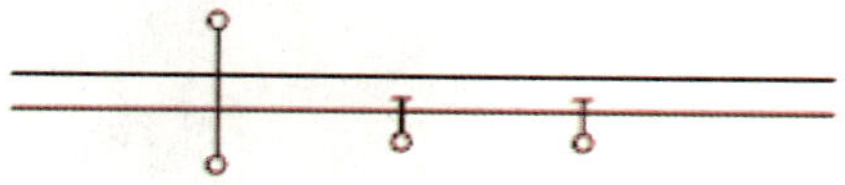

相关要素	
关系	
备注	

要素名称 快速路

要素描述 城市道路中设有中央分隔带，具有四条以上的车道，全部或部分采用立体交叉与控制出入，供车辆以较高速度行驶的道路。

要素分类代码 430200

属性表

属性名称	属性描述	数据类型 字段要求	属性值域或示例	约束/条件	备注
代码	要素分类代码及第七位的图形代码	长整型 10	4302002/4302003/4302004	M	
名称	快速路的名称	字符型 60		C	
实体编码	行业名称代码	字符型 20		C	
车道数	快速路的车道数	整型 2	“4”	C	
数据源	数据来源类型	字符型 10		C	
更新日期	数据更新日期	日期型		C	

几何表示

几何特征		图形代码	表示方法	属性
复合	线	2	中心线	代码、名称、实体编码、车道数、数据源、更新日期
	线	4	两条边线	代码
	面	3	范围线构成的面	代码、名称、实体编码、车道数、数据源、更新日期

几何表示示例	制图表示示例

相关要素	道路、桥梁、街区
关系	包含、连接、重叠
备注	

要素名称 高架路
要素描述 城市中架空的供汽车行驶的道路。
要素分类代码 430300

属性表

属性名称	属性描述	数据类型 字段要求	属性值域或示例	约束/条件	备注
代码	要素分类代码及第七位的图形代码	长整型 10	4303002/4303003/4303004	M	
名称	高架路的名称	字符型 60		C	
数据源	数据来源类型	字符型 10		C	
更新日期	数据更新日期	日期型		C	

几何表示

几何特征		图形代码	表示方法	属性
复合	线	2	中心线	代码、名称、数据源、更新日期
	线	4	两条边线	代码
	面	3	范围线构成的面	代码、名称、数据源、更新日期

几何表示示例	制图表示示例
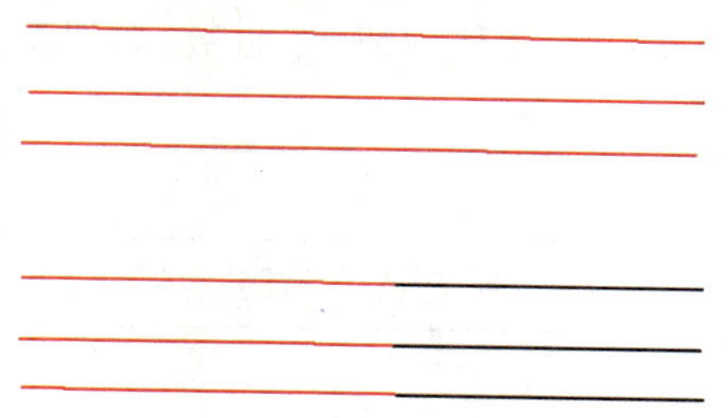	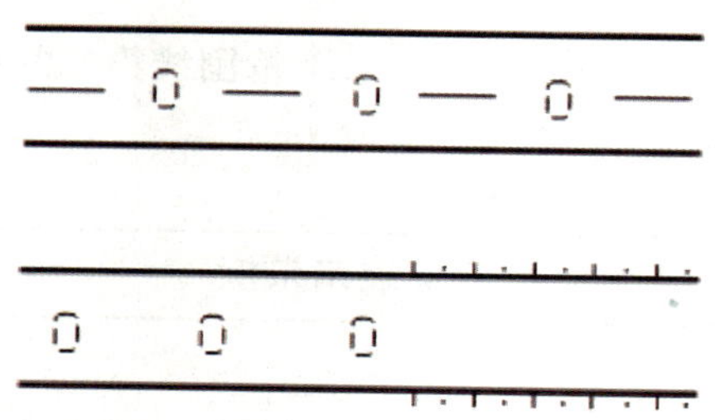

相关要素	道路、桥梁、街区
关系	包含、连接、重叠
备注	

要素名称 引道

要素描述 桥梁与地面道路相连接的路段。

要素分类代码 430400

属性表

属性名称	属性描述	数据类型 字段要求	属性值域或示例	约束/条件	备注
代码	要素分类代码及第七位的图形代码	长整型 10	4304002/4304003/ 4304004	M	
数据源	数据来源类型	字符型 10		C	
更新日期	数据更新日期	日期型		C	

几何表示

几何特征		图形代码	表示方法	属性
复合	线	2	中心线	代码、数据源、更新日期
	线	4	两条边线为有向线	代码
	面	3	范围线构成的面	代码、数据源、更新日期

几何表示示例	制图表示示例
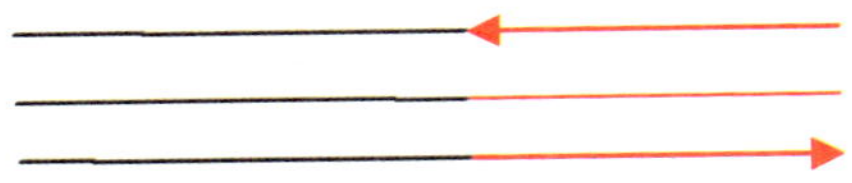	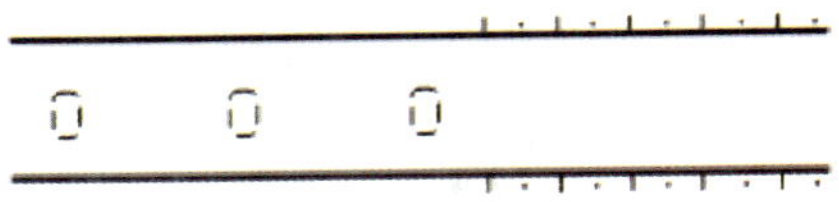

相关要素	道路、桥梁
关系	包含、连接、重叠
备注	

要素名称　主干道
要素描述　城市道路网中路面较宽、交通流量大、起骨架作用的通道。
要素分类代码　430501

属性表

属性名称	属性描述	数据类型 字段要求	属性值域或示例	约束/条件	备注
代码	要素分类代码及第七位的图形代码	长整型 10	4305012/4305013/4305014	M	
名称	主干道的名称	字符型 60		M	
实体编码	行业名称代码	字符型 20		C	
车道数	主干道的车道数目	整型 2		C	
数据源	数据来源类型	字符型 10		C	
更新日期	数据更新日期	日期型		C	

几何表示

几何特征		图形代码	表示方法	属性
复合	线	2	中心线	代码、名称、实体编码、车道数、数据源、更新日期
	线	4	两条边线	代码
	面	3	范围线构成的面	代码、名称、实体编码、车道数、数据源、更新日期

几何表示示例	制图表示示例
	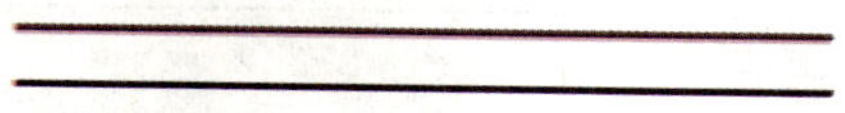

相关要素	道路、桥梁、街区
关系	包含、连接、重叠
备注	

要素名称 次干道

要素描述 城市道路网中的区域性干道，交通流量较大，与主干道相连接构成完整的城市干道系统。

要素分类代码 430502

属性表

属性名称	属性描述	数据类型 字段要求	属性值域或示例	约束/条件	备注
代码	要素分类代码及第七位的图形代码	长整型 10	4305022/4305023/4305024	M	
名称	次干道的名称	字符型 60		M	
实体编码	行业名称代码	字符型 20		C	
车道数	次干道的车道数目	整型 2		C	
数据源	数据来源类型	字符型 10		C	
更新日期	数据更新日期	日期型		C	

几何表示

几何特征		图形代码	表示方法	属性
复合	线	2	中心线	代码、名称、实体编码、车道数、数据源、更新日期
	线	4	两条边线	代码
	面	3	范围线构成的面	代码、名称、实体编码、车道数、数据源、更新日期

几何表示示例	制图表示示例
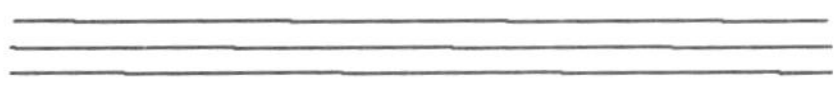	

相关要素	道路、桥梁、街区
关系	包含、连接、重叠
备注	

要素名称　支线

要素描述　城市中联系主、次干道或供区域内部使用的街道、巷、胡同等。

要素分类代码　430503

属性表

属性名称	属性描述	数据类型 字段要求	属性值域或示例	约束/条件	备注
代码	要素分类代码及第七位的图形代码	长整型 10	4305032/4305033/4305034	M	
名称	支线的名称	字符型 60		M	
实体编码	行业名称代码	字符型 20		C	
数据源	数据来源类型	字符型 10		C	
更新日期	数据更新日期	日期型		C	

几何表示

<table>
<tr><th colspan="2">几何特征</th><th>图形代码</th><th>表示方法</th><th>属性</th></tr>
<tr><td rowspan="3">复合</td><td>线</td><td>2</td><td>中心线</td><td>代码、名称、实体编码、数据源、更新日期</td></tr>
<tr><td>线</td><td>4</td><td>两条边线</td><td>代码</td></tr>
<tr><td>面</td><td>3</td><td>范围线构成的面</td><td>代码、名称、实体编码、数据源、更新日期</td></tr>
</table>

几何表示示例	制图表示示例

相关要素	道路、桥梁、街区
关系	包含、连接、重叠
备注	

要素名称 内部道路

要素描述 公园、工矿、机关、学校、居民小区等内部有铺装材料的道路。

要素分类代码 430600

属性表

属性名称	属性描述	数据类型 字段要求	属性值域或示例	约束/条件	备注
代码	要素分类代码及第七位的图形代码	长整型 10	4306002/4306003/4306004	M	
名称	内部道路的名称	字符型 60		M	
数据源	数据来源类型	字符型 10		C	
更新日期	数据更新日期	日期型		C	

几何表示

几何特征		图形代码	表示方法	属性
复合	线	2	中心线	代码、名称、数据源、更新日期
	线	4	两条边线	代码
	面	3	范围线构成的面	代码、名称、数据源、更新日期

几何表示示例	制图表示示例
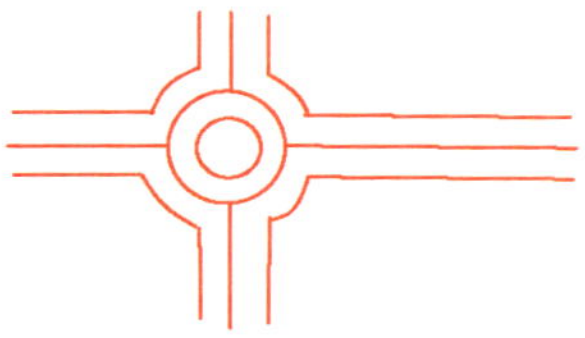	

相关要素	道路、桥梁、街区
关系	包含、连接、重叠
备注	

要素名称 阶梯路

要素描述 指用水泥和砖、石砌成的阶梯式人行路。

要素分类代码 430700

属性表

属性名称	属性描述	数据类型 字段要求	属性值域或示例	约束/条件	备注
代码	要素分类代码及第七位的图形代码	长整型 10	4307002/4307003/4307004	M	
名称	阶梯路的名称	字符型 60		M	
数据源	数据来源类型	字符型 10		C	
更新日期	数据更新日期	日期型		C	

几何表示

几何特征		图形代码	表示方法	属性
复合	线	2	中心线	代码、名称、数据源、更新日期
	线	4	两条边线	代码
	面	3	范围线构成的面	代码、名称、数据源、更新日期

几何表示示例	制图表示示例

相关要素	道路、桥梁、街区
关系	包含、连接、重叠
备注	

要素名称 机耕路(大路)
要素描述 路面经过简易铺修,但没有路基,一般能通行拖拉机和大车的道路,某些地区也可通行汽车。
要素分类代码 440100

属性表

属性名称	属性描述	数据类型字段要求	属性值域或示例	约束/条件	备注
代码	要素分类代码及第七位的图形代码	长整型 10	4401002/4401003/4401004	M	
名称	机耕路(大路)的名称	字符型 60		C	
数据源	数据来源类型	字符型 10		C	
更新日期	数据更新日期	日期型		C	

几何表示

几何特征		图形代码	表示方法	属性
复合	线	2	中心线	代码、名称、数据源、更新日期
	线	4	两条边线	代码
	面	3	范围线构成的面	代码、名称、数据源、更新日期

几何表示示例	制图表示示例

相关要素	乡村道路、城际道路、桥梁
关系	包含、连接、重叠
备注	

要素名称 乡村路

要素描述 乡村中不能通大车、拖拉机的道路，路面不宽，有的地区用石块或石板铺成。

要素分类代码 440200

属性表

属性名称	属性描述	数据类型 字段要求	属性值域或示例	约束/条件	备注
代码	要素分类代码及第七位的图形代码	长整型 10	4402002/4402003/4402004	M	
名称	乡村路的名称	字符型 60		C	
数据源	数据来源类型	字符型 10		C	
更新日期	数据更新日期	日期型		C	

几何表示

几何特征		图形代码	表示方法	属性
线		2	中心线	代码、名称、数据源、更新日期
复合	线	2	中心线	代码、名称、数据源、更新日期
	线	4	两条边线	代码
	面	3	范围线构成的面	代码、名称、数据源、更新日期

几何表示示例	制图表示示例
	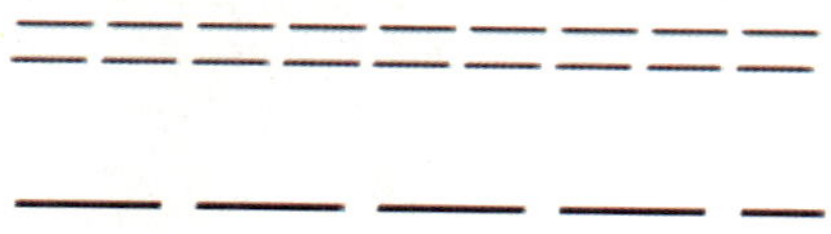

相关要素	乡村道路、城际道路、桥梁
关系	包含、连接、重叠
备注	

要素名称　小路
要素描述　供单人、单骑行走的道路。
要素分类代码　440300

属性表

属性名称	属性描述	数据类型字段要求	属性值域或示例	约束/条件	备注
代码	要素分类代码及第七位的图形代码	长整型 10	4403002	M	
名称	小路的名称	字符型 60		C	
数据源	数据来源类型	字符型 10		C	
更新日期	数据更新日期	日期型		C	

几何表示

几何特征	图形代码	表示方法	属性
线	2	中心线	代码、名称、数据源、更新日期

几何表示示例	制图表示示例

相关要素	乡村道路、城际道路、桥梁
关系	包含、连接、重叠
备注	

要素名称 地铁站

要素描述 地铁运输中，供旅客进入上、下车场所的标识。

要素分类代码 450101

属性表

属性名称	属性描述	数据类型 字段要求	属性值域或示例	约束/条件	备注
代码	要素分类代码及第七位的图形代码	长整型 10	4501011	M	
名称	地铁站的名称	字符型 60	“宣武门站”	C	
线路名称	所属地铁线路名称	字符型 60		C	
数据源	数据来源类型	字符型 10		C	
更新日期	数据更新日期	日期型		C	

几何表示

几何特征	图形代码	表示方法	属性
点	1	定位点	代码、名称、线路名称、数据源、更新日期

几何表示示例	制图表示示例
	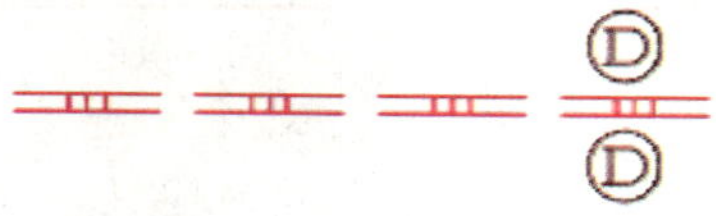

相关要素	地铁
关系	连接
备注	

要素名称 轻轨站
要素描述 轻轨运输中,供旅客上、下车的场所。
要素分类代码 450102

属性表

属性名称	属性描述	数据类型字段要求	属性值域或示例	约束/条件	备注
代码	要素分类代码及第七位的图形代码	长整型 10	4501021	M	
名称	轻轨站的名称	字符型 60		C	
线路名称	所属轻轨线路名称	字符型 60		C	
数据源	数据来源类型	字符型 10		C	
更新日期	数据更新日期	日期型		C	

几何表示

几何特征	图形代码	表示方法	属性
点	1	定位点	代码、名称、线路名称、数据源、更新日期

几何表示示例	制图表示示例

相关要素	轻轨
关系	连接
备注	

要素名称 长途汽车站

要素描述 汽车长途运输中，乡镇以上的供旅客上、下车的场所。

要素分类代码 450103

属性表

属性名称	属性描述	数据类型 字段要求	属性值域或示例	约束/条件	备注
代码	要素分类代码及第七位的图形代码	长整型 10	4501031	M	
名称	长途汽车站的名称	字符型 60	“洛阳长途汽车站”	C	
数据源	数据来源类型	字符型 10		C	
更新日期	数据更新日期	日期型		C	

几何表示

几何特征	图形代码	表示方法	属性
点	1	定位点	代码、名称、数据源、更新日期

几何表示示例	制图表示示例

相关要素	居民地、停车场、垣栅
关系	包含、连接
备注	

要素名称 加油(气)站

要素描述 机动车辆添加动力能源的场所。

要素分类代码 450104

属性表

属性名称	属性描述	数据类型 字段要求	属性值域或示例	约束/条件	备注
代码	要素分类代码及第七位的图形代码	长整型 10	4501041	M	
名称	加油(气)站的名称	字符型 60		C	
类型	能源类型	字符型 20	油/气/油气	C	
数据源	数据来源类型	字符型 10		C	
更新日期	数据更新日期	日期型		C	

几何表示

几何特征	图形代码	表示方法	属性
点	1	定位点	代码、名称、类型、数据源、更新日期

几何表示示例	制图表示示例
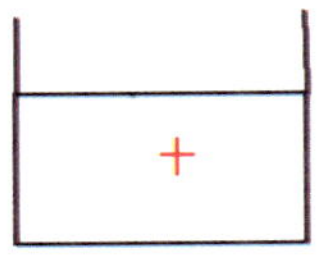	

相关要素	房屋
关系	包含
备注	

要素名称　停车场

要素描述　有人管理值守的、用来停放各种机动车辆的场所。

要素分类代码　450105

属性表

属性名称	属性描述	数据类型 字段要求	属性值域或示例	约束/条件	备注
代码	要素分类代码及第七位的图形代码	长整型 10	4501053	M	
名称	停车场的名称	字符型 60		C	
编号	停车场的统一编号	字符型 10		C	
数据源	数据来源类型	字符型 10		C	
更新日期	数据更新日期	日期型		C	

几何表示

几何特征	图形代码	表示方法	属性
面	3	范围线构成的面	代码、名称、编号、数据源、更新日期

几何表示示例	制图表示示例

相关要素	居民地、垣栅
关系	包含、连接
备注	

要素名称　收费站

要素描述　设置在公路上或桥头、用来向过往车辆收取通行费用的场所。

要素分类代码　450106

属性表

属性名称	属性描述	数据类型 字段要求	属性值域或示例	约束/条件	备注
代码	要素分类代码及第七位的图形代码	长整型 10	4501063	M	
名称	收费站的名称	字符型 60		M	
所属道路	所属道路的名称	字符型 60		C	
数据源	数据来源类型	字符型 10		C	
更新日期	数据更新日期	日期型		C	

几何表示

几何特征	图形代码	表示方法	属性
面	3	范围线构成的面	代码、名称、所属道路、数据源、更新日期

几何表示示例	制图表示示例
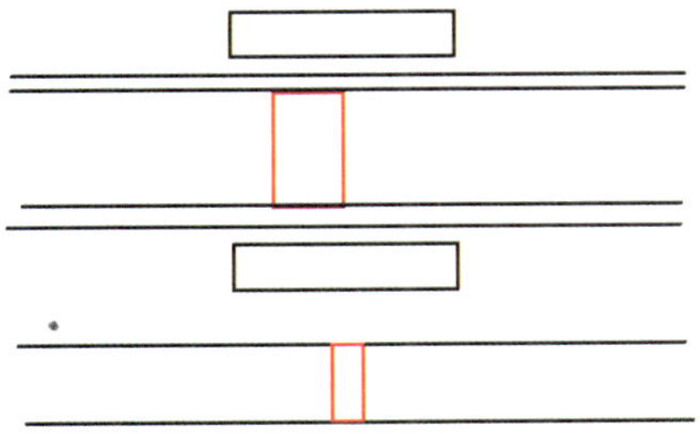	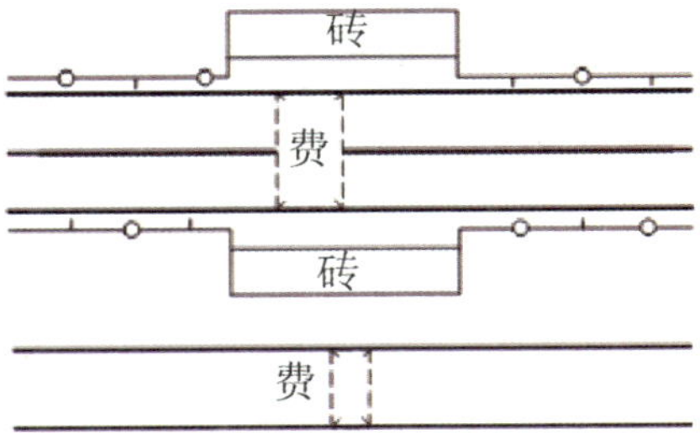

相关要素	城际公路、城市道路、车行桥
关系	包含
备注	

要素名称 门洞、下跨道
要素描述 建筑物下的通道。
要素分类代码 450200

属性表

属性名称	属性描述	数据类型 字段要求	属性值域或示例	约束/条件	备注
代码	要素分类代码及第七位的图形代码	长整型 10	4502002	M	
名称	门洞的名称	字符型 60		C	
数据源	数据来源类型	字符型 10		C	
更新日期	数据更新日期	日期型		C	

几何表示

几何特征	图形代码	表示方法	属性
线	2	线	代码、名称、数据源、更新日期

几何表示示例	制图表示示例
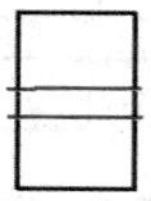	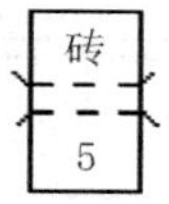

相关要素	道路、建筑物
关系	包含、连接
备注	

要素名称　单层桥

要素描述　跨越水面、沟壑或道路等，供车辆通行的单层架空通道。

要素分类代码　450301

属性表

属性名称	属性描述	数据类型 字段要求	属性值域或示例	约束/条件	备注
代码	要素分类代码及第七位的图形代码	长整型 10	4503013	M	
名称	单层桥的名称	字符型 60		C	
通车类型	单层桥通行车辆的类型	字符型 8	汽车/火车	C	
载重量	桥的承载吨数(t)	浮点数 3.2		C	
跨越地物	跨越地物的名称	字符型 60		C	
连接道路	连接道路的名称	字符型 60		C	如同时连接数条公路，只列举最高等级公路名称
数据源	数据来源类型	字符型 10		C	
更新日期	数据更新日期	日期型		C	

几何表示

几何特征	图形代码	表示方法	属性
面	3	范围线构成的面	代码、名称、通车类型、载重量、跨越地物、连接道路、数据源、更新日期

几何表示示例	制图表示示例
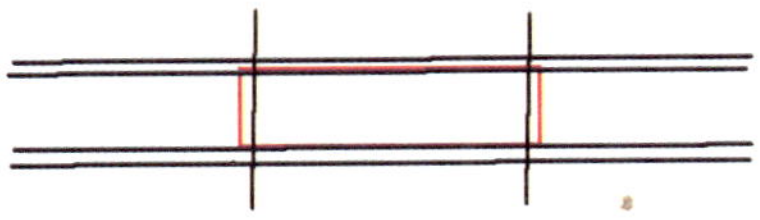	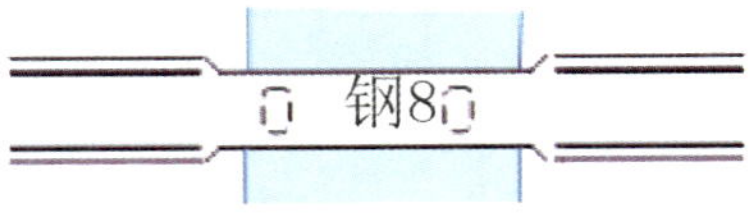

相关要素	道路
关系	包含
备注	

要素名称　双层桥
要素描述　跨越水面、沟壑或道路等，铁路、公路两用的供车辆通行的双层架空通道。
要素分类代码　450302

属性表

属性名称	属性描述	数据类型 字段要求	属性值域或示例	约束/条件	备注
代码	要素分类代码及第七位的图形代码	长整型 10	4503023	M	
名称	双层桥的名称	字符型 60		C	
跨越地物	跨越地物的名称	字符型 60		C	
数据源	数据来源类型	字符型 10		C	
更新日期	数据更新日期	日期型		C	

几何表示

几何特征	图形代码	表示方法	属性
面	3	范围线构成的面	代码、名称、跨越地物、数据源、更新日期

几何表示示例	制图表示示例
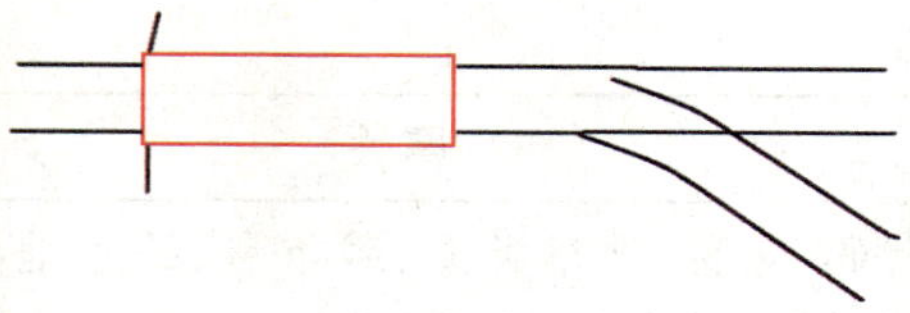	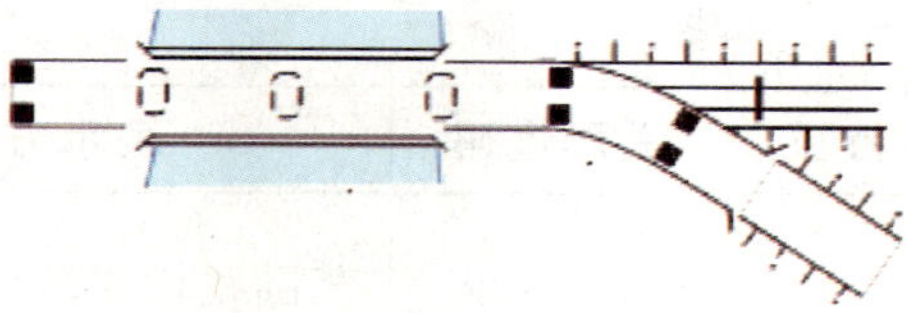

相关要素	道路
关系	包含
备注	

要素名称 并行桥
要素描述 铁路、公路两用的并行桥梁。
要素分类代码 450303

属性表

属性名称	属性描述	数据类型 字段要求	属性值域或示例	约束/条件	备注
代码	要素分类代码及第七位的图形代码	长整型 10	4503033	M	
名称	并行桥的名称	字符型 60		C	
跨越地物	跨越地物的名称	字符型 60		C	
数据源	数据来源类型	字符型 10		C	
更新日期	数据更新日期	日期型		C	

几何表示

几何特征	图形代码	表示方法	属性
面	3	范围线构成的面	代码、名称、跨越地物、数据源、更新日期

几何表示示例	制图表示示例
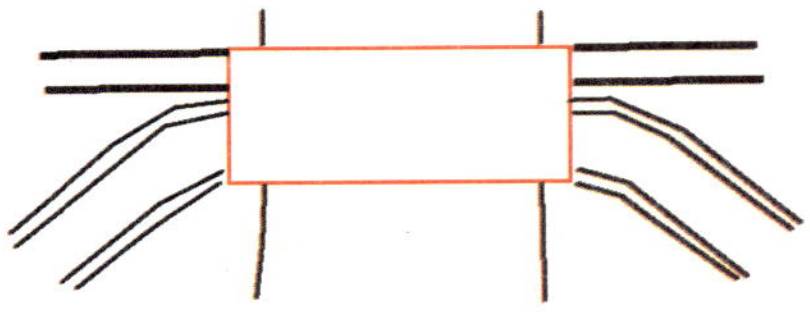	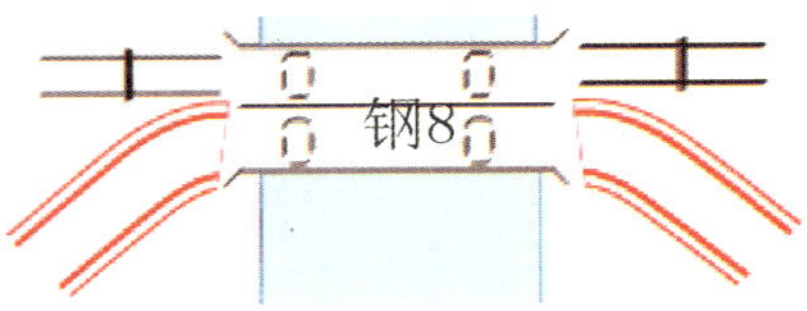

相关要素	道路
关系	包含、连接
备注	

要素名称 引桥

要素描述 连接桥和路堤的架空部分。

要素分类代码 450304

属性表

属性名称	属性描述	数据类型 字段要求	属性值域或示例	约束/条件	备注
代码	要素分类代码及第七位的图形代码	长整型 10	4503043	M	
数据源	数据来源类型	字符型 10		C	
更新日期	数据更新日期	日期型		C	

几何表示

几何特征	图形代码	表示方法	属性
面	3	范围线构成的面	代码、数据源、更新日期

几何表示示例	制图表示示例
	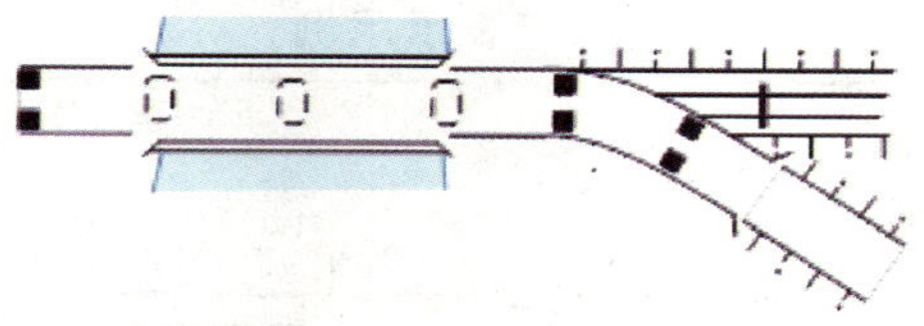

相关要素	道路、桥梁
关系	包含、连接、重叠
备注	

要素名称　桥墩、柱

要素描述　支撑桥的墩、柱。

要素分类代码　450400

属性表

属性名称	属性描述	数据类型 字段要求	属性值域或示例	约束/条件	备注
代码	要素分类代码及第七位的图形代码	长整型 10	4504001/4504003	M	
方向	与正东方向逆时针形成的夹角(°)	浮点型 4.8	0～360	M	
数据源	数据来源类型	字符型 10		C	
更新日期	数据更新日期	日期型		C	

几何表示

几何特征	图形代码	表示方法	属性
点	1	有向点	代码、方向、数据源、更新日期
面	3	范围线构成的面	代码、数据源、更新日期

几何表示示例	制图表示示例

相关要素	道路、桥梁
关系	包含、连接
备注	

要素名称 过街天桥
要素描述 供行人通过街道的桥梁。
要素分类代码 450501

属性表

属性名称	属性描述	数据类型 字段要求	属性值域或示例	约束/条件	备注
代码	要素分类代码及第七位的图形代码	长整型 10	4505013	M	
名称	过街天桥的名称	字符型 60		C	
限高	过街天桥下允许通行的最大高度(m)	浮点数 2.2		C	
数据源	数据来源类型	字符型 10		C	
更新日期	数据更新日期	日期型		C	

几何表示

几何特征	图形代码	表示方法	属性
面	3	范围线构成的面	代码、名称、限高、数据源、更新日期

几何表示示例	制图表示示例
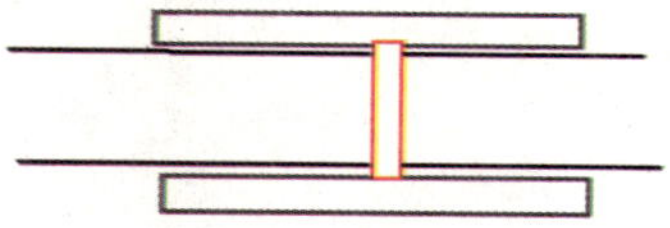	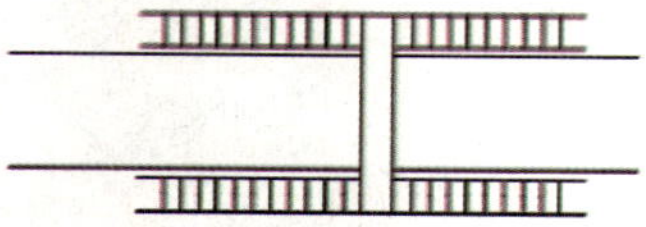

相关要素	
关系	
备注	

要素名称 人行桥

要素描述 跨越河流、不能通行车辆，仅供行人通行的桥梁。

要素分类代码 450502

属性表

属性名称	属性描述	数据类型 字段要求	属性值域或示例	约束/条件	备注
代码	要素分类代码及第七位的图形代码	长整型 10	4505022/4505023	M	
名称	人行桥的名称	字符型 60		C	
数据源	数据来源类型	字符型 10		C	
更新日期	数据更新日期	日期型		C	

几何表示

几何特征	图形代码	表示方法	属性
线	2	中心线	代码、名称、数据源、更新日期
面	3	范围线构成的面	代码、名称、数据源、更新日期

几何表示示例	制图表示示例
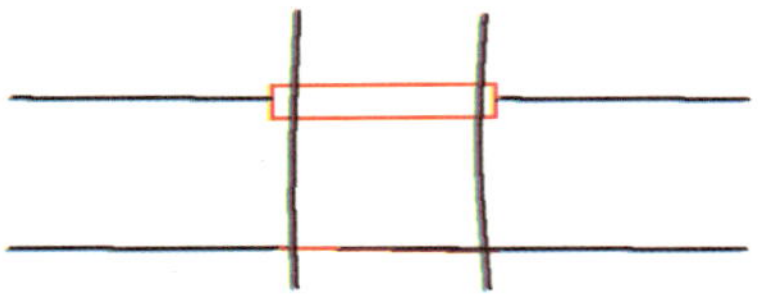	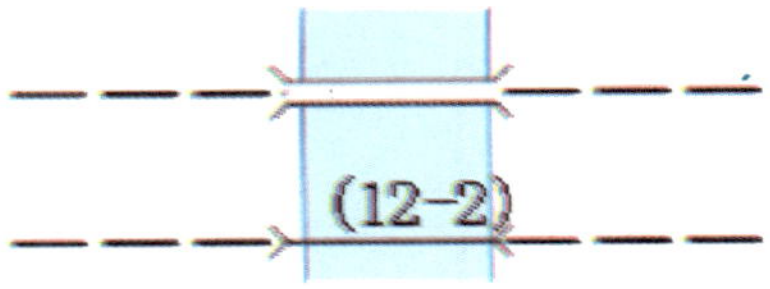

相关要素	道路
关系	包含
备注	

要素名称 缆索桥

要素描述 在河流的陡岸上固定数条平行的铁索、绳、缆、藤等，供行人或非机动车辆通行的桥梁。

要素分类代码 450503

属性表

属性名称	属性描述	数据类型 字段要求	属性值域或示例	约束/条件	备注
代码	要素分类代码及第七位的图形代码	长整型 10	4505032/4505033	M	
名称	缆索桥的名称	字符型 60		C	
类型	缆索桥的类型	字符型 10	铁索桥/绳桥/缆桥/藤桥	M	
数据源	数据来源类型	字符型 10		C	
更新日期	数据更新日期	日期型		C	

几何表示

几何特征	图形代码	表示方法	属性
线	2	中心线	代码、名称、类型、数据源、更新日期
面	3	范围线构成的面	代码、名称、类型、数据源、更新日期

几何表示示例	制图表示示例
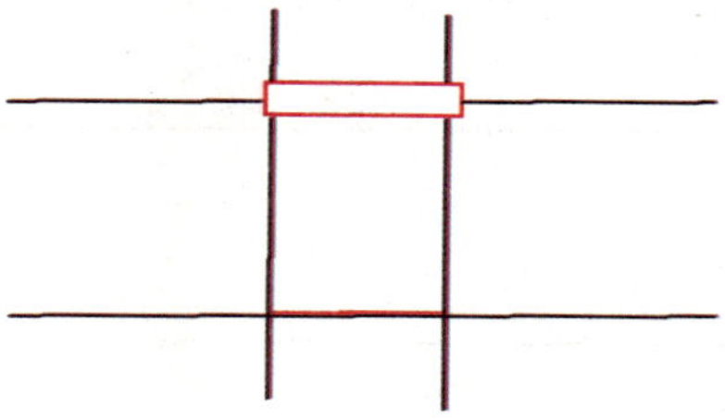	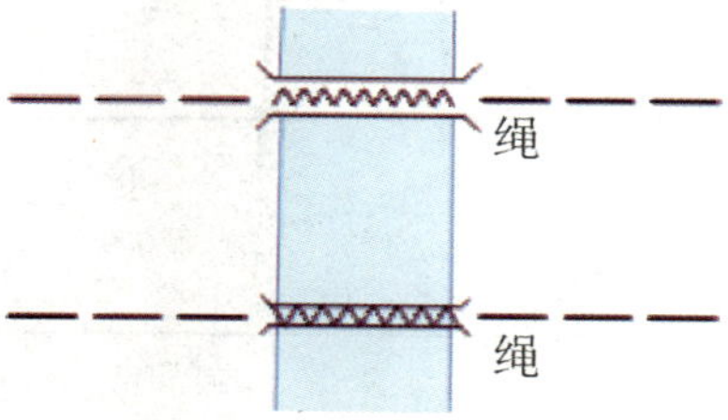

相关要素	乡村道路
关系	包含
备注	

要素名称 级面桥、人行拱桥

要素描述 两端砌有台阶的桥梁或不能通行车辆的拱桥。

要素分类代码 450504

属性表

属性名称	属性描述	数据类型字段要求	属性值域或示例	约束/条件	备注
代码	要素分类代码及第七位的图形代码	长整型 10	4505042/4505043	M	
名称	桥的名称	字符型 60		C	
类型	桥的类型	字符型 6	级面桥/人行拱桥	M	
方向	与正东方向逆时针形成的夹角(°)	浮点型 4.8	0～360	M	
数据源	数据来源类型	字符型 10		C	
更新日期	数据更新日期	日期型		C	

几何表示

几何特征	图形代码	表示方法	属性
线	2	中心线	代码、名称、类型、数据源、更新日期
面	3	范围线构成的面	代码、名称、类型、数据源、更新日期

几何表示示例	制图表示示例
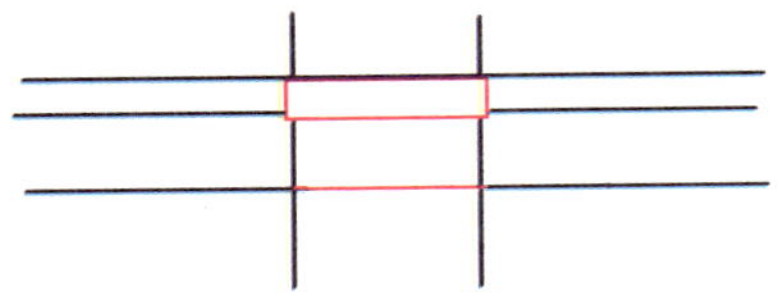	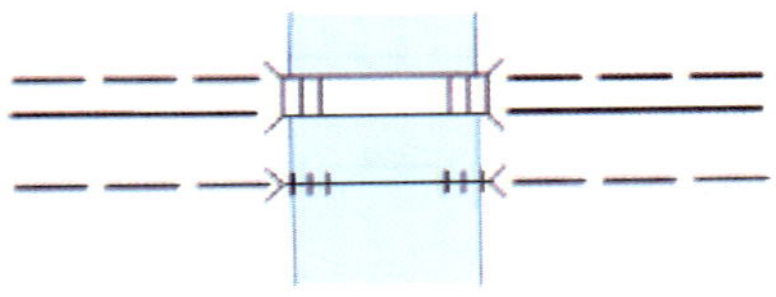

相关要素	乡村道路、内部道路
关系	包含
备注	

要素名称　亭桥、廊桥

要素描述　桥面上建有亭或类似建筑物的桥梁。

要素分类代码　450505

属性表

属性名称	属性描述	数据类型 字段要求	属性值域或示例	约束/条件	备注
代码	要素分类代码及第七位的图形代码	长整型 10	4505053	M	
名称	亭桥的名称	字符型 60		C	
数据源	数据来源类型	字符型 10		C	
更新日期	数据更新日期	日期型		C	

几何表示

几何特征	图形代码	表示方法	属性
面	3	范围线构成的面	代码、名称、数据源、更新日期

几何表示示例	制图表示示例
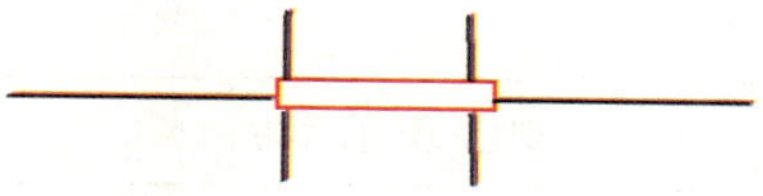	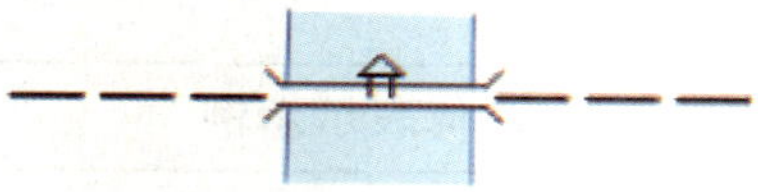

相关要素	道路
关系	包含
备注	

要素名称 火车隧道
要素描述 建造在山岭、河流、海峡及城市等地面下的火车通道。
要素分类代码 450601

属性表

属性名称	属性描述	数据类型 字段要求	属性值域或示例	约束/条件	备注
代码	要素分类代码及第七位的图形代码	长整型 10	4506012/4506013	M	
名称	火车隧道的名称	字符型 60		C	
长度	火车隧道的长度(m)	浮点型 4.0		C	
车道数	火车隧道的车道数	字符型 6	单线/复线	C	
连接道路	连接铁路的名称	字符型 60		C	
数据源	数据来源类型	字符型 10		C	
更新日期	数据更新日期	日期型		C	

几何表示

几何特征	图形代码	表示方法	属性
线	2	中心线	代码、名称、长度、车道数、连接道路、数据源、更新日期
面	3	范围线构成的面	代码、名称、长度、车道数、连接道路、数据源、更新日期

几何表示示例	制图表示示例
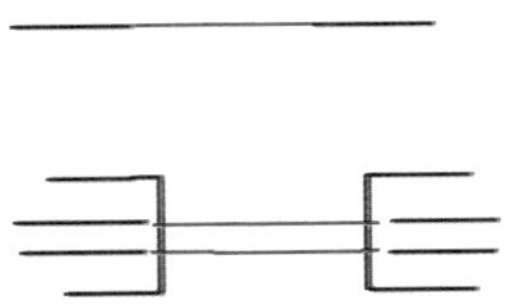	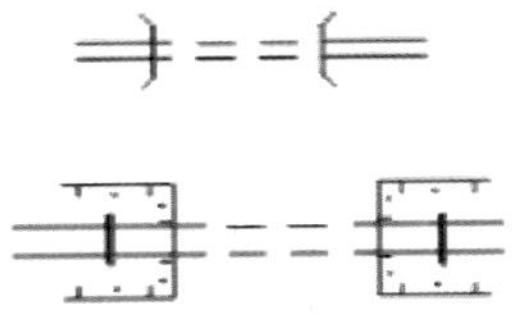

相关要素	铁路
关系	包含
备注	

要素名称 汽车隧道
要素描述 建造在山岭、河流、海峡及城市等地面下的汽车通道。
要素分类代码 450602

属性表

属性名称	属性描述	数据类型字段要求	属性值域或示例	约束/条件	备注
代码	要素分类代码及第七位的图形代码	长整型 10	4506022/4506023	M	
名称	汽车隧道的名称	字符型 60		C	
长度	汽车隧道的长度(m)	浮点数 4.0		C	
车道数	汽车隧道的车道数	字符型 6		C	
连接道路	连接公路的名称	字符型 60		C	
数据源	数据来源类型	字符型 10		C	
更新日期	数据更新日期	日期型		C	

几何表示

几何特征	图形代码	表示方法	属性
线	2	中心线	代码、名称、长度、车道数、连接道路、数据源、更新日期
面	3	范围线构成的面	代码、名称、长度、车道数、连接道路、数据源、更新日期

几何表示示例	制图表示示例
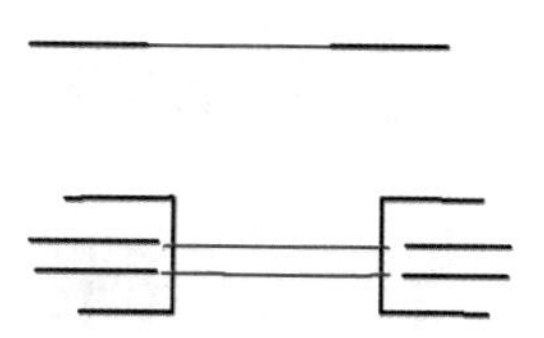	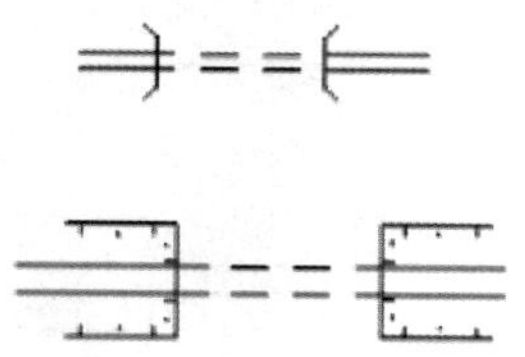

相关要素	道路
关系	包含
备注	

要素名称 明峒

要素描述 道路为避免塌方、流石等破坏而修筑的隧道式建筑。

要素分类代码 450700

属性表

属性名称	属性描述	数据类型字段要求	属性值域或示例	约束/条件	备注
代码	要素分类代码及第七位的图形代码	长整型 10	4507003	M	
名称	明峒的名称	字符型 60		C	
限高	明峒允许通行的高度(m)	浮点型 2.2		C	
所属道路	所属道路的名称	字符型 60		C	
数据源	数据来源类型	字符型 10		C	
更新日期	数据更新日期	日期型		C	

几何表示

几何特征	图形代码	表示方法	属性
面	3	范围线构成的面	代码、名称、限高、所属道路、数据源、更新日期

几何表示示例	制图表示示例
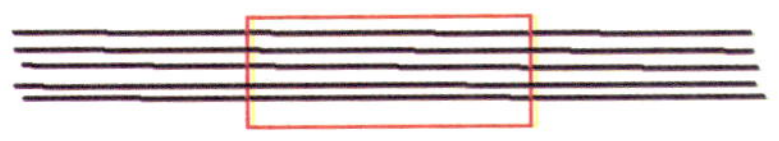	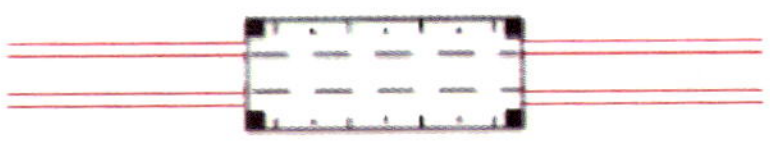

相关要素	道路
关系	包含
备注	

要素名称 地下人行通道

要素描述 修建于地下的人行通道。

要素分类代码 450800

属性表

属性名称	属性描述	数据类型 字段要求	属性值域或示例	约束/条件	备注
代码	要素分类代码及第七位的图形代码	长整型 10	4508003	M	
名称	地下人行通道的名称	字符型 60		C	
限高	地下人行通道允许通行的高度(m)	浮点型 2.2		C	
所属道路	所属道路的名称	字符型 60		C	
数据源	数据来源类型	字符型 10		C	
更新日期	数据更新日期	日期型		C	

几何表示

几何特征	图形代码	表示方法	属性
面	3	范围线构成的面	代码、名称、限高、所属道路、数据源、更新日期

几何表示示例	制图表示示例
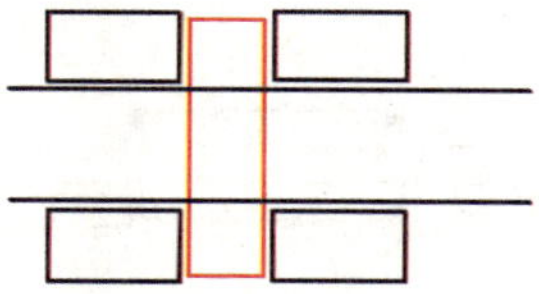	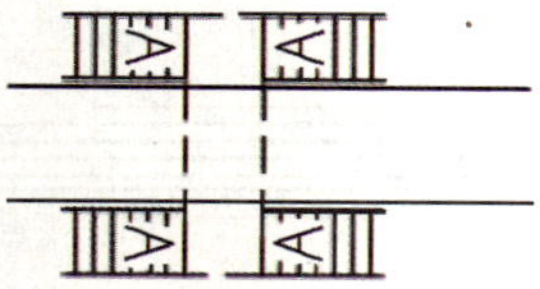

相关要素	道路
关系	包含
备注	

要素名称 道路交汇处
要素描述 两条或两条以上道路的交汇处。
要素分类代码 450900

属性表

属性名称	属性描述	数据类型 字段要求	属性值域或示例	约束/条件	备注
代码	要素分类代码及第七位的图形代码	长整型 10	4509001	M	
名称	道路交汇处的名称	字符型 60		C	
数据源	数据来源类型	字符型 10		C	
更新日期	数据更新日期	日期型		C	

几何表示

几何特征	图形代码	表示方法	属性
点	1	定位点	代码、名称、数据源、更新日期

几何表示示例	制图表示示例
	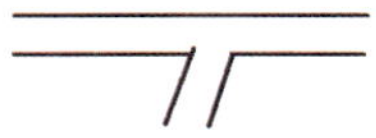

相关要素	道路
关系	连接
备注	

要素名称 中国公路零公里标志

要素描述 设在北京、作为中国公路起算点，是北京至通达地距离的起始点（零公里）标志。

要素分类代码 451001

属性表

属性名称	属性描述	数据类型 字段要求	属性值域或示例	约束/条件	备注
代码	要素分类代码及第七位的图形代码	长整型 10	4510011	M	
数据源	数据来源类型	字符型 10		C	
更新日期	数据更新日期	日期型		C	

几何表示

几何特征	图形代码	表示方法	属性
点	1	定位点	代码、数据源、更新日期

几何表示示例	制图表示示例

相关要素	道路
关系	连接
备注	

要素名称 路标

要素描述 设置在道路边的指示道路通达情况的柱式标志。

要素分类代码 451002

属性表

属性名称	属性描述	数据类型字段要求	属性值域或示例	约束/条件	备注
代码	要素分类代码及第七位的图形代码	长整型 10	4510021	M	
数据源	数据来源类型	字符型 10		C	
更新日期	数据更新日期	日期型		C	

几何表示

几何特征	图形代码	表示方法	属性
点	1	定位点	代码、数据源、更新日期

几何表示示例	制图表示示例
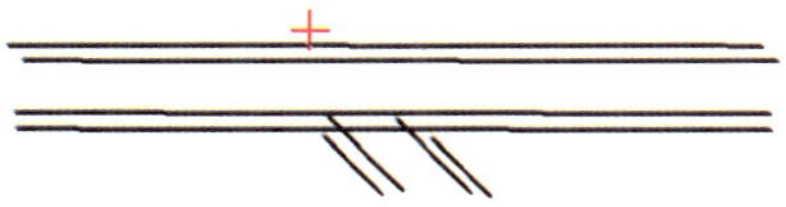	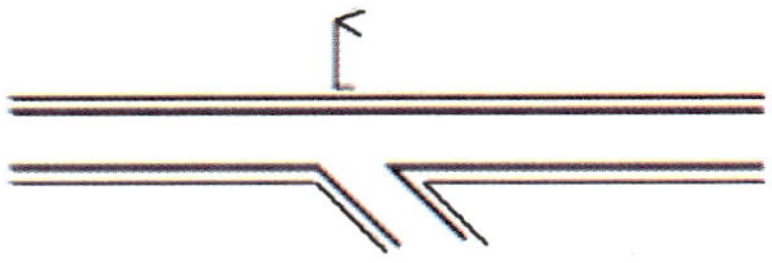

相关要素	
关系	
备注	

要素名称　里程碑

要素描述　铁路、公路边设置的表示距线路起点距离的里程标志。

要素分类代码　451003

属性表

属性名称	属性描述	数据类型字段要求	属性值域或示例	约束/条件	备注
代码	要素分类代码及第七位的图形代码	长整型 10	4510031	M	
里程数	里程碑上面标示的里程数(km)	浮点型 4.2		M	
编号	里程碑的编号	整型 6		C	
数据源	数据来源类型	字符型 10		C	
更新日期	数据更新日期	日期型		C	

几何表示

几何特征	图形代码	表示方法	属性
点	1	定位点	代码、里程数、编号、数据源、更新日期

几何表示示例	制图表示示例

相关要素	
关系	
备注	

要素名称 水运港客运站

要素描述 供水上乘客出入、办理票务和候船的场所。

要素分类代码 460101

属性表

属性名称	属性描述	数据类型 字段要求	属性值域或示例	约束/条件	备注
代码	要素分类代码及第七位的图形代码	长整型 10	4601011	M	
名称	水运港客运站的名称	字符型 60		C	
依附水域	水运港客运站所依附的水域名称	字符型 60		C	
数据源	数据来源类型	字符型 10		C	
更新日期	数据更新日期	日期型		C	

几何表示

几何特征	图形代码	表示方法	属性
点	1	定位点	代码、名称、依附水域、数据源、更新日期

几何表示示例	制图表示示例

相关要素	
关系	
备注	

要素名称　固定顺岸码头

要素描述　固定的顺河岸(或海岸)设置的供船舶停靠、旅客上下、货物装卸以及其他活动的场所。

要素分类代码　460102

属性表

属性名称	属性描述	数据类型 字段要求	属性值域或示例	约束/条件	备注
代码	要素分类代码及第七位的图形代码	长整型 10	4601023	M	
名称	固定顺岸码头的名称	字符型 60		C	
状态	存在或使用状态	字符型 6	利用/废弃/建设中	C	
所属水域	码头所属水域的名称	字符型 60		C	
数据源	数据来源类型	字符型 10		C	
更新日期	数据更新日期	日期型		C	

几何表示

几何特征	图形代码	表示方法	属性
面	3	范围线构成的面	代码、名称、状态、所属水域、数据源、更新日期

几何表示示例	制图表示示例
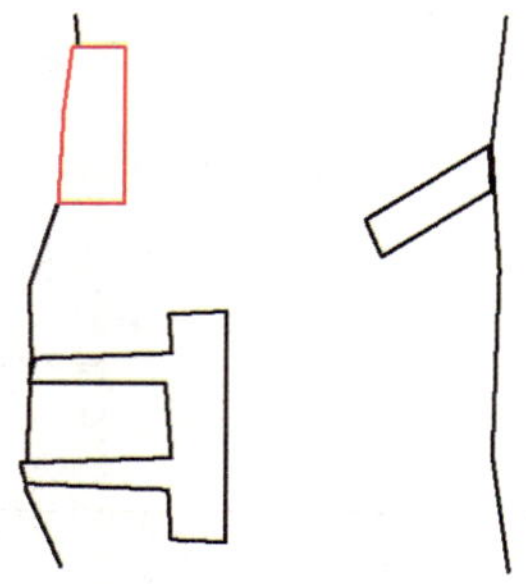	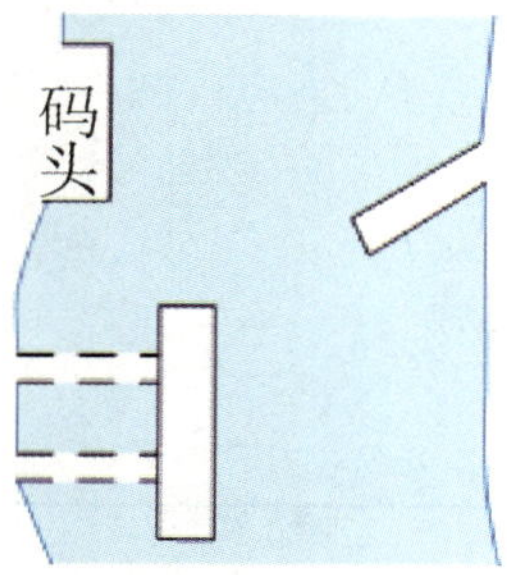

相关要素	河流、岸线
关系	连接
备注	

要素名称　固定堤坝码头

要素描述　由岸边伸向水域修筑的狭长堤坝式固定码头，兼做防波堤用。

要素分类代码　460103

属性表

属性名称	属性描述	数据类型 字段要求	属性值域或示例	约束/条件	备注
代码	要素分类代码及第七位的图形代码	长整型 10	4601033	M	
名称	固定堤坝码头的名称	字符型 60		C	
状态	存在或使用状态	字符型 6	利用/废弃/建设中	C	
所属水域	码头所属水域的名称	字符型 60		C	
数据源	数据来源类型	字符型 10		C	
更新日期	数据更新日期	日期型		C	

几何表示

几何特征	图形代码	表示方法	属性
面	3	范围线构成的面	代码、名称、状态、所属水域、数据源、更新日期

几何表示示例	制图表示示例
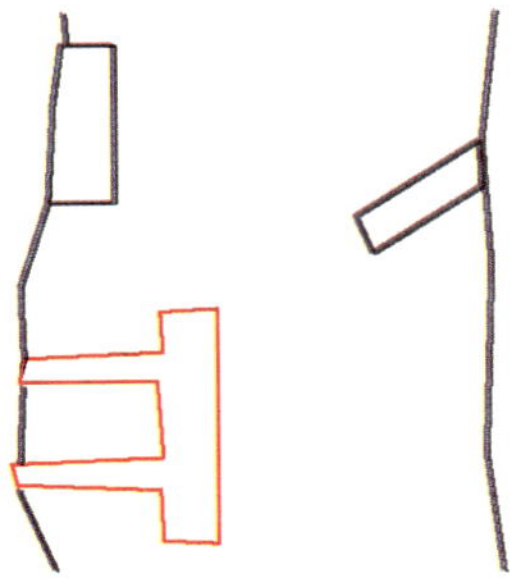	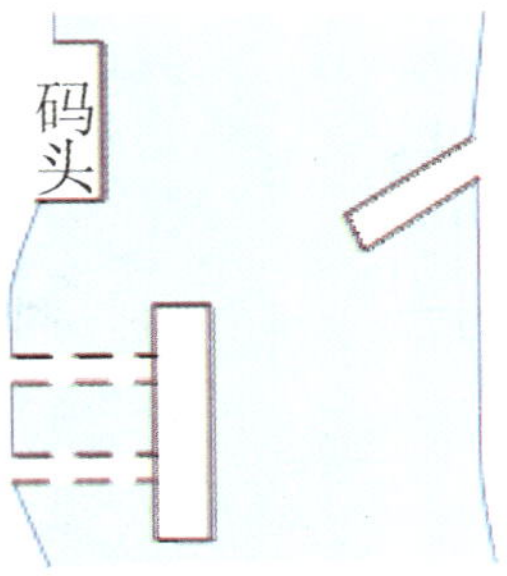

相关要素	河流、岸线
关系	连接
备注	

要素名称 栈桥式码头
要素描述 通过栈桥与岸边连接的码头。
要素分类代码 460104

属性表

属性名称	属性描述	数据类型 字段要求	属性值域或示例	约束/条件	备注
代码	要素分类代码及第七位的图形代码	长整型 10	4601043	M	
名称	栈桥式码头的名称	字符型 60		C	
状态	存在或使用状态	字符型 6	利用/废弃/建设中	C	
所属水域	码头所属水域的名称	字符型 60		C	
数据源	数据来源类型	字符型 10		C	
更新日期	数据更新日期	日期型		C	

几何表示

几何特征	图形代码	表示方法	属性
面	3	范围线构成的面	代码、名称、状态、所属水域、数据源、更新日期

几何表示示例	制图表示示例
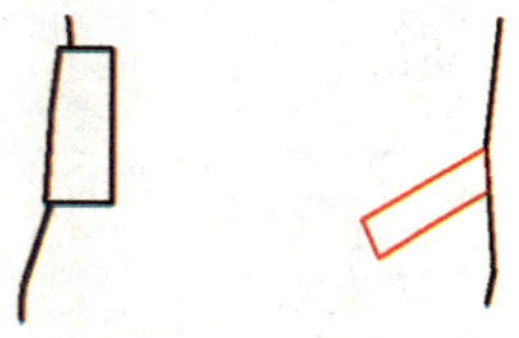	

相关要素	河流、岸线
关系	连接
备注	

要素名称 浮码头
要素描述 能随水面的涨落而上下浮动的码头。
要素分类代码 460105

属性表

属性名称	属性描述	数据类型字段要求	属性值域或示例	约束/条件	备注
代码	要素分类代码及第七位的图形代码	长整型 10	4601053	M	
名称	浮码头的名称	字符型 60		C	
状态	存在或使用状态	字符型 6	利用/废弃/建设中	C	
所属水域	码头所属水域的名称	字符型 60		C	
数据源	数据来源类型	字符型 10		C	
更新日期	数据更新日期	日期型		C	

几何表示

几何特征	图形代码	表示方法	属性
面	3	范围线构成的面	代码、名称、状态、所属水域、数据源、更新日期

几何表示示例	制图表示示例
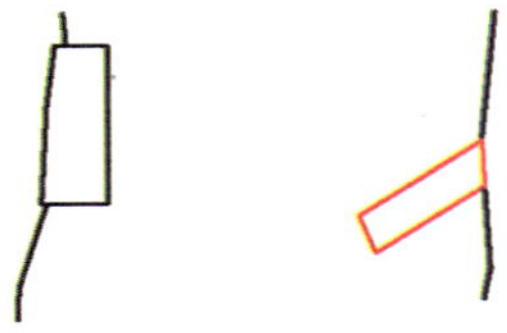	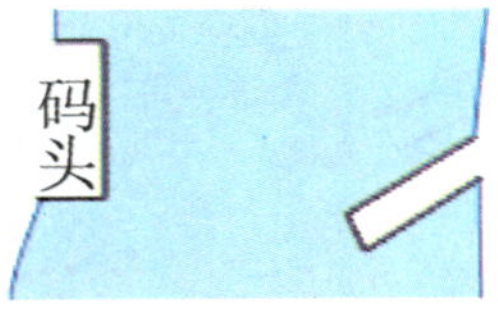

相关要素	河流、岸线
关系	连接
备注	

要素名称 防波堤

要素描述 调节水流方向或减缓水流流速，防护港口、海湾的护岸式堤坝。

要素分类代码 460200

属性表

属性名称	属性描述	数据类型字段要求	属性值域或示例	约束/条件	备注
代码	要素分类代码及第七位的图形代码	长整型 10	4602002/4602003/4602004	M	
所属水域	防波堤所属水域的名称	字符型 60		C	
类型	防波堤的类型	字符型 10	斜坡式/直立式/石垄式	M	
数据源	数据来源类型	字符型 10		C	
更新日期	数据更新日期	日期型		C	

几何表示

几何特征		图形代码	表示方法	属性
线		2	中心线	代码、所属水域、类型、数据源、更新日期
复合	线	4	堤顶线为有向线	代码
	面	3	范围线构成的面	代码、所属水域、类型、数据源、更新日期

几何表示示例	制图表示示例
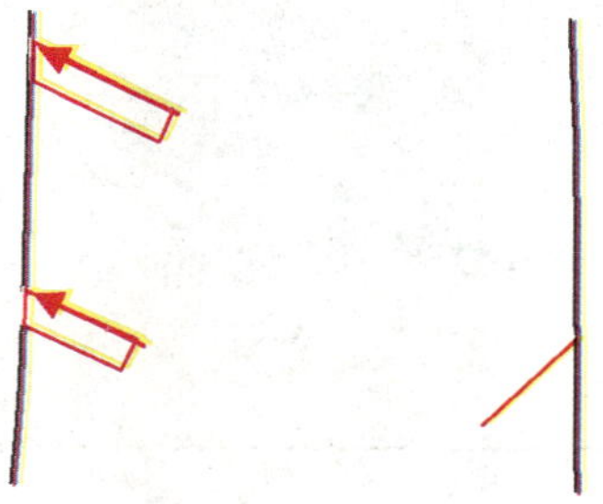	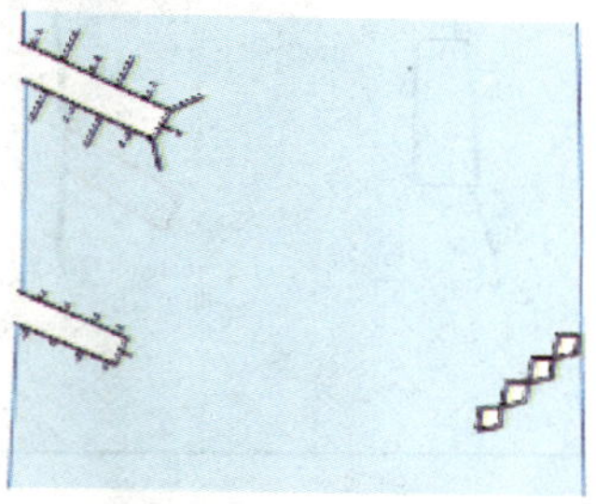

相关要素	河流、岸线
关系	连接
备注	

要素名称 停泊场

要素描述 港口水域中，指定的专供船舶抛锚停泊、避风、检疫及船队进行编组的地方。

要素分类代码 460300

属性表

属性名称	属性描述	数据类型字段要求	属性值域或示例	约束/条件	备注
代码	要素分类代码及第七位的图形代码	长整型 10	4603001	M	
名称	停泊场的名称	字符型 60		C	
数据源	数据来源类型	字符型 10		C	
更新日期	数据更新日期	日期型		C	

几何表示

几何特征	图形代码	表示方法	属性
点	1	定位点	代码、名称、数据源、更新日期

几何表示示例	制图表示示例
+	

相关要素	
关系	
备注	

要素名称 灯塔

要素描述 建筑在水运航线附近的岛屿、礁石或港口海岸上等显要位置，安装有发光设备，引导船只航行的塔形导航设施。

要素分类代码 460401

属性表

属性名称	属性描述	数据类型 字段要求	属性值域或示例	约束/条件	备注
代码	要素分类代码及第七位的图形代码	长整型 10	4604011/4604013	M	
名称	灯塔的名称	字符型 60		C	
编号	为了管理、使用方便而统一编制的代号	整型 8		C	
比高	灯塔的比高(m)	整型 2		C	
数据源	数据来源类型	字符型 10		C	
更新日期	数据更新日期	日期型		C	

几何表示

几何特征	图形代码	表示方法	属性
点	1	定位点	代码、名称、编号、比高、数据源、更新日期
面	3	范围线构成的面	代码、名称、编号、比高、数据源、更新日期

几何表示示例	制图表示示例
	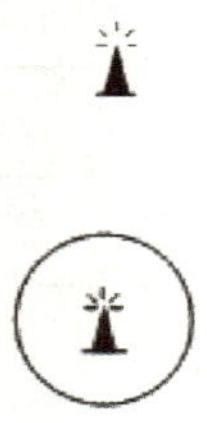

相关要素	
关系	
备注	

要素名称 灯桩

要素描述 设置在铁架、水泥桩、木桩上设有发光装置的导航设施。

要素分类代码 460402

属性表

属性名称	属性描述	数据类型 字段要求	属性值域或示例	约束/条件	备注
代码	要素分类代码及第七位的图形代码	长整型 10	4604021	M	
编号	为管理、使用方便而统一编制的代号	整型 8		C	
数据源	数据来源类型	字符型 10		C	
更新日期	数据更新日期	日期型		C	

几何表示

几何特征	图形代码	表示方法	属性
点	1	定位点	代码、编号、数据源、更新日期

几何表示示例	制图表示示例

相关要素	
关系	
备注	

要素名称　灯船

要素描述　装置有发光设备的，作为浮动航标使用的专用船只。通常设置在离岸较远、岸上航标作用达不到而又不便设置灯塔的港口或重要航道上。

要素分类代码　460403

属性表

属性名称	属性描述	数据类型 字段要求	属性值域或示例	约束/条件	备注
代码	要素分类代码及第七位的图形代码	长整型 10	4604031	M	
名称	灯船的名称	字符型 60		C	
编号	为管理、使用方便而统一编制的代号	整型 8		C	
数据源	数据来源类型	字符型 10		C	
更新日期	数据更新日期	日期型		C	

几何表示

几何特征	图形代码	表示方法	属性
点	1	定位点	代码、名称、编号、数据源、更新日期

几何表示示例	制图表示示例

相关要素	
关系	
备注	

要素名称 浮标

要素描述 设置在江、河、港湾中，用来指示安全航道或航道附近碍航物的各种形式浮动的水上标志。

要素分类代码 460404

属性表

属性名称	属性描述	数据类型 字段要求	属性值域或示例	约束/条件	备注
代码	要素分类代码及第七位的图形代码	长整型 10	4604041	M	
编号	为管理、使用方便而统一编制的代号	整型 8		C	
数据源	数据来源类型	字符型 10		C	
更新日期	数据更新日期	日期型		C	

几何表示

几何特征	图形代码	表示方法	属性
点	1	定位点	代码、编号、数据源、更新日期

几何表示示例	制图表示示例

相关要素	
关系	
备注	

要素名称 岸标、立标

要素描述 设置在岸边、礁石或浅滩等地方的各种固定助航标志。

要素分类代码 460405

属性表

属性名称	属性描述	数据类型 字段要求	属性值域或示例	约束/条件	备注
代码	要素分类代码及第七位的图形代码	长整型 10	4604051	M	
编号	为了管理、使用方便而统一编制的代号	整型 8		C	
数据源	数据来源类型	字符型 10		C	
更新日期	数据更新日期	日期型		C	

几何表示

几何特征	图形代码	表示方法	属性
点	1	定位点	代码、编号、数据源、更新日期

几何表示示例	制图表示示例

相关要素	
关系	
备注	

要素名称　信号杆

要素描述　为指示通行、水深、风讯而设立的一种助航信号标志。

要素分类代码　460406

属性表

属性名称	属性描述	数据类型 字段要求	属性值域或示例	约束/条件	备注
代码	要素分类代码及第七位的图形代码	长整型 10	4604061	M	
用途	信号杆设置的目的	字符型 10	通行/水深/风讯	C	
编号	为了管理、使用方便而统一编制的代号	整型 8		C	
数据源	数据来源类型	字符型 10		C	
更新日期	数据更新日期	日期型		C	

几何表示

几何特征	图形代码	表示方法	属性
点	1	定位点	代码、用途、编号、数据源、更新日期

几何表示示例	制图表示示例
+	

相关要素	
关系	
备注	

要素名称 系船浮筒

要素描述 设置在水上的用于固定船只的浮筒式装置。

要素分类代码 460407

属性表

属性名称	属性描述	数据类型 字段要求	属性值域或示例	约束/条件	备注
代码	要素分类代码及第七位的图形代码	长整型 10	4604071	M	
编号	为了管理、使用方便而统一编制的代号	整型 8		C	
数据源	数据来源类型	字符型 10		C	
更新日期	数据更新日期	日期型		C	

几何表示

几何特征	图形代码	表示方法	属性
点	1	定位点	代码、编号、数据源、更新日期

几何表示示例	制图表示示例

相关要素	
关系	
备注	

要素名称 过江管线标

要素描述 设置在电缆或管道过江的两端，写有“禁止抛锚”字样的立标。

要素分类代码 460408

属性表

属性名称	属性描述	数据类型 字段要求	属性值域或示例	约束/条件	备注
代码	要素分类代码及第七位的图形代码	长整型 10	4604081	M	
数据源	数据来源类型	字符型 10		C	
更新日期	数据更新日期	日期型		C	

几何表示

几何特征	图形代码	表示方法	属性
点	1	定位点	代码、数据源、更新日期

几何表示示例	制图表示示例

相关要素	
关系	
备注	

要素名称 沉船(露出)
要素描述 露出的沉船。
要素分类代码 460501

属性表

属性名称	属性描述	数据类型字段要求	属性值域或示例	约束/条件	备注
代码	要素分类代码及第七位的图形代码	长整型 10	4605011	M	
数据源	数据来源类型	字符型 10		C	
更新日期	数据更新日期	日期型		C	

几何表示

几何特征	图形代码	表示方法	属性
点	1	定位点	代码、数据源、更新日期

几何表示示例	制图表示示例

相关要素	
关系	
备注	

要素名称 沉船(淹没)
要素描述 淹没的沉船。
要素分类代码 460502

属性表

属性名称	属性描述	数据类型字段要求	属性值域或示例	约束/条件	备注
代码	要素分类代码及第七位的图形代码	长整型 10	4605023	M	
数据源	数据来源类型	字符型 10		C	
更新日期	数据更新日期	日期型		C	

几何表示

几何特征	图形代码	表示方法	属性
面	3	范围线构成的面	代码、数据源、更新日期

几何表示示例	制图表示示例

相关要素	
关系	
备注	

要素名称 急流区域

要素描述 在狭窄水道或滩等处流速明显增大形成的湍急水流。

要素分类代码 460503

属性表

属性名称	属性描述	数据类型 字段要求	属性值域或示例	约束/条件	备注
代码	要素分类代码及第七位的图形代码	长整型 10	4605031/4605033	M	
方向	与正东方向逆时针形成的夹角(°)	浮点型 4.8	0～360	M	
数据源	数据来源类型	字符型 10		C	
更新日期	数据更新日期	日期型		C	

几何表示

几何特征	图形代码	表示方法	属性
点	1	有向点	代码、方向、数据源、更新日期
面	3	范围线构成的面	代码、数据源、更新日期

几何表示示例	制图表示示例
	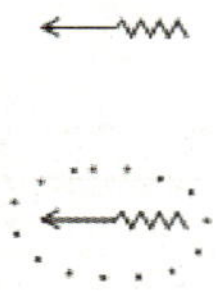

相关要素	
关系	
备注	

要素名称 漩涡区域

要素描述 受地形的影响或由不同方向、不同流速的几股水流会合而形成的漩涡。

要素分类代码 460504

属性表

属性名称	属性描述	数据类型 字段要求	属性值域或示例	约束/条件	备注
代码	要素分类代码及第七位的图形代码	长整型 10	4605041/4605043	M	
数据源	数据来源类型	字符型 10		C	
更新日期	数据更新日期	日期型		C	

几何表示

几何特征	图形代码	表示方法	属性
点	1	定位点	代码、数据源、更新日期
面	3	范围线构成的面	代码、数据源、更新日期

几何表示示例	制图表示示例
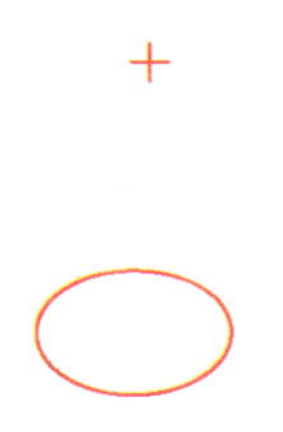	

相关要素	
关系	
备注	

要素名称 通航河段起迄点

要素描述 通航河段的起点和终点。

要素分类代码 470100

属性表

属性名称	属性描述	数据类型 字段要求	属性值域或示例	约束/条件	备注
代码	要素分类代码及第七位的图形代码	长整型 10	4701001	M	
名称	通航河段起迄点的名称	字符型 60		C	
方向	与正东方向逆时针形成的夹角(°)	浮点型 4.8	0～360	M	
数据源	数据来源类型	字符型 10		C	
更新日期	数据更新日期	日期型		C	

几何表示

几何特征	图形代码	表示方法	属性
点	1	有向点	代码、名称、方向、数据源、更新日期

几何表示示例	制图表示示例
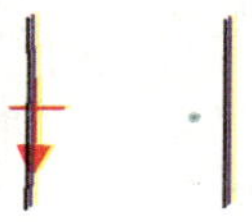	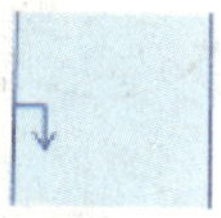

相关要素	河流
关系	包含
备注	

要素名称 机场

要素描述 飞机起降使用的区域。通常配备有相关的建筑物和设施。

要素分类代码 480100

属性表

属性名称	属性描述	数据类型 字段要求	属性值域或示例	约束/条件	备注
代码	要素分类代码及第七位的图形代码	长整型 10	4801001	M	
名称	机场的名称	字符型 60	“上海虹桥机场”	M	
用途	机场的用途	字符型 10	军用/民用/军民合用	C	
营运状态	机场的营运状态	字符型 6	营运中/已废弃/修建中	C	
数据源	数据来源类型	字符型 10		C	
更新日期	数据更新日期	日期型		C	

几何表示

几何特征	图形代码	表示方法	属性
点	1	定位点	代码、名称、用途、营运状态、数据源、更新日期

几何表示示例	制图表示示例
	制图不表示

相关要素	垣栅、道路
关系	包含、连接
备注	

要素名称 缆车道
要素描述 在陡坡上铺设铁轨,用钢缆带动车厢上下行驶的车道。
要素分类代码 490100

属性表

属性名称	属性描述	数据类型字段要求	属性值域或示例	约束/条件	备注
代码	要素分类代码及第七位的图形代码	长整型 10	4901002	M	
名称	缆车道的名称	字符型 60		C	
用途	缆车道的用途	字符型 10	货运/客运/混合	C	
数据源	数据来源类型	字符型 10		C	
更新日期	数据更新日期	日期型		C	

几何表示

几何特征	图形代码	表示方法	属性
线	2	中心线	代码、名称、用途、数据源、更新日期

几何表示示例	制图表示示例

相关要素	
关系	
备注	

要素名称 简易轨道

要素描述 在工矿区供机动牵引车、手压机式手推车行驶的固定小型铁轨。

要素分类代码 490200

属性表

属性名称	属性描述	数据类型字段要求	属性值域或示例	约束/条件	备注
代码	要素分类代码及第七位的图形代码	长整型 10	4902002/4902003	M	
名称	简易轨道的名称	字符型 60		C	
用途	简易轨道的用途	字符型 10	货运/客运/混合	C	
数据源	数据来源类型	字符型 10		C	
更新日期	数据更新日期	日期型		C	

几何表示

几何特征	图形代码	表示方法	属性
线	2	中心线	代码、名称、用途、数据源、更新日期
面	3	范围线构成的面	代码、名称、用途、数据源、更新日期

几何表示示例		制图表示示例	
		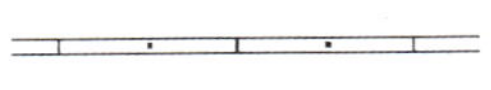	
1∶500 1∶1000	1∶2000	1∶500 1∶1000	1∶2000

相关要素	
关系	
备注	

要素名称　索道

要素描述　跨越河流、山谷和地面障碍物，用绞车牵引钢缆在支架上架空运输物质或人员的一种钢缆线。

要素分类代码　490301

属性表

属性名称	属性描述	数据类型 字段要求	属性值域或示例	约束/条件	备注
代码	要素分类代码及第七位的图形代码	长整型 10	4903012	M	
名称	索道的名称	字符型 60		C	
用途	索道的用途	字符型 10	货运/客运/混合	C	
数据源	数据来源类型	字符型 10		C	
更新日期	数据更新日期	日期型		C	

几何表示

几何特征	图形代码	表示方法	属性
线	2	中心线	代码、名称、用途、数据源、更新日期

几何表示示例		制图表示示例	
 1∶500 1∶1000	 1∶2000	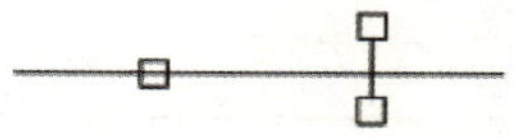 1∶500 1∶1000	1∶2000

相关要素	架空索道端点/转折点支架
关系	连接
备注	

要素名称　架空索道端点、转折点支架

要素描述　用来支撑、架设索道的建筑构筑物。

要素分类代码　490302

属性表

属性名称	属性描述	数据类型字段要求	属性值域或示例	约束/条件	备注
代码	要素分类代码及第七位的图形代码	长整型 10	4903021/4903023	M	
类型	支架的类型	字符型 10	端点/转折点	C	
编号	为管理、使用方便而编制的代码	整型 2		C	
数据源	数据来源类型	字符型 10		C	
更新日期	数据更新日期	日期型		C	

几何表示

几何特征	图形代码	表示方法	属性
点	1	定位点	代码、类型、编号、数据源、更新日期
面	3	轮廓线构成的面	代码、类型、编号、数据源、更新日期

几何表示示例		制图表示示例	

1∶500 1∶1000	1∶2000	1∶500 1∶1000	1∶2000

相关要素	索道
关系	连接
备注	

要素名称 火车渡

要素描述 载渡火车过江河湖海的场所。

要素分类代码 490501

属性表

属性名称	属性描述	数据类型 字段要求	属性值域或示例	约束/条件	备注
代码	要素分类代码及第七位的图形代码	长整型 10	4905012	M	
名称	火车渡的名称	字符型 60	“琼州海峡火车渡”	M	
承载能力	火车渡最大承载吨数(t)	浮点型 4.2		M	
数据源	数据来源类型	字符型 10		C	
更新日期	数据更新日期	日期型		C	

几何表示

几何特征	图形代码	表示方法	属性
线	2	中心线	代码、名称、承载能力、数据源、更新日期

几何表示示例	制图表示示例
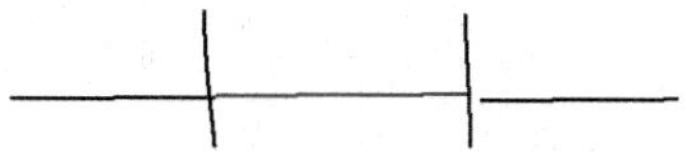	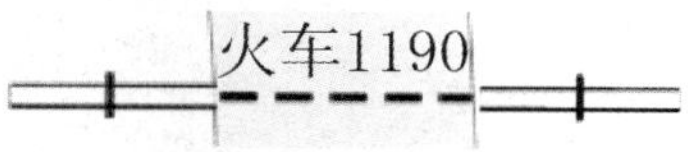

相关要素	铁路、河流
关系	连接、包含
备注	

要素名称　汽车渡

要素描述　载渡汽车过江河湖海的场所。

要素分类代码　490502

属性表

属性名称	属性描述	数据类型字段要求	属性值域或示例	约束/条件	备注
代码	要素分类代码及第七位的图形代码	长整型 10	4905022	M	
名称	汽车渡的名称	字符型 60		M	
承载能力	汽车渡的最大承载吨数(t)	浮点型 4.2		M	
数据源	数据来源类型	字符型 10		C	
更新日期	数据更新日期	日期型		C	

几何表示

几何特征	图形代码	表示方法	属性
线	2	中心线	代码、名称、承载能力、数据源、更新日期

几何表示示例	制图表示示例
	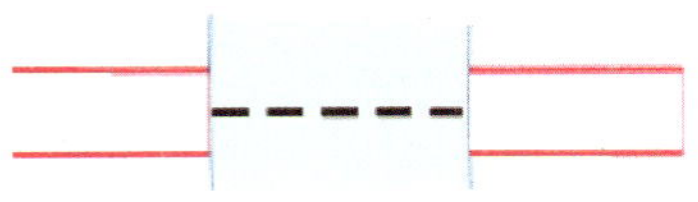

相关要素	道路、河流
关系	连接、包含
备注	

要素名称　人渡
要素描述　载渡行人过江河湖海的场所。
要素分类代码　490503

属性表

属性名称	属性描述	数据类型字段要求	属性值域或示例	约束/条件	备注
代码	要素分类代码及第七位的图形代码	长整型 10	4905032	M	
名称	人渡的名称	字符型 60		C	
数据源	数据来源类型	字符型 10		C	
更新日期	数据更新日期	日期型		C	

几何表示

几何特征	图形代码	表示方法	属性
线	2	中心线	代码、名称、数据源、更新日期

几何表示示例	制图表示示例
	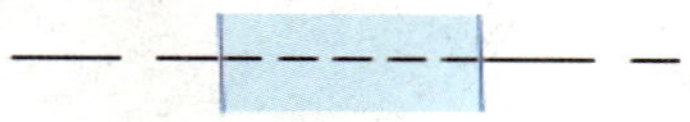

相关要素	道路、河流
关系	连接、包含
备注	

要素名称 汽车徒涉场
要素描述 汽车能涉水过河的场所。
要素分类代码 490504

属性表

属性名称	属性描述	数据类型 字段要求	属性值域或示例	约束/条件	备注
代码	要素分类代码及第七位的图形代码	长整型 10	4905042	M	
名称	汽车徒涉场的名称	字符型 60		C	
数据源	数据来源类型	字符型 10		C	
更新日期	数据更新日期	日期型		C	

几何表示

几何特征	图形代码	表示方法	属性
线	2	中心线	代码、名称、数据源、更新日期

几何表示示例	制图表示示例
	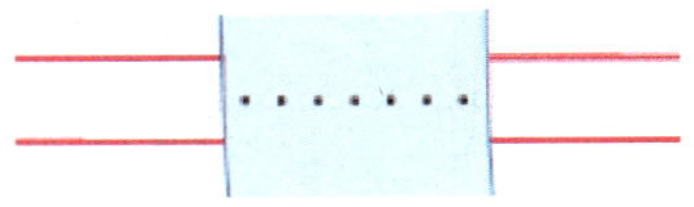

相关要素	道路、河流
关系	连接、包含
备注	

要素名称 行人徒涉场
要素描述 行人能涉水过河的场所。
要素分类代码 490505

属性表

属性名称	属性描述	数据类型字段要求	属性值域或示例	约束/条件	备注
代码	要素分类代码及第七位的图形代码	长整型 10	4905052	M	
名称	行人徒涉场的名称	字符型 60		C	
数据源	数据来源类型	字符型 10		C	
更新日期	数据更新日期	日期型		C	

几何表示

几何特征	图形代码	表示方法	属性
线	2	中心线	代码、名称、数据源、更新日期

几何表示示例	制图表示示例
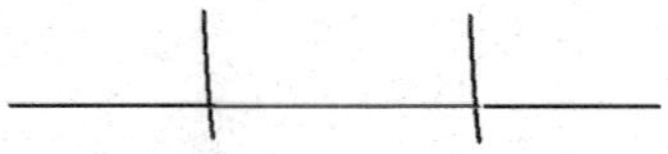	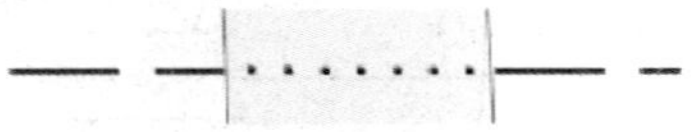

相关要素	道路、河流
关系	连接、包含
备注	

要素名称 跳墩

要素描述 在浅水河中安置可跨步过河的石墩或石块。

要素分类代码 490506

属性表

属性名称	属性描述	数据类型 字段要求	属性值域或示例	约束/条件	备注
代码	要素分类代码及第七位的图形代码	长整型 10	4905062	M	
数据源	数据来源类型	字符型 10		C	
更新日期	数据更新日期	日期型		C	

几何表示

几何特征	图形代码	表示方法	属性
线	2	中心线	代码、数据源、更新日期

几何表示示例	制图表示示例
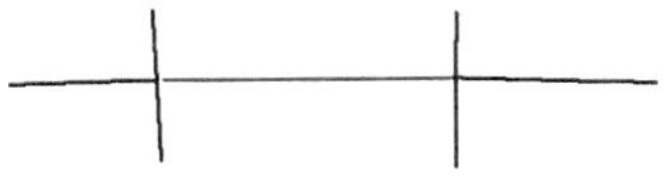	

相关要素	道路、河流
关系	连接、包含
备注	

要素名称 漫水路面

要素描述 道路通过浅水河流的路段。

要素分类代码 490507

属性表

属性名称	属性描述	数据类型 字段要求	属性值域或示例	约束/条件	备注
代码	要素分类代码及第七位的图形代码	长整型 10	4905072/4905073	M	
名称	漫水路面的名称	字符型 60		C	
数据源	数据来源类型	字符型 10		C	
更新日期	数据更新日期	日期型		C	

几何表示

几何特征	图形代码	表示方法	属性
线	2	有向中心线	代码、名称、数据源、更新日期
面	3	范围线构成的面	代码、名称、数据源、更新日期

几何表示示例	制图表示示例
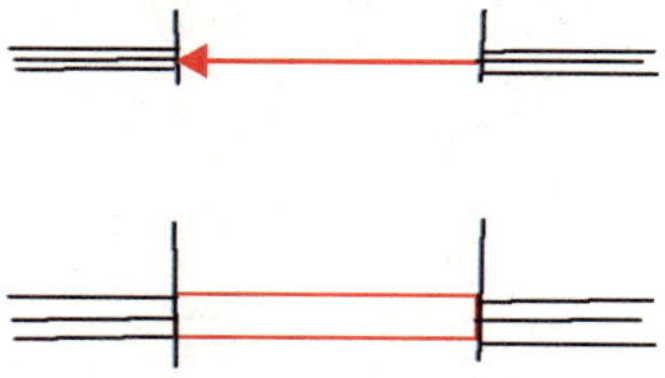	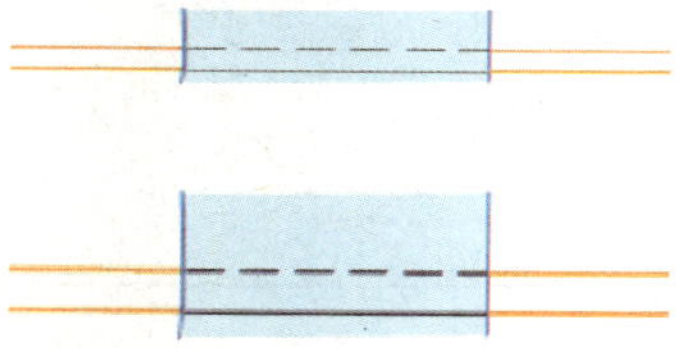

相关要素	道路、河流
关系	连接、包含
备注	

要素名称 过河缆

要素描述 在河流两岸间架设钢索，索上悬挂吊斗，可载人载物来回移动的设施。

要素分类代码 490508

属性表

属性名称	属性描述	数据类型 字段要求	属性值域或示例	约束/条件	备注
代码	要素分类代码及第七位的图形代码	长整型 10	4905082	M	
数据源	数据来源类型	字符型 10		C	
更新日期	数据更新日期	日期型		C	

几何表示

几何特征	图形代码	表示方法	属性
线	2	中心线	代码、数据源、更新日期

几何表示示例	制图表示示例
	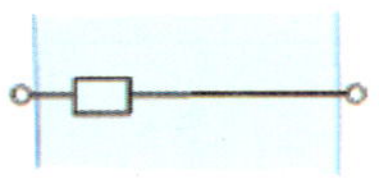

相关要素	道路、河流
关系	连接、包含
备注	

要素名称 高压输电线架空线
要素描述 用以输送 6 kV 以上且固定在杆/塔上的高压输电线路。
要素分类代码 510101

属性表

属性名称	属性描述	数据类型 字段要求	属性值域或示例	约束/条件	备注
代码	要素分类代码及第七位的图形代码	长整型 10	5101012	M	
电压值	高压输电线电压值(kV)	浮点型 6.2	“35”	M	
净空高	离开地面高度(m)	浮点型 4.2		C	
数据源	数据来源类型	字符型 10		C	
更新日期	数据更新日期	日期型		C	

几何表示

几何特征	图形代码	表示方法	属性
线	2	中心线	代码、电压值、净空高、数据源、更新日期

几何表示示例

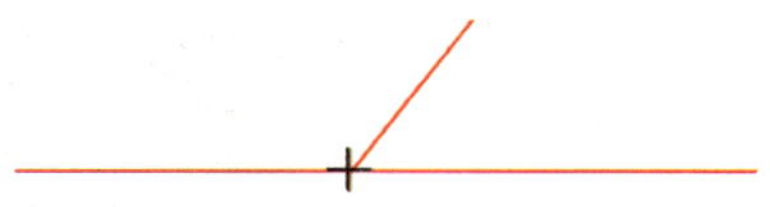

制图表示示例

相关要素	电力线入地口
关系	连接
备注	

要素名称 高压输电线地下线

要素描述 用以输送6.6 kV以上的地下高压输电线路。

要素分类代码 510102

属性表

属性名称	属性描述	数据类型字段要求	属性值域或示例	约束/条件	备注
代码	要素分类代码及第七位的图形代码	长整型 10	5101022	M	
电压值	高压输电线电压值(kV)	浮点型 6.2	"35"	M	
数据源	数据来源类型	字符型 10		C	
更新日期	数据更新日期	日期型		C	

几何表示

几何特征	图形代码	表示方法	属性
线	2	中心线	代码、电压值、数据源、更新日期

几何表示示例	制图表示示例

相关要素	电力线入地口
关系	连接
备注	

要素名称 高压输电线入地口

要素描述 高压输电线入地口位置。

要素分类代码 510103

属性表

属性名称	属性描述	数据类型 字段要求	属性值域或示例	约束/条件	备注
代码	要素分类代码及第七位的图形代码	长整型 10	5101031/5101033	M	
数据源	数据来源类型	字符型 10		C	
更新日期	数据更新日期	日期型		C	

几何表示

几何特征	图形代码	表示方法	属性
点	1	定位点	代码、数据源、更新日期
面	3	轮廓线构成的面	代码、数据源、更新日期

几何表示示例	制图表示示例
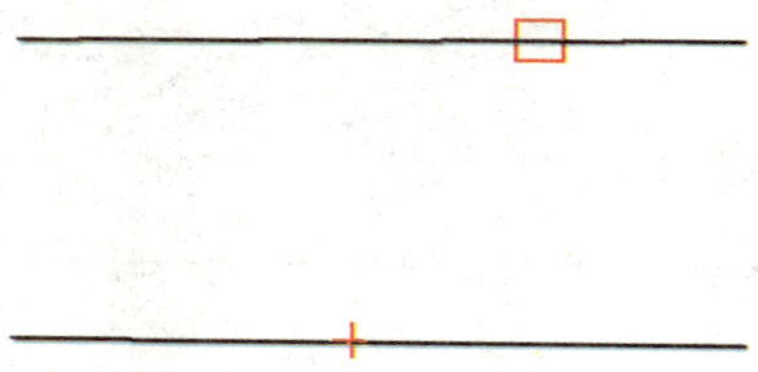	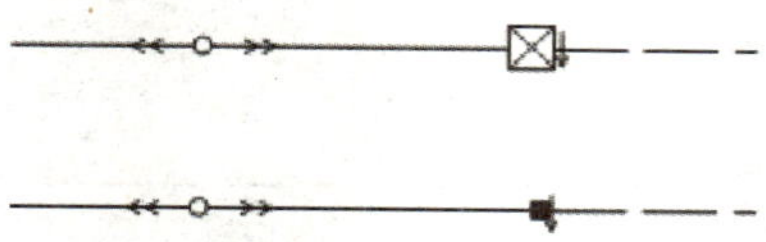

相关要素	高压输电线—架空线
关系	连接
备注	

要素名称 配电线架空线
要素描述 架设在空中的6.6 kV以下的低压线。
要素分类代码 510201

属性表

属性名称	属性描述	数据类型字段要求	属性值域或示例	约束/条件	备注
代码	要素分类代码及第七位的图形代码	长整型 10	5102012	M	
电压值	配电线电压值(kV)	浮点型 6.2		C	
净空高	离开地面高度(m)	浮点型 4.2		C	
数据源	数据来源类型	字符型 10		C	
更新日期	数据更新日期	日期型		C	

几何表示

几何特征	图形代码	表示方法	属性
线	2	中心线	代码、电压值、净空高、数据源、更新日期

几何表示示例	制图表示示例
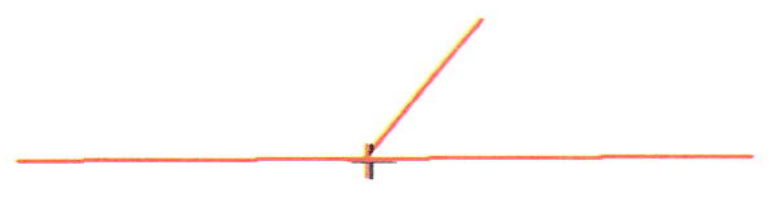	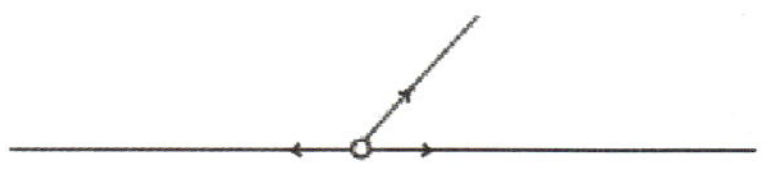

相关要素	输电线附属设施(杆塔架)
关系	连接
备注	

要素名称 配电线地下线

要素描述 地下的配电线路。

要素分类代码 510202

属性表

属性名称	属性描述	数据类型 字段要求	属性值域或示例	约束/条件	备注
代码	要素分类代码及第七位的图形代码	长整型 10	5102022	M	
电压值	配电线电压值(kV)	浮点型 6.2	“6.6”	C	
数据源	数据来源类型	字符型 10		C	
更新日期	数据更新日期	日期型		C	

几何表示

几何特征	图形代码	表示方法	属性
线	2	中心线	代码、电压值、数据源、更新日期

几何表示示例	制图表示示例

相关要素	配电线入地口
关系	连接
备注	

要素名称 配电线入地口
要素描述 配电线入地口位置。
要素分类代码 510203

属性表

属性名称	属性描述	数据类型 字段要求	属性值域或示例	约束/条件	备注
代码	要素分类代码及第七位的图形代码	长整型 10	5102031	M	
数据源	数据来源类型	字符型 10		C	
更新日期	数据更新日期	日期型		C	

几何表示

几何特征	图形代码	表示方法	属性
点	1	定位点	代码、数据源、更新日期

几何表示示例	制图表示示例

相关要素	配电线入地口
关系	连接
备注	

要素名称 电杆

要素描述 支撑电线的立杆。

要素分类代码 510301

属性表

属性名称	属性描述	数据类型 字段要求	属性值域或示例	约束/条件	备注
代码	要素分类代码及第七位的图形代码	长整型 10	5103011	M	
数据源	数据来源类型	字符型 10		C	
更新日期	数据更新日期	日期型		C	

几何表示

几何特征	图形代码	表示方法	属性
点	1	定位点	代码、数据源、更新日期

几何表示示例	制图表示示例

相关要素	
关系	
备注	

要素名称 电线架

要素描述 由两根立杆组成、支撑电线的支架。

要素分类代码 510302

属性表

属性名称	属性描述	数据类型字段要求	属性值域或示例	约束/条件	备注
代码	要素分类代码及第七位的图形代码	长整型 10	5103022	M	
数据源	数据来源类型	字符型 10		C	
更新日期	数据更新日期	日期型		C	

几何表示

几何特征	图形代码	表示方法	属性
线	2	中心线	代码、数据源、更新日期

几何表示示例	制图表示示例
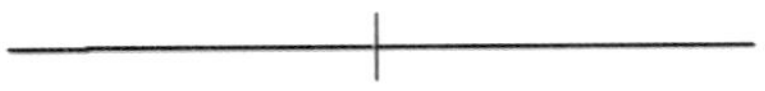	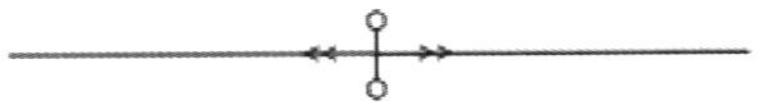

相关要素	高压输电线—架空线
关系	连接
备注	

要素名称　电线塔(铁塔)
要素描述　由钢架结构组成、支撑电线的塔架。
要素分类代码　510303

属性表

属性名称	属性描述	数据类型 字段要求	属性值域或示例	约束/条件	备注
代码	要素分类代码及第七位的图形代码	长整型 10	5103031/5103033	M	
数据源	数据来源类型	字符型 10		C	
更新日期	数据更新日期	日期型		C	

几何表示

几何特征	图形代码	表示方法	属性
点	1	定位点	代码、数据源、更新日期
面	3	轮廓线构成的面	代码、数据源、更新日期

几何表示示例	制图表示示例
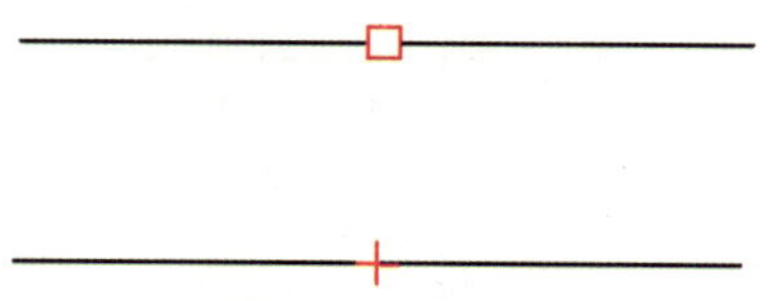	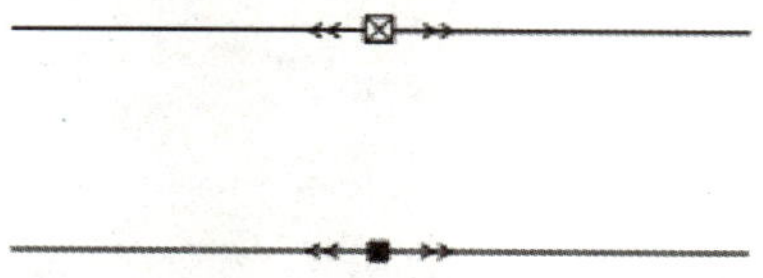

相关要素	高压输电线—架空线
关系	连接
备注	

要素名称 输电线电缆标
要素描述 指示地下电力线的地面标志。
要素分类代码 510304

属性表

属性名称	属性描述	数据类型字段要求	属性值域或示例	约束/条件	备注
代码	要素分类代码及第七位的图形代码	长整型 10	5103041	M	
数据源	数据来源类型	字符型 10		C	
更新日期	数据更新日期	日期型		C	

几何表示

几何特征	图形代码	表示方法	属性
点	1	定位点	代码、数据源、更新日期

几何表示示例	制图表示示例

相关要素	高压输电线—架空线
关系	连接
备注	

要素名称 输电线检修井孔

要素描述 进入地下检修电力线的出入口。

要素分类代码 510305

属性表

属性名称	属性描述	数据类型 字段要求	属性值域或示例	约束/条件	备注
代码	要素分类代码及第七位的图形代码	长整型 10	5103051	M	
数据源	数据来源类型	字符型 10		C	
更新日期	数据更新日期	日期型		C	

几何表示

几何特征	图形代码	表示方法	属性
点	1	定位点	代码、数据源、更新日期

几何表示示例	制图表示示例

相关要素	
关系	
备注	

要素名称　变电站(所)
要素描述　改变电压和控制电能输送与分配的场所。
要素分类代码　510401

属性表

属性名称	属性描述	数据类型 字段要求	属性值域或示例	约束/条件	备注
代码	要素分类代码及第七位的图形代码	长整型 10	5104011	M	
名称	变电站(所)名称	字符型 60		C	
数据源	数据来源类型	字符型 10		C	
更新日期	数据更新日期	日期型		C	

几何表示

几何特征	图形代码	表示方法	属性
点	1	定位点	代码、名称、数据源、更新日期

几何表示示例	制图表示示例
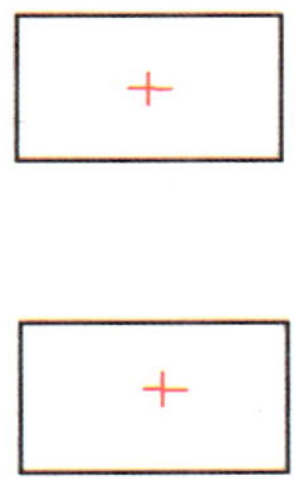	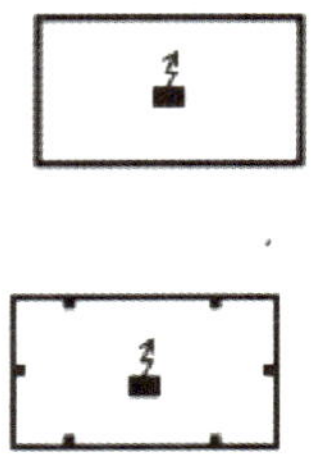

相关要素	高压输电线
关系	连接
备注	

要素名称 变压器

要素描述 露天的，安装在电线杆、架上的小型变压器。

要素分类代码 510402

属性表

属性名称	属性描述	数据类型 字段要求	属性值域或示例	约束/条件	备注
代码	要素分类代码及第七位的图形代码	长整型 10	5104021	M	
数据源	数据来源类型	字符型 10		C	
更新日期	数据更新日期	日期型		C	

几何表示

几何特征	图形代码	表示方法	属性
点	1	定位点	代码、数据源、更新日期

几何表示示例	制图表示示例
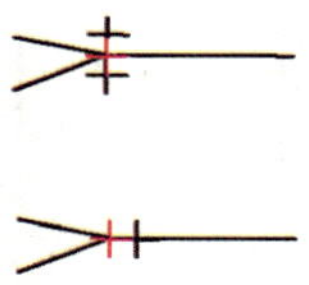	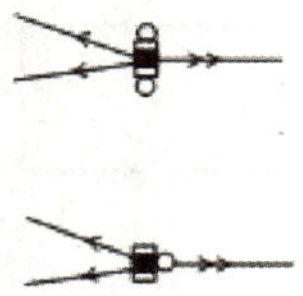

相关要素	高压输电线—架空线
关系	连接
备注	

要素名称 陆地通信线—地上
要素描述 地面上供通信用的电缆、光缆线路。
要素分类代码 520101

属性表

属性名称	属性描述	数据类型 字段要求	属性值域或示例	约束/条件	备注
代码	要素分类代码及第七位的图形代码	长整型 10	5201012	M	
类型	陆地通信线类型	字符型 6	光缆/电缆	C	
数据源	数据来源类型	字符型 10		C	
更新日期	数据更新日期	日期型		C	

几何表示

几何特征	图形代码	表示方法	属性
线	2	中心线	代码、类型、数据源、更新日期

几何表示示例	制图表示示例

相关要素	陆地通信线入地口
关系	连接
备注	

要素名称 陆地通信线—地下

要素描述 地面下供通信用的电缆、光缆线路。

要素分类代码 520102

属性表

属性名称	属性描述	数据类型 字段要求	属性值域或示例	约束/条件	备注
代码	要素分类代码及第七位的图形代码	长整型 10	5201022	M	
数据源	数据来源类型	字符型 10		C	
更新日期	数据更新日期	日期型		C	

几何表示

几何特征	图形代码	表示方法	属性
线	2	中心线	代码、数据源、更新日期

几何表示示例	制图表示示例

相关要素	陆地通信线入地口
关系	连接
备注	

要素名称 陆地通信线入地口

要素描述 陆地通信线的入地口位置。

要素分类代码 520103

属性表

属性名称	属性描述	数据类型 字段要求	属性值域或示例	约束/条件	备注
代码	要素分类代码及第七位的图形代码	长整型 10	5201031	M	
数据源	数据来源类型	字符型 10		C	
更新日期	数据更新日期	日期型		C	

几何表示

几何特征	图形代码	表示方法	属性
点	1	定位点	代码、数据源、更新日期

几何表示示例	制图表示示例

相关要素	陆地通信线—地上、陆地通信线—地下
关系	连接
备注	

要素名称 陆地通信线电缆标

要素描述 指示地下通信线的地面标志。

要素分类代码 520104

属性表

属性名称	属性描述	数据类型 字段要求	属性值域或示例	约束/条件	备注
代码	要素分类代码及第七位的图形代码	长整型 10	5201041	M	
数据源	数据来源类型	字符型 10		C	
更新日期	数据更新日期	日期型		C	

几何表示

几何特征	图形代码	表示方法	属性
点	1	定位点	代码、数据源、更新日期

几何表示示例	制图表示示例

相关要素	陆地通信线—地上
关系	连接
备注	

要素名称 陆地通信线检修井孔
要素描述 进入地下检修通信线的出入口。
要素分类代码 520105

属性表

属性名称	属性描述	数据类型 字段要求	属性值域或示例	约束/条件	备注
代码	要素分类代码及第七位的图形代码	长整型 10	5201051	M	
类型	陆地通信线检修井孔的类型	字符型 10	电信人孔/电信手孔	M	
数据源	数据来源类型	字符型 10		C	
更新日期	数据更新日期	日期型		C	

几何表示

几何特征	图形代码	表示方法	属性
点	1	定位点	代码、类型、数据源、更新日期

几何表示示例	制图表示示例

相关要素	
关系	
备注	

要素名称　油管道—地上管道
要素描述　地面上长途输送石油的主管道。
要素分类代码　530101

属性表

属性名称	属性描述	数据类型 字段要求	属性值域或示例	约束/条件	备注
代码	要素分类代码及第七位的图形代码	长整型 10	5301012	M	
数据源	数据来源类型	字符型 10		C	
更新日期	数据更新日期	日期型		C	

几何表示

几何特征	图形代码	表示方法	属性
线	2	有向线	代码、数据源、更新日期

几何表示示例	制图表示示例

相关要素	油管道—架空管道、油管道出入口
关系	连接
备注	

要素名称 油管道—地下管道

要素描述 地面下长途输送石油的主管道。

要素分类代码 530102

属性表

属性名称	属性描述	数据类型 字段要求	属性值域或示例	约束/条件	备注
代码	要素分类代码及第七位的图形代码	长整型 10	5301022	M	
数据源	数据来源类型	字符型 10		C	
更新日期	数据更新日期	日期型		C	

几何表示

几何特征	图形代码	表示方法	属性
线	2	有向线	代码、数据源、更新日期

几何表示示例	制图表示示例
	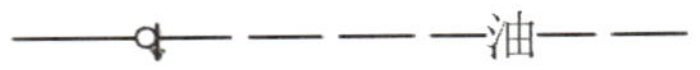

相关要素	油管道出入口
关系	连接
备注	

要素名称　油管道出入口
要素描述　油管道进地口、出地口位置。
要素分类代码　530103

属性表

属性名称	属性描述	数据类型字段要求	属性值域或示例	约束/条件	备注
代码	要素分类代码及第七位的图形代码	长整型 10	5301031	M	
数据源	数据来源类型	字符型 10		C	
更新日期	数据更新日期	日期型		C	

几何表示

几何特征	图形代码	表示方法	属性
点	1	定位点	代码、数据源、更新日期

几何表示示例	制图表示示例

相关要素	油管道—地上管道、油管道—地下管道
关系	连接
备注	

要素名称 油管道—架空管道
要素描述 架空的石油管道。
要素分类代码 530104

属性表

属性名称	属性描述	数据类型 字段要求	属性值域或示例	约束/条件	备注
代码	要素分类代码及第七位的图形代码	长整型 10	5301042	M	
数据源	数据来源类型	字符型 10		C	
更新日期	数据更新日期	日期型		C	

几何表示

几何特征	图形代码	表示方法	属性
线	2	有向线/中心线	代码、数据源、更新日期

几何表示示例	制图表示示例
	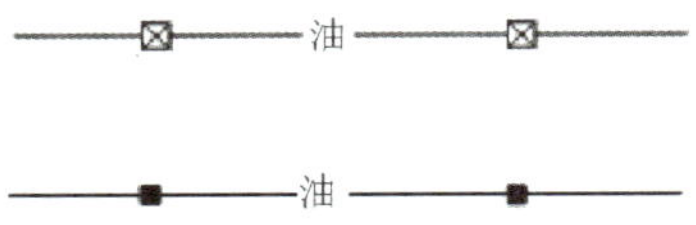

相关要素	油管道—地上管道、油管道出入口
关系	连接
备注	

要素名称 天然气主管道—地上管道

要素描述 地面上长途输送天然气的主管道。

要素分类代码 530201

属性表

属性名称	属性描述	数据类型 字段要求	属性值域或示例	约束/条件	备注
代码	要素分类代码及第七位的图形代码	长整型 10	5302012	M	
数据源	数据来源类型	字符型 10		C	
更新日期	数据更新日期	日期型		C	

几何表示

几何特征	图形代码	表示方法	属性
线	2	中心线	代码、数据源、更新日期

几何表示示例	制图表示示例
	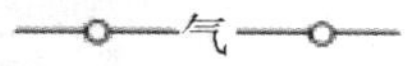

相关要素	天然气主管道出入口、天然气主管道—架空管道
关系	连接
备注	

要素名称 天然气主管道—地下管道
要素描述 地面下长途输送天然气的主管道。
要素分类代码 530202

属性表

属性名称	属性描述	数据类型 字段要求	属性值域或示例	约束/条件	备注
代码	要素分类代码及第七位的图形代码	长整型 10	5302022	M	
数据源	数据来源类型	字符型 10		C	
更新日期	数据更新日期	日期型		C	

几何表示

几何特征	图形代码	表示方法	属性
线	2	中心线	代码、数据源、更新日期

几何表示示例	制图表示示例

相关要素	天然气主管道出入口
关系	连接
备注	

要素名称 天然气主管道出入口

要素描述 天然气主管道进地口、出地口位置。

要素分类代码 530203

属性表

属性名称	属性描述	数据类型 字段要求	属性值域或示例	约束/条件	备注
代码	要素分类代码及第七位的图形代码	长整型 10	5302031	M	
数据源	数据来源类型	字符型 10		C	
更新日期	数据更新日期	日期型		C	

几何表示

几何特征	图形代码	表示方法	属性
点	1	定位点	代码、数据源、更新日期

几何表示示例	制图表示示例

相关要素	天然气主管道—架空管道、天然气主管道—地上管道、天然气主管道—地下管道
关系	连接
备注	

要素名称 天然气主管道—架空管道
要素描述 架空的天然气管道。
要素分类代码 530204

属性表

属性名称	属性描述	数据类型字段要求	属性值域或示例	约束/条件	备注
代码	要素分类代码及第七位的图形代码	长整型 10	5302042	M	
名称	管道线路名称	字符型 60		C	
数据源	数据来源类型	字符型 10		C	
更新日期	数据更新日期	日期型		C	

几何表示

几何特征	图形代码	表示方法	属性
线	2	中心线	代码、名称、数据源、更新日期

几何表示示例	制图表示示例
	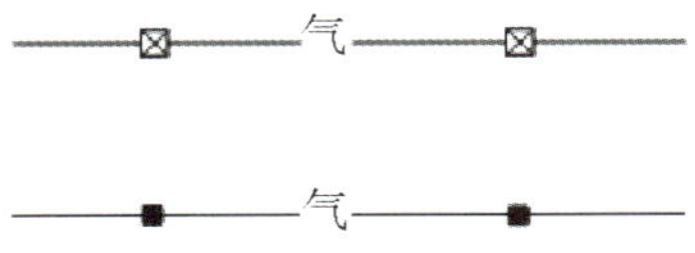

相关要素	天然气主管道出入口、天然气主管道—地上管道
关系	连接
备注	

要素名称 水主管道—地上管道
要素描述 地面上长途输送水的主管道。
要素分类代码 530301

属性表

属性名称	属性描述	数据类型 字段要求	属性值域或示例	约束/条件	备注
代码	要素分类代码及第七位的图形代码	长整型 10	5303012	M	
数据源	数据来源类型	字符型 10		C	
更新日期	数据更新日期	日期型		C	

几何表示

几何特征	图形代码	表示方法	属性
线	2	中心线	代码、数据源、更新日期

几何表示示例	制图表示示例
	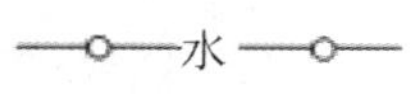

相关要素	水主管道出入口、水主管道—架空管道
关系	连接
备注	

要素名称　水主管道—地下管道

要素描述　地面下长途输送水的主管道。

要素分类代码　530302

属性表

属性名称	属性描述	数据类型 字段要求	属性值域或示例	约束/条件	备注
代码	要素分类代码及第七位的图形代码	长整型 10	5303022	M	
数据源	数据来源类型	字符型 10		C	
更新日期	数据更新日期	日期型		C	

几何表示

几何特征	图形代码	表示方法	属性
线	2	中心线	代码、数据源、更新日期

几何表示示例	制图表示示例

相关要素	水主管道出入口
关系	连接
备注	

要素名称 水主管道出入口

要素描述 水主管道进地口、出地口位置。

要素分类代码 530303

属性表

属性名称	属性描述	数据类型 字段要求	属性值域或示例	约束/条件	备注
代码	要素分类代码及第七位的图形代码	长整型 10	5303031	M	
数据源	数据来源类型	字符型 10		C	
更新日期	数据更新日期	日期型		C	

几何表示

几何特征	图形代码	表示方法	属性
点	1	定位点	代码、数据源、更新日期

几何表示示例	制图表示示例

相关要素	水主管道—架空管道、水主管道—地上管道、水主管道—地下管道
关系	连接
备注	

要素名称 水主管道—架空管道
要素描述 架空的水管道。
要素分类代码 530304

属性表

属性名称	属性描述	数据类型 字段要求	属性值域或示例	约束/条件	备注
代码	要素分类代码及第七位的图形代码	长整型 10	5303042	M	
名称	管道线路名称	字符型 60		C	
数据源	数据来源类型	字符型 10		C	
更新日期	数据更新日期	日期型		C	

几何表示

几何特征	图形代码	表示方法	属性
线	2	中心线	代码、名称、数据源、更新日期

几何表示示例	制图表示示例
	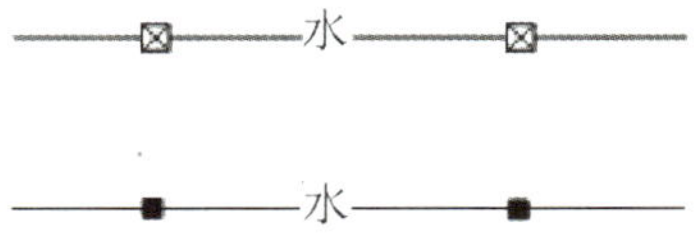

相关要素	水主管道进出口、水主管道—地上管道
关系	连接
备注	

要素名称 不明管线

要素描述 用途不明的管线。

要素分类代码 540100

属性表

属性名称	属性描述	数据类型 字段要求	属性值域或示例	约束/条件	备注
代码	要素分类代码及第七位的图形代码	长整型 10	5401002	M	
名称	不明管线名称	字符型 60		C	
数据源	数据来源类型	字符型 10		C	
更新日期	数据更新日期	日期型		C	

几何表示

几何特征	图形代码	表示方法	属性
线	2	中心线	代码、名称、数据源、更新日期

几何表示示例	制图表示示例
	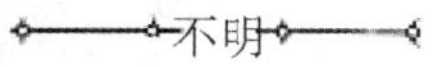

相关要素	
关系	
备注	

要素名称 电力线

要素描述 输送电力资源的线路。

要素分类代码 541000

属性表

属性名称	属性描述	数据类型 字段要求	属性值域或示例	约束/条件	备注
代码	要素分类代码及第七位的图形代码	长整型 10	5410002	M	
名称	电力线名称	字符型 60		C	
电压	电力线电压值(V)	整型 6		C	
数据源	数据来源类型	字符型 10		C	
更新日期	数据更新日期	日期型		C	

几何表示

几何特征	图形代码	表示方法	属性
线	2	中心线	代码、名称、电压、数据源、更新日期

几何表示示例	制图表示示例
	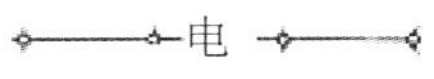

相关要素	
关系	
备注	

要素名称 给水管线—地上管线
要素描述 地面上运输水的管线。
要素分类代码 543001

属性表

属性名称	属性描述	数据类型 字段要求	属性值域或示例	约束/条件	备注
代码	要素分类代码及第七位的图形代码	长整型 10	5430012	M	
名称	地上给水管线名称	字符型 60		C	
数据源	数据来源类型	字符型 10		C	
更新日期	数据更新日期	日期型		C	

几何表示

几何特征	图形代码	表示方法	属性
线	2	中心线	代码、名称、数据源、更新日期

几何表示示例	制图表示示例
	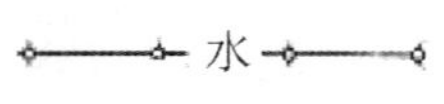

相关要素	
关系	
备注	

要素名称 给水管线—地下管线出入口

要素描述 地面下输水管线的出入口。

要素分类代码 543002

属性表

属性名称	属性描述	数据类型 字段要求	属性值域或示例	约束/条件	备注
代码	要素分类代码及第七位的图形代码	长整型 10	5430021	M	
名称	地下给水管线出入口名称	字符型 60		C	
方向	与正东方向逆时针形成的夹角(°)	浮点型 4.8	0～360	M	
数据源	数据来源类型	字符型 10		C	
更新日期	数据更新日期	日期型		C	

几何表示

几何特征	图形代码	表示方法	属性
点	1	有向点	代码、名称、方向、数据源、更新日期

几何表示示例	制图表示示例
	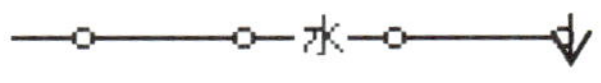

相关要素	给水管线—地下管线
关系	连接
备注	

要素名称 给水管线—架空管道

要素描述 架空的输水管线。

要素分类代码 543003

属性表

属性名称	属性描述	数据类型 字段要求	属性值域或示例	约束/条件	备注
代码	要素分类代码及第七位的图形代码	长整型 10	5430032	M	
名称	架空给水管线名称	字符型 60		C	
数据源	数据来源类型	字符型 10		C	
更新日期	数据更新日期	日期型		C	

几何表示

几何特征	图形代码	表示方法	属性
线	2	中心线	代码、名称、数据源、更新日期

几何表示示例	制图表示示例
	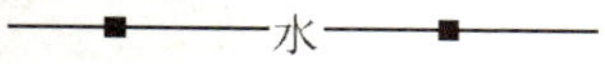

相关要素	给水管线墩架
关系	包含
备注	

要素名称 给水管线墩架
要素描述 架空输水管线的支撑墩架。
要素分类代码 543004

属性表

属性名称	属性描述	数据类型 字段要求	属性值域或示例	约束/条件	备注
代码	要素分类代码及第七位的图形代码	长整型 10	5430041	M	
名称	给水管线墩架名称	字符型 60		C	
方向	与正东方向逆时针形成的夹角(°)	浮点型 4.8	0～360	M	
数据源	数据来源类型	字符型 10		C	
更新日期	数据更新日期	日期型		C	

几何表示

几何特征	图形代码	表示方法	属性
点	1	有向点	代码、名称、方向、数据源、更新日期

几何表示示例	制图表示示例
	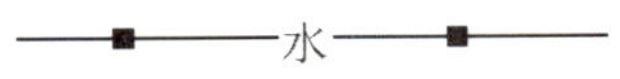

相关要素	
关系	
备注	

要素名称 给水管线检修井

要素描述 地面上用于检查、维修给水管道的井。

要素分类代码 543005

属性表

属性名称	属性描述	数据类型 字段要求	属性值域或示例	约束/条件	备注
代码	要素分类代码及第七位的图形代码	长整型 10	5430051	M	
名称	给水管线检修井名称	字符型 60		C	
数据源	数据来源类型	字符型 10		C	
更新日期	数据更新日期	日期型		C	

几何表示

几何特征	图形代码	表示方法	属性
点	1	定位点	代码、名称、数据源、更新日期

几何表示示例	制图表示示例

相关要素	
关系	
备注	

要素名称　水龙头

要素描述　室外饮水、供水的出水口的控制开关。

要素分类代码　543006

属性表

属性名称	属性描述	数据类型 字段要求	属性值域或示例	约束/条件	备注
代码	要素分类代码及第七位的图形代码	长整型 10	5430061	M	
名称	水龙头名称	字符型 60		C	
数据源	数据来源类型	字符型 10		C	
更新日期	数据更新日期	日期型		C	

几何表示

几何特征	图形代码	表示方法	属性
点	1	定位点	代码、名称、数据源、更新日期

几何表示示例	制图表示示例
+	

相关要素	
关系	
备注	

要素名称　消火栓
要素描述　室外地上或地下的消防用水接口。
要素分类代码　543007

属性表

属性名称	属性描述	数据类型 字段要求	属性值域或示例	约束/条件	备注
代码	要素分类代码及第七位的图形代码	长整型 10	5430071	M	
名称	消火栓名称	字符型 60		C	
数据源	数据来源类型	字符型 10		C	
更新日期	数据更新日期	日期型		C	

几何表示

几何特征	图形代码	表示方法	属性
点	1	定位点	代码、名称、数据源、更新日期

几何表示示例	制图表示示例

相关要素	
关系	
备注	

要素名称 雨水管线检修井

要素描述 地面上用于检查、维修雨水管道的井。

要素分类代码 544101

属性表

属性名称	属性描述	数据类型 字段要求	属性值域或示例	约束/条件	备注
代码	要素分类代码及第七位的图形代码	长整型 10	5441011	M	
名称	雨水管线检修井名称	字符型 60		C	
数据源	数据来源类型	字符型 10		C	
更新日期	数据更新日期	日期型		C	

几何表示

几何特征	图形代码	表示方法	属性
点	1	定位点	代码、名称、数据源、更新日期

几何表示示例	制图表示示例

相关要素	
关系	
备注	

要素名称　雨水箅子

要素描述　城市街道及内部道路旁起箅滤作用的过滤网。

要素分类代码　544102

属性表

属性名称	属性描述	数据类型 字段要求	属性值域或示例	约束/条件	备注
代码	要素分类代码及第七位的图形代码	长整型 10	5441021	M	
名称	雨水箅子名称	字符型 60		C	
形状	雨水箅子形状	字符型 2	圆/方	M	
方向	与正东方向逆时针形成的夹角(°)	浮点型 4.8	0～360	M	
数据源	数据来源类型	字符型 10		C	
更新日期	数据更新日期	日期型		C	

几何表示

几何特征	图形代码	表示方法	属性
点	1	有向点	代码、名称、形状、方向、数据源、更新日期

几何表示示例	制图表示示例
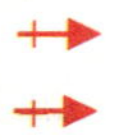	

相关要素	
关系	
备注	

要素名称 污水管线检查井

要素描述 检查污水管道的井。

要素分类代码 544201

属性表

属性名称	属性描述	数据类型 字段要求	属性值域或示例	约束/条件	备注
代码	要素分类代码及第七位的图形代码	长整型 10	5442011	M	
名称	污水管线检查井名称	字符型 60		C	
数据源	数据来源类型	字符型 10		C	
更新日期	数据更新日期	日期型		C	

几何表示

几何特征	图形代码	表示方法	属性
点	1	定位点	代码、名称、数据源、更新日期

几何表示示例	制图表示示例

相关要素	
关系	
备注	

要素名称 合流管线检查井

要素描述 检查合流管道的井。

要素分类代码 544301

属性表

属性名称	属性描述	数据类型 字段要求	属性值域或示例	约束/条件	备注
代码	要素分类代码及第七位的图形代码	长整型 10	5443011	M	
名称	合流管线检查井名称	字符型 60		C	
数据源	数据来源类型	字符型 10		C	
更新日期	数据更新日期	日期型		C	

几何表示

几何特征	图形代码	表示方法	属性
点	1	定位点	代码、名称、数据源、更新日期

几何表示示例	制图表示示例

相关要素	
关系	
备注	

要素名称　煤气管线—地上管线
要素描述　地面上用于输送煤气的管线。
要素分类代码　545101

属性表

属性名称	属性描述	数据类型 字段要求	属性值域或示例	约束/条件	备注
代码	要素分类代码及第七位的图形代码	长整型 10	5451012	M	
名称	地上煤气管线名称	字符型 60		C	
数据源	数据来源类型	字符型 10		C	
更新日期	数据更新日期	日期型		C	

几何表示

几何特征	图形代码	表示方法	属性
线	2	中心线	代码、名称、数据源、更新日期

几何表示示例	制图表示示例
	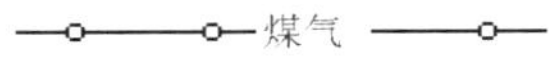

相关要素	
关系	
备注	

要素名称 煤气管线—地下管线出入口
要素描述 地面下输送煤气管线的出入口。
要素分类代码 545102

属性表

属性名称	属性描述	数据类型 字段要求	属性值域或示例	约束/条件	备注
代码	要素分类代码及第七位的图形代码	长整型 10	5451021	M	
名称	地下煤气管线出入口名称	字符型 60		C	
方向	与正东方向逆时针形成的夹角(°)	浮点型 4.8	0～360	M	
数据源	数据来源类型	字符型 10		C	
更新日期	数据更新日期	日期型		C	

几何表示

几何特征	图形代码	表示方法	属性
点	1	有向点	代码、名称、方向、数据源、更新日期

几何表示示例	制图表示示例
	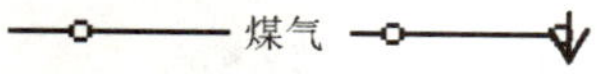

相关要素	煤气管线—地上管线
关系	连接
备注	

要素名称　煤气管线—架空管线

要素描述　架空的煤气管线。

要素分类代码　545103

属性表

属性名称	属性描述	数据类型 字段要求	属性值域或示例	约束/条件	备注
代码	要素分类代码及第七位的图形代码	长整型 10	5451032	M	
名称	架空煤气管线名称	字符型 60		C	
数据源	数据来源类型	字符型 10		C	
更新日期	数据更新日期	日期型		C	

几何表示

几何特征	图形代码	表示方法	属性
线	2	中心线	代码、名称、数据源、更新日期

几何表示示例	制图表示示例

相关要素	煤气管线墩架
关系	包含
备注	

要素名称　煤气管线墩架
要素描述　架空煤气管线的支撑墩架。
要素分类代码　545104

属性表

属性名称	属性描述	数据类型 字段要求	属性值域或示例	约束/条件	备注
代码	要素分类代码及第七位的图形代码	长整型 10	5451041	M	
名称	煤气管线墩架名称	字符型 60		C	
方向	与正东方向逆时针形成的夹角(°)	浮点型 4.8	0～360	M	
数据源	数据来源类型	字符型 10		C	
更新日期	数据更新日期	日期型		C	

几何表示

几何特征	图形代码	表示方法	属性
点	1	有向点	代码、名称、方向、数据源、更新日期

几何表示示例	制图表示示例

相关要素	
关系	
备注	

要素名称 煤气管线检修井

要素描述 地面上用于检查、维修煤气管道的井。

要素分类代码 545105

属性表

属性名称	属性描述	数据类型字段要求	属性值域或示例	约束/条件	备注
代码	要素分类代码及第七位的图形代码	长整型 10	5451051	M	
名称	煤气管线检修井名称	字符型 60		C	
数据源	数据来源类型	字符型 10		C	
更新日期	数据更新日期	日期型		C	

几何表示

几何特征	图形代码	表示方法	属性
点	1	定位点	代码、名称、数据源、更新日期

几何表示示例	制图表示示例

相关要素	
关系	
备注	

要素名称 天然气管线—地上管线

要素描述 地面上用于输送天然气的管线。

要素分类代码 545201

属性表

属性名称	属性描述	数据类型字段要求	属性值域或示例	约束/条件	备注
代码	要素分类代码及第七位的图形代码	长整型 10	5452012	M	
名称	地上天然气管线名称	字符型 60		C	
数据源	数据来源类型	字符型 10		C	
更新日期	数据更新日期	日期型		C	

几何表示

几何特征	图形代码	表示方法	属性
线	2	中心线	代码、名称、数据源、更新日期

几何表示示例	制图表示示例

相关要素	天然气管线—地下管线出入口
关系	连接
备注	

要素名称 天然气管线—地下管线出入口

要素描述 地面下输送天然气管线的出入口。

要素分类代码 545202

属性表

属性名称	属性描述	数据类型字段要求	属性值域或示例	约束/条件	备注
代码	要素分类代码及第七位的图形代码	长整型 10	5452021	M	
名称	地下天然气管线出入口名称	字符型 60		C	
方向	与正东方向逆时针形成的夹角(°)	浮点型 4.8	0～360	M	
数据源	数据来源类型	字符型 10		C	
更新日期	数据更新日期	日期型		C	

几何表示

几何特征	图形代码	表示方法	属性
点	1	有向点	代码、名称、方向、数据源、更新日期

几何表示示例	制图表示示例

相关要素	天然气管线—地上管线
关系	连接
备注	

要素名称　天然气管线—架空管线
要素描述　架空的天然气管线。
要素分类代码　545203

属性表

属性名称	属性描述	数据类型 字段要求	属性值域或示例	约束/条件	备注
代码	要素分类代码及第七位的图形代码	长整型 10	5452032	M	
名称	架空天然气管线名称	字符型 60		C	
数据源	数据来源类型	字符型 10		C	
更新日期	数据更新日期	日期型		C	

几何表示

几何特征	图形代码	表示方法	属性
线	2	中心线	代码、名称、数据源、更新日期

几何表示示例	制图表示示例

相关要素	天然气管线墩架
关系	包含
备注	

要素名称 天然气管线—墩架

要素描述 架空天然气管线的支撑墩架。

要素分类代码 545204

属性表

属性名称	属性描述	数据类型 字段要求	属性值域或示例	约束/条件	备注
代码	要素分类代码及第七位的图形代码	长整型 10	5452041	M	
名称	天然气管线墩架名称	字符型 60		C	
方向	与正东方向逆时针形成的夹角(°)	浮点型 4.8	0～360	M	
数据源	数据来源类型	字符型 10		C	
更新日期	数据更新日期	日期型		C	

几何表示

几何特征	图形代码	表示方法	属性
点	1	有向点	代码、名称、方向、数据源、更新日期

相关要素	
关系	
备注	

要素名称　天然气管线检修井
要素描述　地面上用于检查、维修天然气管道的井。
要素分类代码　545205

属性表

属性名称	属性描述	数据类型 字段要求	属性值域或示例	约束/条件	备注
代码	要素分类代码及第七位的图形代码	长整型 10	5452051	M	
名称	天然气管线检修井名称	字符型 60		C	
数据源	数据来源类型	字符型 10		C	
更新日期	数据更新日期	日期型		C	

几何表示

几何特征	图形代码	表示方法	属性
点	1	定位点	代码、名称、数据源、更新日期

几何表示示例	制图表示示例

相关要素	
关系	
备注	

要素名称 液化气管线—地上管线
要素描述 地面上用于输送液化气的管线。
要素分类代码 545301

属性表

属性名称	属性描述	数据类型 字段要求	属性值域或示例	约束/条件	备注
代码	要素分类代码及第七位的图形代码	长整型 10	5453012	M	
名称	地上液化气管线名称	字符型 60		C	
数据源	数据来源类型	字符型 10		C	
更新日期	数据更新日期	日期型		C	

几何表示

几何特征	图形代码	表示方法	属性
线	2	中心线	代码、名称、数据源、更新日期

几何表示示例	制图表示示例
	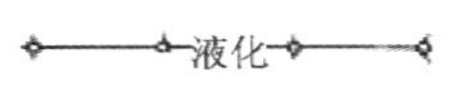

相关要素	地下液化气管线出入口
关系	连接
备注	

要素名称 液化气管线—地下管线出入口
要素描述 地面下输送液化气管线的出入口。
要素分类代码 545302

属性表

属性名称	属性描述	数据类型 字段要求	属性值域或示例	约束/条件	备注
代码	要素分类代码及第七位的图形代码	长整型 10	5453021	M	
名称	地下液化气管线出入口名称	字符型 60		C	
方向	与正东方向逆时针形成的夹角(°)	浮点型 4.8	0～360	M	
数据源	数据来源类型	字符型 10		C	
更新日期	数据更新日期	日期型		C	

几何表示

几何特征	图形代码	表示方法	属性
点	1	有向点	代码、名称、方向、数据源、更新日期

几何表示示例	制图表示示例
	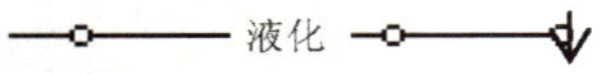

相关要素	液化气管线—地上管线
关系	连接
备注	

要素名称 液化气管线—架空管线
要素描述 架空的液化气管线。
要素分类代码 545303

属性表

属性名称	属性描述	数据类型字段要求	属性值域或示例	约束/条件	备注
代码	要素分类代码及第七位的图形代码	长整型 10	5453032	M	
名称	架空液化气管线名称	字符型 60		C	
数据源	数据来源类型	字符型 10		C	
更新日期	数据更新日期	日期型		C	

几何表示

几何特征	图形代码	表示方法	属性
线	2	中心线	代码、名称、数据源、更新日期

几何表示示例	制图表示示例
	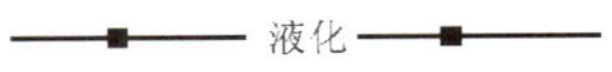

相关要素	架空液化气管线墩架
关系	包含
备注	

要素名称 液化气管线墩架
要素描述 架空液化气管线的支撑墩架。
要素分类代码 545304

属性表

属性名称	属性描述	数据类型 字段要求	属性值域或示例	约束/条件	备注
代码	要素分类代码及第七位的图形代码	长整型 10	5453041	M	
名称	液化气管线墩架名称	字符型 60		C	
方向	与正东方向逆时针形成的夹角(°)	浮点型 4.8	0～360	M	
数据源	数据来源类型	字符型 10		C	
更新日期	数据更新日期	日期型		C	

几何表示

几何特征	图形代码	表示方法	属性
点	1	有向点	代码、名称、方向、数据源、更新日期

几何表示示例	制图表示示例
	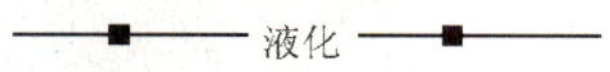

相关要素	
关系	
备注	

要素名称 液化气管线检修井

要素描述 地面上用于检查、维修液化气管道的井。

要素分类代码 545305

属性表

属性名称	属性描述	数据类型 字段要求	属性值域或示例	约束/条件	备注
代码	要素分类代码及第七位的图形代码	长整型 10	5453051	M	
名称	液化气管线检修井名称	字符型 60		C	
数据源	数据来源类型	字符型 10		C	
更新日期	数据更新日期	日期型		C	

几何表示

几何特征	图形代码	表示方法	属性
点	1	定位点	代码、名称、数据源、更新日期

几何表示示例	制图表示示例
+	

相关要素	
关系	
备注	

要素名称 热力管线—地上管线
要素描述 地面上用于提供热力的管线。
要素分类代码 546001

属性表

属性名称	属性描述	数据类型 字段要求	属性值域或示例	约束/条件	备注
代码	要素分类代码及第七位的图形代码	长整型 10	5460012	M	
名称	地上热力管线名称	字符型 60		C	
数据源	数据来源类型	字符型 10		C	
更新日期	数据更新日期	日期型		C	

几何表示

几何特征	图形代码	表示方法	属性
线	2	中心线	代码、名称、数据源、更新日期

几何表示示例	制图表示示例
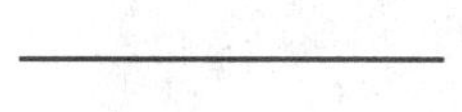	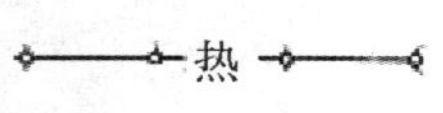

相关要素	地下热力管线出入口
关系	连接
备注	

要素名称 热力管线—地下管线出入口
要素描述 地面下输送热力管线的出入口。
要素分类代码 546002

属性表

属性名称	属性描述	数据类型字段要求	属性值域或示例	约束/条件	备注
代码	要素分类代码及第七位的图形代码	长整型 10	5460021	M	
名称	地下热力管线出入口名称	字符型 60		C	
方向	与正东方向逆时针形成的夹角(°)	浮点型 4.8	0～360	M	
数据源	数据来源类型	字符型 10		C	
更新日期	数据更新日期	日期型		C	

几何表示

几何特征	图形代码	表示方法	属性
点	1	有向点	代码、名称、方向、数据源、更新日期

几何表示示例	制图表示示例

相关要素	热力管线—地上管线
关系	连接
备注	

要素名称 热力管线—架空管线

要素描述 架空的热力管线。

要素分类代码 546003

属性表

属性名称	属性描述	数据类型 字段要求	属性值域或示例	约束/条件	备注
代码	要素分类代码及第七位的图形代码	长整型 10	5460032	M	
名称	架空热力管线名称	字符型 60		C	
数据源	数据来源类型	字符型 10		C	
更新日期	数据更新日期	日期型		C	

几何表示

几何特征	图形代码	表示方法	属性
线	2	中心线	代码、名称、数据源、更新日期

几何表示示例	制图表示示例
	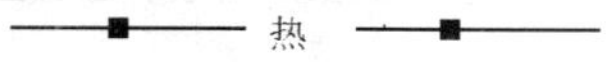

相关要素	架空热力管线墩架
关系	包含
备注	

要素名称 热力管线墩架
要素描述 架空热力管线的支撑墩架。
要素分类代码 546004

属性表

属性名称	属性描述	数据类型 字段要求	属性值域或示例	约束/条件	备注
代码	要素分类代码及第七位的图形代码	长整型 10	5460041	M	
名称	热力管线墩架名称	字符型 60		C	
方向	与正东方向逆时针形成的夹角(°)	浮点型 4.8	0～360	M	
数据源	数据来源类型	字符型 10		C	
更新日期	数据更新日期	日期型		C	

几何表示

几何特征	图形代码	表示方法	属性
点	1	有向点	代码、名称、方向、数据源、更新日期

几何表示示例	制图表示示例

相关要素	
关系	
备注	

要素名称 热力管线检修井

要素描述 地面上用于检查、维修热力管道的井。

要素分类代码 546005

属性表

属性名称	属性描述	数据类型 字段要求	属性值域或示例	约束/条件	备注
代码	要素分类代码及第七位的图形代码	长整型 10	5460051	M	
名称	热力管线检修井名称	字符型 60		C	
数据源	数据来源类型	字符型 10		C	
更新日期	数据更新日期	日期型		C	

几何表示

几何特征	图形代码	表示方法	属性
点	1	定位点	代码、名称、数据源、更新日期

几何表示示例	制图表示示例

相关要素	
关系	
备注	

要素名称 工业管线—地上管线

要素描述 地面上用于工业的管线。

要素分类代码 547001

属性表

属性名称	属性描述	数据类型字段要求	属性值域或示例	约束/条件	备注
代码	要素分类代码及第七位的图形代码	长整型 10	5470012	M	
名称	地上工业管线名称	字符型 60		C	
类型	地上工业管线类型	字符型 4	氧/氢/乙炔/石油/排渣	M	
数据源	数据来源类型	字符型 10		C	
更新日期	数据更新日期	日期型		C	

几何表示

几何特征	图形代码	表示方法	属性
线	2	中心线	代码、名称、类型、数据源、更新日期

几何表示示例	制图表示示例

相关要素	地下工业管线出入口
关系	连接
备注	

要素名称 工业管线—地下管线出入口

要素描述 地面下用于工业的管线出入口。

要素分类代码 547002

属性表

属性名称	属性描述	数据类型字段要求	属性值域或示例	约束/条件	备注
代码	要素分类代码及第七位的图形代码	长整型 10	5470021	M	
名称	地下工业管线出入口名称	字符型 60		C	
方向	与正东方向逆时针形成的夹角(°)	浮点型 4.8	0～360	M	
数据源	数据来源类型	字符型 10		C	
更新日期	数据更新日期	日期型		C	

几何表示

几何特征	图形代码	表示方法	属性
点	1	有向点	代码、名称、方向、数据源、更新日期

几何表示示例	制图表示示例

相关要素	管线
关系	连接
备注	

要素名称 工业管线—架空管线
要素描述 架空的工业管线。
要素分类代码 547003

属性表

属性名称	属性描述	数据类型字段要求	属性值域或示例	约束/条件	备注
代码	要素分类代码及第七位的图形代码	长整型 10	5470032	M	
名称	架空工业管线名称	字符型 60		C	
数据源	数据来源类型	字符型 10		C	
更新日期	数据更新日期	日期型		C	

几何表示

几何特征	图形代码	表示方法	属性
线	2	中心线	代码、名称、数据源、更新日期

几何表示示例	制图表示示例

相关要素	架空工业管线墩架
关系	包含
备注	

要素名称 工业管线墩架
要素描述 架空工业管线的支撑墩架。
要素分类代码 547004

属性表

属性名称	属性描述	数据类型 字段要求	属性值域或示例	约束/条件	备注
代码	要素分类代码及第七位的图形代码	长整型 10	5470041	M	
名称	工业管线墩架名称	字符型 60		C	
方向	与正东方向逆时针形成的夹角(°)	浮点型 4.8	0～360	M	
数据源	数据来源类型	字符型 10		C	
更新日期	数据更新日期	日期型		C	

几何表示

几何特征	图形代码	表示方法	属性
点	1	有向点	代码、名称、方向、数据源、更新日期

几何表示示例	制图表示示例

相关要素	
关系	
备注	

要素名称 工业管线检修井
要素描述 地面上用于检查、维修工业管道的井。
要素分类代码 547005

属性表

属性名称	属性描述	数据类型 字段要求	属性值域或示例	约束/条件	备注
代码	要素分类代码及第七位的图形代码	长整型 10	5470051	M	
名称	工业管线检修井名称	字符型 60		C	
数据源	数据来源类型	字符型 10		C	
更新日期	数据更新日期	日期型		C	

几何表示

几何特征	图形代码	表示方法	属性
点	1	定位点	代码、名称、数据源、更新日期

几何表示示例	制图表示示例

相关要素	
关系	
备注	

要素名称　综合管廊检查井

要素描述　地面上用于检查综合管廊的井。

要素分类代码　548001

属性表

属性名称	属性描述	数据类型 字段要求	属性值域或示例	约束/条件	备注
代码	要素分类代码及第七位的图形代码	长整型 10	5480011	M	
名称	综合管廊检查井名称	字符型 60		C	
数据源	数据来源类型	字符型 10		C	
更新日期	数据更新日期	日期型		C	

几何表示

几何特征	图形代码	表示方法	属性
点	1	定位点	代码、名称、数据源、更新日期

几何表示示例	制图表示示例

相关要素	
关系	
备注	

要素名称 国家行政区—已定界

要素描述 我国与邻国之间已确定领土归属的分界线。

要素分类代码 620201

属性表

属性名称	属性描述	数据类型 字段要求	属性值域或示例	约束/条件	备注
代码	要素分类代码及第七位的图形代码	长整型 10	6202012	M	
名称	国家行政区界线名称	字符型 60		M	
数据源	数据来源类型	字符型 10		C	
更新日期	数据更新日期	日期型		C	

几何表示

几何特征	图形代码	表示方法	属性
线	2	线	代码、名称、数据源、更新日期

几何表示示例	制图表示示例
	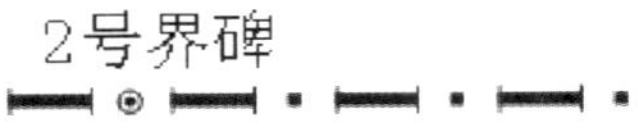

相关要素	行政区界线、行政区域、界桩、界碑、道路、水系
关系	连接、包含、重叠
备注	

要素名称 国家行政区—未定界

要素描述 表示我国与邻国之间未确定领土归属的分界线。

要素分类代码 620202

属性表

属性名称	属性描述	数据类型 字段要求	属性值域或示例	约束/条件	备注
代码	要素分类代码及第七位的图形代码	长整型 10	6202022	M	
名称	国家行政区界线名称	字符型 60		M	
数据源	数据来源类型	字符型 10		C	
更新日期	数据更新日期	日期型		C	

几何表示

几何特征	图形代码	表示方法	属性
线	2	线	代码、名称、数据源、更新日期

几何表示示例	制图表示示例
	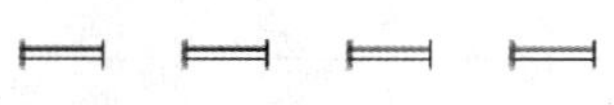

相关要素	行政区界线、行政区域、界桩、界碑、道路、水系
关系	连接、包含、重叠
备注	

要素名称 国家行政区—界桩、界碑
要素描述 国界线上设立的界线标志。
要素分类代码 620300

属性表

属性名称	属性描述	数据类型 字段要求	属性值域或示例	约束/条件	备注
代码	要素分类代码及第七位的图形代码	长整型 10	6203001	M	
界线名称	国家行政区界线名称	字符型 60		M	
编号	界桩、界碑的编号	字符型 20		C	
类型	界桩、界碑的类别	字符型 8	单立/双立/三立	C	
数据源	数据来源类型	字符型 10		C	
更新日期	数据更新日期	日期型		C	

几何表示

几何特征	图形代码	表示方法	属性
点	1	定位点	代码、界线名称、编号、类型、数据源、更新日期

几何表示示例	制图表示示例

相关要素	国家行政区界线
关系	连接、包含
备注	

要素名称 省级行政区界线—已定界
要素描述 省级行政区之间已确定的分界线。
要素分类代码 630201

属性表

属性名称	属性描述	数据类型 字段要求	属性值域或示例	约束/条件	备注
代码	要素分类代码及第七位的图形代码	长整型 10	6302012	M	
名称	省级行政区界线名称	字符型 60		M	
界线代码	省级行政区界线代码	字符型 10		C	
数据源	数据来源类型	字符型 10		C	
更新日期	数据更新日期	日期型		C	

几何表示

几何特征	图形代码	表示方法	属性
线	2	线	代码、名称、界线代码、数据源、更新日期

几何表示示例	制图表示示例

相关要素	行政区界线、行政区域、界桩、界碑、道路、水系
关系	连接、包含、重叠
备注	

要素名称 省级行政区界线—未定界

要素描述 省级行政区之间未确定的分界线。

要素分类代码 630202

属性表

属性名称	属性描述	数据类型 字段要求	属性值域或示例	约束/条件	备注
代码	要素分类代码及第七位的图形代码	长整型 10	6302022	M	
名称	省级行政区界线名称	字符型 60		M	
界线代码	省级行政区界线代码	字符型 10		C	
数据源	数据来源类型	字符型 10		C	
更新日期	数据更新日期	日期型		C	

几何表示

几何特征	图形代码	表示方法	属性
线	2	线	代码、名称、界线代码、数据源、更新日期

几何表示示例	制图表示示例

相关要素	行政区界线、行政区域、界桩、界碑、道路、水系
关系	连接、包含、重叠
备注	

要素名称 省级行政区—界桩、界碑
要素描述 省级行政区界线上的界标。
要素分类代码 630300

属性表

属性名称	属性描述	数据类型 字段要求	属性值域或示例	约束/条件	备注
代码	要素分类代码及第七位的图形代码	长整型 10	6303001	M	
界线名称	省级行政区界线名称	字符型 60	“陕甘线”	M	
编号	界桩、界碑的编号	字符型 20		C	
类型	界桩、界碑的类别	字符型 8	单立/双立/三立	C	
数据源	数据来源类型	字符型 10		C	
更新日期	数据更新日期	日期型		C	

几何表示

几何特征	图形代码	表示方法	属性
点	1	定位点	代码、界线名称、编号、类型、数据源、更新日期

几何表示示例	制图表示示例

相关要素	省、自治区、直辖市行政区界线
关系	连接、包含
备注	

要素名称 地级行政区界线—已定界

要素描述 地级行政区之间已确定的分界线。

要素分类代码 640201

属性表

属性名称	属性描述	数据类型 字段要求	属性值域或示例	约束/条件	备注
代码	要素分类代码及第七位的图形代码	长整型 10	6402012	M	
名称	地级行政区界线名称	字符型 60		M	
界线代码	地级行政区界线代码	字符型 10		C	
数据源	数据来源类型	字符型 10		C	
更新日期	数据更新日期	日期型		C	

几何表示

几何特征	图形代码	表示方法	属性
线	2	线	代码、名称、界线代码、数据源、更新日期

几何表示示例	制图表示示例

相关要素	行政区界线、行政区域、界桩、界碑、道路、水系
关系	连接、重叠、包含
备注	

要素名称 地级行政区界线—未定界

要素描述 地级行政区之间未确定的分界线。

要素分类代码 640202

属性表

属性名称	属性描述	数据类型 字段要求	属性值域或示例	约束/条件	备注
代码	要素分类代码及第七位的图形代码	长整型 10	6402022	M	
名称	地级行政区界线名称	字符型 60		M	
界线代码	地级行政区界线代码	字符型 10		C	
数据源	数据来源类型	字符型 10		C	
更新日期	数据更新日期	日期型		C	

几何表示

几何特征	图形代码	表示方法	属性
线	2	线	代码、名称、界线代码、数据源、更新日期

几何表示示例	制图表示示例

相关要素	行政区界线、行政区域、界桩、界碑、道路、水系
关系	连接、重叠、包含
备注	

要素名称　地级行政区—界桩、界碑

要素描述　地级行政区界线上的界标。

要素分类代码　640300

属性表

属性名称	属性描述	数据类型 字段要求	属性值域或示例	约束/条件	备注
代码	要素分类代码及第七位的图形代码	长整型 10	6403001	M	
界线名称	地级行政区界线名称	字符型 60		M	
编号	界桩、界碑的编号	字符型 20		C	
类型	界桩、界碑的类别	字符型 8	单立/双立/三立	C	
数据源	数据来源类型	字符型 10		C	
更新日期	数据更新日期	日期型		C	

几何表示

几何特征	图形代码	表示方法	属性
点	1	定位点	代码、界线名称、编号、类型、数据源、更新日期

几何表示示例	制图表示示例

相关要素	地级行政区界线
关系	连接、包含
备注	

要素名称 县级行政区界线—已定界
要素描述 县级行政区之间已确定的分界线。
要素分类代码 650201

属性表

属性名称	属性描述	数据类型 字段要求	属性值域或示例	约束/条件	备注
代码	要素分类代码及第七位的图形代码	长整型 10	6502012	M	
名称	县级行政区界线名称	字符型 60		M	
界线代码	县级行政区界线代码	字符型 10		C	
数据源	数据来源类型	字符型 10		C	
更新日期	数据更新日期	日期型		C	

几何表示

几何特征	图形代码	表示方法	属性
线	2	线	代码、名称、界线代码、数据源、更新日期

几何表示示例	制图表示示例
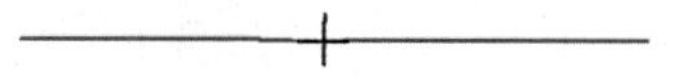	

相关要素	行政区界线、行政区域、界桩、界碑、道路、水系
关系	连接、重叠、包含
备注	

要素名称 县级行政区界线—未定界

要素描述 县级行政区之间未确定的分界线。

要素分类代码 650202

属性表

属性名称	属性描述	数据类型 字段要求	属性值域或示例	约束/条件	备注
代码	要素分类代码及第七位的图形代码	长整型 10	6502022	M	
名称	县级行政区界线名称	字符型 60		M	
界线代码	县级行政区界线代码	字符型 10		C	
数据源	数据来源类型	字符型 10		C	
更新日期	数据更新日期	日期型		C	

几何表示

几何特征	图形代码	表示方法	属性
线	2	线	代码、名称、界线代码、数据源、更新日期

几何表示示例	制图表示示例
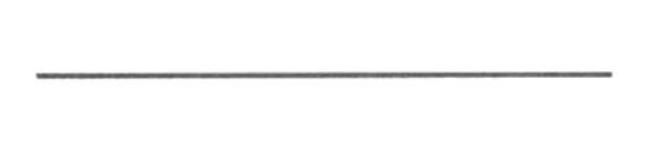	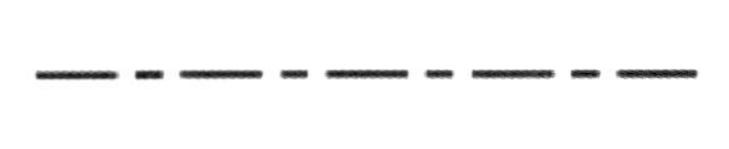

相关要素	行政区界线、行政区域、界桩、界碑、道路、水系
关系	连接、重叠、包含
备注	

要素名称 县级行政区—界桩、界碑
要素描述 县级行政区界线上的界标。
要素分类代码 650300

属性表

属性名称	属性描述	数据类型 字段要求	属性值域或示例	约束/条件	备注
代码	要素分类代码及第七位的图形代码	长整型 10	6503001	M	
界线名称	县级行政区界线名称	字符型 60		M	
编号	界桩、界碑的编号	字符型 20		C	
类型	界桩、界碑的类别	字符型 8	单立/双立/三立	C	
数据源	数据来源类型	字符型 10		C	
更新日期	数据更新日期	日期型		C	

几何表示

几何特征	图形代码	表示方法	属性
点	1	定位点	代码、界线名称、编号、类型、数据源、更新日期

几何表示示例	制图表示示例

相关要素	县级行政区界线
关系	连接、包含
备注	

要素名称 乡级行政区界线—已定界

要素描述 乡级行政区之间已确定的分界线。

要素分类代码 660201

属性表

属性名称	属性描述	数据类型 字段要求	属性值域或示例	约束/条件	备注
代码	要素分类代码及第七位的图形代码	长整型 10	6602012	M	
名称	乡级行政区界线名称	字符型 60		M	
界线代码	乡级行政区界线代码	字符型 10		C	
数据源	数据来源类型	字符型 10		C	
更新日期	数据更新日期	日期型		C	

几何表示

几何特征	图形代码	表示方法	属性
线	2	线	名称、代码、界线代码、数据源、更新日期

几何表示示例	制图表示示例
	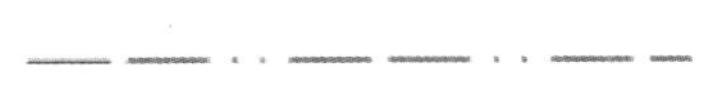

相关要素	行政区界线、行政区域、界桩、界碑、道路、水系
关系	连接、重叠、包含
备注	

要素名称 乡级行政区界线—未定界

要素描述 乡级行政区之间未确定的分界线。

要素分类代码 660202

属性表

属性名称	属性描述	数据类型 字段要求	属性值域或示例	约束/条件	备注
代码	要素分类代码及第七位的图形代码	长整型 10	6602022	M	
名称	乡级行政区界线名称	字符型 60		M	
界线代码	乡级行政区界线代码	字符型 10		C	
数据源	数据来源类型	字符型 10		C	
更新日期	数据更新日期	日期型		C	

几何表示

几何特征	图形代码	表示方法	属性
线	2	线	名称、代码、界线代码、数据源、更新日期

几何表示示例	制图表示示例
	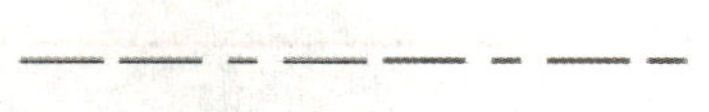

相关要素	行政区界线、行政区域、界桩、界碑、道路、水系
关系	连接、重叠、包含
备注	

要素名称 乡、镇行政区—界桩、界碑

要素描述 乡、镇界上设立的界标。

要素分类代码 660300

属性表

属性名称	属性描述	数据类型字段要求	属性值域或示例	约束/条件	备注
代码	要素分类代码及第七位的图形代码	长整型 10	6603001	M	
界线名称	乡、镇行政区界线名称	字符型 60		M	
编号	界桩、界碑的编号	字符型 20		C	
类型	界桩、界碑的类别	字符型 8	单立/双立/三立	C	
数据源	数据来源类型	字符型 10		C	
更新日期	数据更新日期	日期型		C	

几何表示

几何特征	图形代码	表示方法	属性
点	1	定位点	代码、界线名称、编号、类型、数据源、更新日期

几何表示示例	制图表示示例

相关要素	乡级行政区界线
关系	连接、包含
备注	

要素名称 自然、文化保护区界

要素描述 自然、文化保护区的界线。

要素分类代码 670102

属性表

属性名称	属性描述	数据类型 字段要求	属性值域或示例	约束/条件	备注
代码	要素分类代码及第七位的图形代码	长整型 10	6701022	M	
界线名称	自然、文化保护区界线名称	字符型 60		M	
数据源	数据来源类型	字符型 10		C	
更新日期	数据更新日期	日期型		C	

几何表示

几何特征	图形代码	表示方法	属性
线	2	有向线	代码、界线名称、数据源、更新日期

几何表示示例	制图表示示例

相关要素	自然、文化保护区域，行政区域、行政区界线
关系	连接、重叠、包含
备注	

要素名称 国有农场、林场、牧场界线

要素描述 国有农场、林场、牧场的界线。

要素分类代码 670302

属性表

属性名称	属性描述	数据类型 字段要求	属性值域或示例	约束/条件	备注
代码	要素分类代码及第七位的图形代码	长整型 10	6703022	M	
名称	国有农场、林场、牧场界线名称	字符型 60		M	
界线代码	国有农场、林场、牧场界线代码	字符型 10		C	
数据源	数据来源类型	字符型 10		C	
更新日期	数据更新日期	日期型		C	

几何表示

几何特征	图形代码	表示方法	属性
线	2	线	名称、代码、界线代码、数据源、更新日期

几何表示示例	制图表示示例

相关要素	行政区界线、行政区域、界桩、界碑、道路、水系
关系	连接、重叠、包含
备注	

要素名称 开发区、保税区区域

要素描述 开发区、保税区的范围。

要素分类代码 670401

属性表

属性名称	属性描述	数据类型字段要求	属性值域或示例	约束/条件	备注
代码	要素分类代码及第七位的图形代码	长整型 10	6704013	M	
名称	开发区、保税区区域名称	字符型 60		C	
数据源	数据来源类型	字符型 10		C	
更新日期	数据更新日期	日期型		C	

几何表示

几何特征	图形代码	表示方法	属性
面	3	范围线构成的面	代码、名称、数据源、更新日期

几何表示示例	制图表示示例
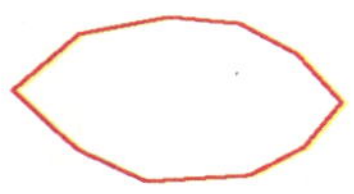	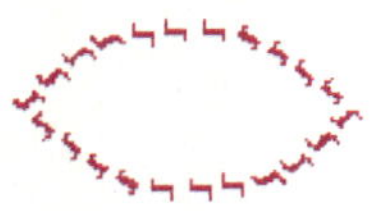

相关要素	开发区、保税区界线
关系	连接
备注	

要素名称 开发区、保税区界线

要素描述 开发区、保税区区域的界线等。

要素分类代码 670402

属性表

属性名称	属性描述	数据类型 字段要求	属性值域或示例	约束/条件	备注
代码	要素分类代码及第七位的图形代码	长整型 10	6704022	M	
名称	开发区、保税区界线名称	字符型 60		C	
数据源	数据来源类型	字符型 10		C	
更新日期	数据更新日期	日期型		C	

几何表示

几何特征	图形代码	表示方法	属性
线	2	线	代码、名称、数据源、更新日期

几何表示示例	制图表示示例

相关要素	开发区、保税区区域
关系	连接
备注	

要素名称 村界—已定界

要素描述 村与村之间已确定的行政分界线。

要素分类代码 670501

属性表

属性名称	属性描述	数据类型 字段要求	属性值域或示例	约束/条件	备注
代码	要素分类代码及第七位的图形代码	长整型 10	6705012	M	
名称	村界线名称	字符型 60		M	
界线代码	村界线代码	字符型 10		C	
数据源	数据来源类型	字符型 10		C	
更新日期	数据更新日期	日期型		C	

几何表示

几何特征	图形代码	表示方法	属性
线	2	线	名称、代码、界线代码、数据源、更新日期

几何表示示例	制图表示示例

相关要素	行政区界线、行政区域、界桩、界碑、道路、水系
关系	连接、重叠、包含
备注	

要素名称 村界—未定界

要素描述 村与村之间未确定的行政分界线。

要素分类代码 670502

属性表

属性名称	属性描述	数据类型 字段要求	属性值域或示例	约束/条件	备注
代码	要素分类代码及第七位的图形代码	长整型 10	6705022	M	
名称	村界名称	字符型 60		M	
界线代码	村界线代码	字符型 10		C	
数据源	数据来源类型	字符型 10		C	
更新日期	数据更新日期	日期型		C	

几何表示

几何特征	图形代码	表示方法	属性
线	2	线	名称、代码、界线代码、数据源、更新日期

几何表示示例	制图表示示例

相关要素	行政区界线、行政区域、界桩、界碑、道路、水系
关系	连接、重叠、包含
备注	

要素名称 村界—界桩、界碑

要素描述 村界上设立的界标。

要素分类代码 670503

属性表

属性名称	属性描述	数据类型 字段要求	属性值域或示例	约束/条件	备注
代码	要素分类代码及第七位的图形代码	长整型 10	6705031	M	
界线名称	村界线名称	字符型 60		M	
编号	界桩、界碑的编号	字符型 20		C	
类型	界桩、界碑的类别	字符型 8	单立/双立/三立	C	
数据源	数据来源类型	字符型 10		C	
更新日期	数据更新日期	日期型		C	

几何表示

几何特征	图形代码	表示方法	属性
点	1	定位点	代码、界线名称、编号、类型、数据源、更新日期

几何表示示例	制图表示示例

相关要素	村界
关系	连接、包含
备注	

要素名称 首曲线

要素描述 从高程基准面起算，按基本等高距测绘的等高线，又称基本等高线。

要素分类代码 710101

属性表

属性名称	属性描述	数据类型 字段要求	属性值域或示例	约束/条件	备注
代码	要素分类代码及第七位的图形代码	长整型 10	7101012	M	
高程	等高线高程(m)	浮点型 4.2		M	
数据源	数据来源类型	字符型 10		C	
更新日期	数据更新日期	日期型		C	

几何表示

几何特征	图形代码	表示方法	属性
线	2	线	代码、高程、数据源、更新日期

几何表示示例	制图表示示例
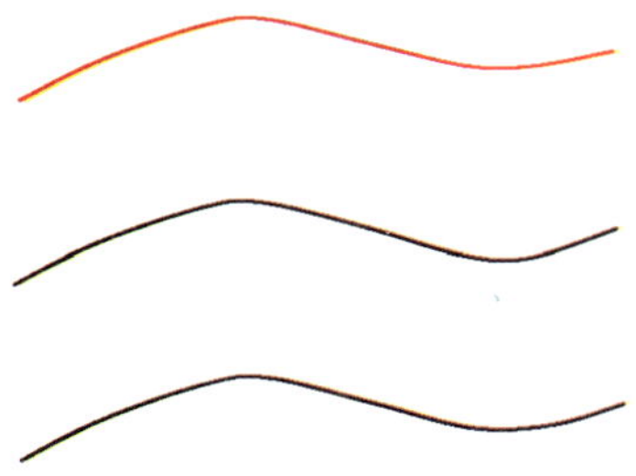	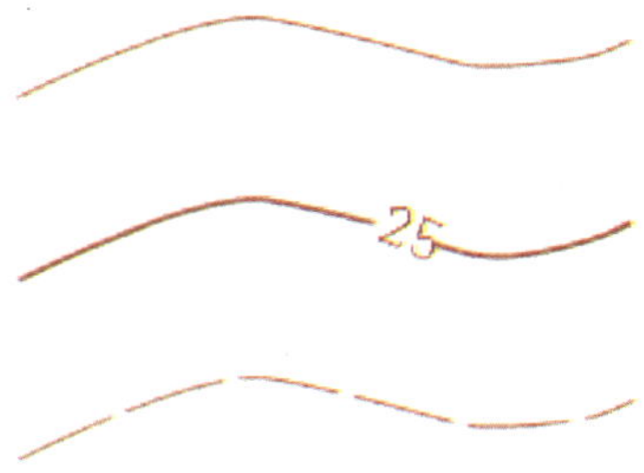

相关要素	示坡线
关系	连接
备注	

要素名称 计曲线

要素描述 从高程基准面起算，每隔四条首曲线（当基本等高距采用 2.5 m 时，则每隔三条）加粗一条的等高线，又称加粗等高线。

要素分类代码 710102

属性表

属性名称	属性描述	数据类型 字段要求	属性值域或示例	约束/条件	备注
代码	要素分类代码及第七位的图形代码	长整型 10	7101022	M	
高程	等高线高程(m)	浮点型 4.2		M	
数据源	数据来源类型	字符型 10		C	
更新日期	数据更新日期	日期型		C	

几何表示

几何特征	图形代码	表示方法	属性
线	2	线	代码、高程、数据源、更新日期

几何表示示例	制图表示示例
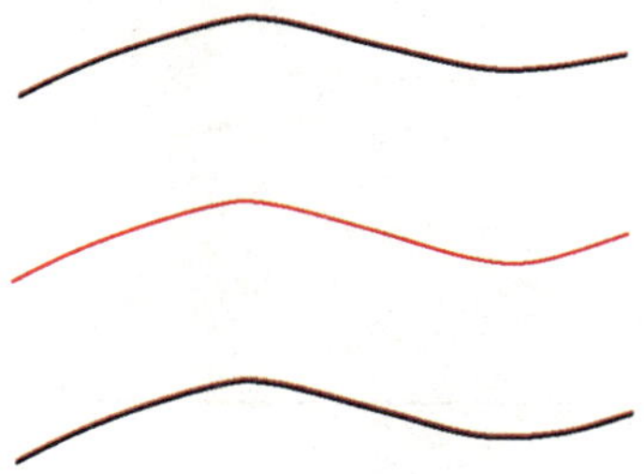	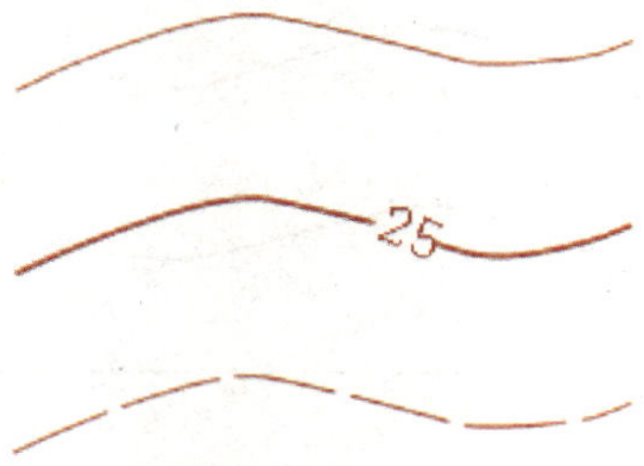

相关要素	示坡线
关系	连接
备注	

要素名称 间曲线

要素描述 按二分之一基本等高距测绘的等高线，又称半距等高线。

要素分类代码 710103

属性表

属性名称	属性描述	数据类型 字段要求	属性值域或示例	约束/条件	备注
代码	要素分类代码及第七位的图形代码	长整型 10	7101032	M	
高程	等高线高程(m)	浮点型 4.2		M	
数据源	数据来源类型	字符型 10		C	
更新日期	数据更新日期	日期型		C	

几何表示

几何特征	图形代码	表示方法	属性
线	2	线	代码、高程、数据源、更新日期

几何表示示例	制图表示示例
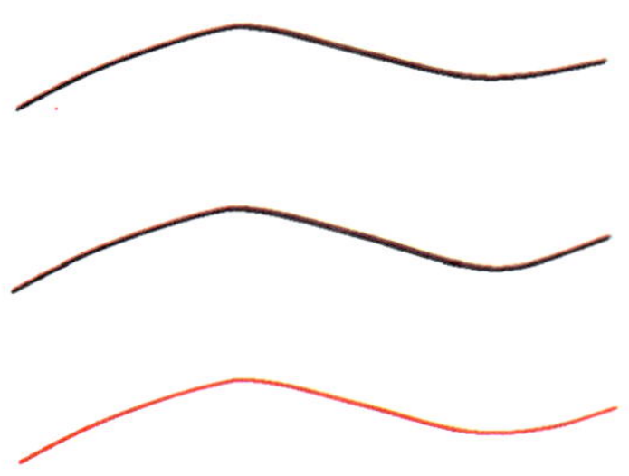	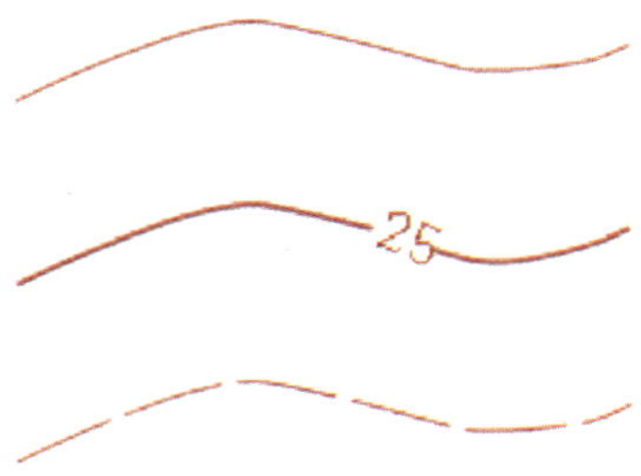

相关要素	示坡线
关系	连接
备注	

要素名称　助曲线

要素描述　按四分之一基本等高距测绘的等高线，又称辅助等高线。

要素分类代码　710104

属性表

属性名称	属性描述	数据类型 字段要求	属性值域或示例	约束/条件	备注
代码	要素分类代码及第七位的图形代码	长整型 10	7101042	M	
高程	等高线高程(m)	浮点型 4.2		M	
数据源	数据来源类型	字符型 10		C	
更新日期	数据更新日期	日期型		C	

几何表示

几何特征	图形代码	表示方法	属性
线	2	线	代码、高程、数据源、更新日期

几何表示示例	制图表示示例
	制图不表示

相关要素	
关系	
备注	

要素名称 示坡线

要素描述 指示斜坡降落的方向线。

要素分类代码 710400

属性表

属性名称	属性描述	数据类型 字段要求	属性值域或示例	约束/条件	备注
代码	要素分类代码及第七位的图形代码	长整型 10	7104002	M	
数据源	数据来源类型	字符型 10		C	
更新日期	数据更新日期	日期型		C	

几何表示

几何特征	图形代码	表示方法	属性
线	2	有向线	代码、数据源、更新日期

几何表示示例	制图表示示例

相关要素	等高线
关系	连接
备注	

要素名称　高程点

要素描述　依据1985国家高程基准面测定高程的地面点。

要素分类代码　720100

属性表

属性名称	属性描述	数据类型 字段要求	属性值域或示例	约束/条件	备注
代码	要素分类代码及第七位的图形代码	长整型 10	7201001	M	
高程	高程点的高程(m)	浮点型 4.2		M	
数据源	数据来源类型	字符型 10		C	
更新日期	数据更新日期	日期型		C	

几何表示

几何特征	图形代码	表示方法	属性
点	1	标注点	代码、高程、数据源、更新日期

几何表示示例	制图表示示例

相关要素	
关系	
备注	

要素名称 比高点

要素描述 地物顶部至地物基部的高差注记点。

要素分类代码 720200

属性表

属性名称	属性描述	数据类型字段要求	属性值域或示例	约束/条件	备注
代码	要素分类代码及第七位的图形代码	长整型 10	7202001	M	
比高	地物顶部至地物基部的高度(m)	浮点型 3.2		M	
类型	比高点所在地物的类型	字符型 12	水域/陆地人工地物/陆地自然地物	C	
数据源	数据来源类型	字符型 10		C	
更新日期	数据更新日期	日期型		C	

几何表示

几何特征	图形代码	表示方法	属性
点	1	标注点	代码、比高、类型、数据源、更新日期

几何表示示例	制图表示示例
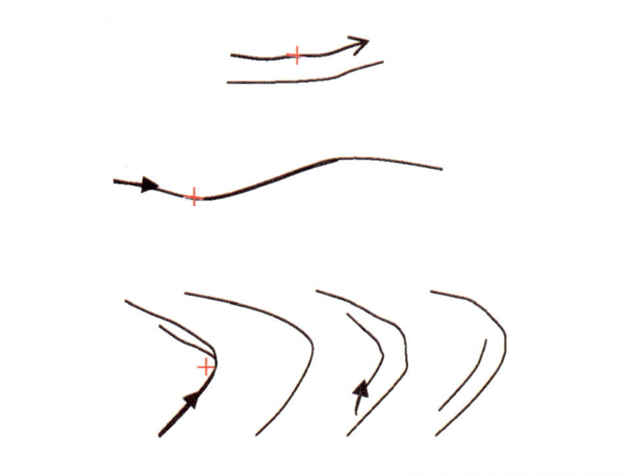	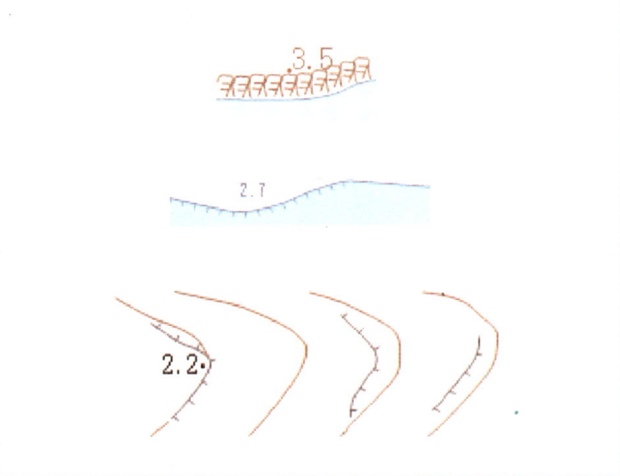

相关要素	
关系	
备注	

要素名称 特殊高程点

要素描述 具有特殊需要和意义的高程点，如洪水位、大潮潮位处的高程点。

要素分类代码 720300

属性表

属性名称	属性描述	数据类型 字段要求	属性值域或示例	约束/条件	备注
代码	要素分类代码及第七位的图形代码	长整型 10	7203001	M	
注记	特殊高程点注记的内容	字符型 40	“洪 153.7/1963.6”	M	
类型	特殊高程点的类型	字符型 6	洪水位/大潮位/其他	C	
数据源	数据来源类型	字符型 10		C	
更新日期	数据更新日期	日期型		C	

几何表示

几何特征	图形代码	表示方法	属性
点	1	标注点	代码、注记、类型、数据源、更新日期

几何表示示例	制图表示示例

相关要素	
关系	
备注	

要素名称 水下等高线—首曲线

要素描述 海岸线以下(或陆地水面以下)按基本等高距测绘的等高线。

要素分类代码 730101

属性表

属性名称	属性描述	数据类型 字段要求	属性值域或示例	约束/条件	备注
代码	要素分类代码及第七位的图形代码	长整型 10	7301012	M	
高程	水下等高线高程(m)	浮点型 4.2		M	
数据源	数据来源类型	字符型 10		C	
更新日期	数据更新日期	日期型		C	

几何表示

几何特征	图形代码	表示方法	属性
线	2	线	代码、高程、数据源、更新日期

几何表示示例	制图表示示例
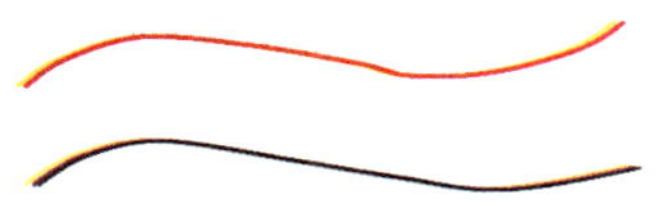	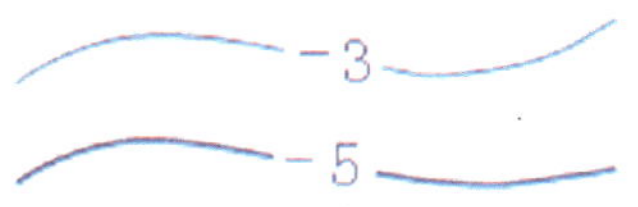

相关要素	
关系	
备注	

要素名称 水下等高线—计曲线

要素描述 海岸线以下(或陆地水面以下)每隔四条首曲线(当基本等高距采用 2.5m 时,则每隔三条)加粗一条的等高线。

要素分类代码 730102

属性表

属性名称	属性描述	数据类型 字段要求	属性值域或示例	约束/条件	备注
代码	要素分类代码及第七位的图形代码	长整型 10	7301022	M	
高程	水下等高线高程(m)	浮点型 4.2		M	
数据源	数据来源类型	字符型 10		C	
更新日期	数据更新日期	日期型		C	

几何表示

几何特征	图形代码	表示方法	属性
线	2	线	代码、高程、数据源、更新日期

几何表示示例	制图表示示例

相关要素	
关系	
备注	

要素名称　水下等高线—间曲线

要素描述　海岸线以下(或陆地水面以下)按二分之一基本等高距测绘的等高线。

要素分类代码　730103

属性表

属性名称	属性描述	数据类型 字段要求	属性值域或示例	约束/条件	备注
代码	要素分类代码及第七位的图形代码	长整型 10	7301032	M	
高程	水下等高线高程(m)	浮点型 4.2		M	
数据源	数据来源类型	字符型 10		C	
更新日期	数据更新日期	日期型		C	

几何表示

几何特征	图形代码	表示方法	属性
线	2	线	代码、高程、数据源、更新日期

几何表示示例	制图表示示例
	制图不表示

相关要素	
关系	
备注	

要素名称　水下高程点

要素描述　海岸线以下，以 1985 国家高程基准面为基准的高程注记点。

要素分类代码　740200

属性表

属性名称	属性描述	数据类型 字段要求	属性值域或示例	约束/条件	备注
代码	要素分类代码及第七位的图形代码	长整型 10	7402001	M	
高程	水下高程点高程(m)	浮点型 4.2		M	
数据源	数据来源类型	字符型 10		C	
更新日期	数据更新日期	日期型		C	

几何表示

几何特征	图形代码	表示方法	属性
点	1	标注点	代码、高程、数据源、更新日期

几何表示示例	制图表示示例
+	2.5

相关要素	
关系	
备注	

要素名称　独立石

要素描述　地面上长期独立存在的、具有方位意义的较大独立石块。

要素分类代码　750103

属性表

属性名称	属性描述	数据类型 字段要求	属性值域或示例	约束/条件	备注
代码	要素分类代码及第七位的图形代码	长整型 10	7501031/7501033	M	
名称	独立石的名称	字符型 60		C	
比高	独立石的比高(m)	浮点型 3.2		M	
数据源	数据来源类型	字符型 10		C	
更新日期	数据更新日期	日期型		C	

几何表示

几何特征	图形代码	表示方法	属性
点	1	定位点	代码、名称、比高、数据源、更新日期
面	3	轮廓线构成的面	代码、名称、比高、数据源、更新日期

几何表示示例	制图表示示例
	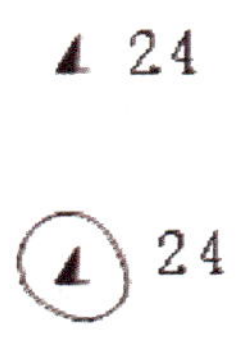

相关要素	
关系	
备注	

要素名称 土堆

要素描述 由土质堆积物形成的堆形地貌。

要素分类代码 750104

属性表

属性名称	属性描述	数据类型字段要求	属性值域或示例	约束/条件	备注
代码	要素分类代码及第七位的图形代码	长整型 10	7501041/7501043	M	
名称	土堆的名称	字符型 60		C	
比高	土堆的比高(m)	浮点型 3.2		C	
数据源	数据来源类型	字符型 10		C	
更新日期	数据更新日期	日期型		C	

几何表示

几何特征	图形代码	表示方法	属性
点	1	定位点	代码、名称、比高、数据源、更新日期
面	3	范围线构成的面	代码、名称、比高、数据源、更新日期

几何表示示例	制图表示示例
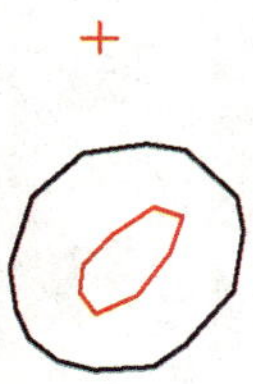	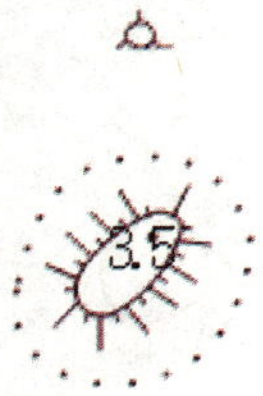

相关要素	斜坡
关系	连接
备注	

要素名称 石堆

要素描述 由石块堆积形成的堆形地貌。

要素分类代码 750105

属性表

属性名称	属性描述	数据类型 字段要求	属性值域或示例	约束/条件	备注
代码	要素分类代码及第七位的图形代码	长整型 10	7501051/7501053	M	
名称	石堆的名称	字符型 60		C	
比高	石堆的比高(m)	浮点型 3.2		C	
数据源	数据来源类型	字符型 10		C	
更新日期	数据更新日期	日期型		C	

几何表示

几何特征	图形代码	表示方法	属性
点	1	定位点	代码、名称、比高、数据源、更新日期
面	3	范围线构成的面	代码、名称、比高、数据源、更新日期

几何表示示例	制图表示示例

相关要素	
关系	
备注	

要素名称 岩溶漏斗

要素描述 在岩溶地区受水的溶蚀或岩层塌陷而在地面形成的漏斗状或碟形的封闭洼地。

要素分类代码 750201

属性表

属性名称	属性描述	数据类型 字段要求	属性值域或示例	约束/条件	备注
代码	要素分类代码及第七位的图形代码	长整型 10	7502011/7502013	M	
名称	岩溶漏斗的名称	字符型 60	“天坑”	C	
深度	岩溶漏斗的深度(m)	浮点型 4.2		C	
数据源	数据来源类型	字符型 10		C	
更新日期	数据更新日期	日期型		C	

几何表示

几何特征	图形代码	表示方法	属性
点	1	定位点	代码、名称、深度、数据源、更新日期
面	3	范围线构成的面	代码、名称、深度、数据源、更新日期

几何表示示例	制图表示示例

相关要素	
关系	
备注	

要素名称　黄土漏斗
要素描述　黄土受水的溶蚀或土层塌陷而在地面形成的漏斗状或碟形的封闭洼地。
要素分类代码　750202

属性表

属性名称	属性描述	数据类型 字段要求	属性值域或示例	约束/条件	备注
代码	要素分类代码及第七位的图形代码	长整型 10	7502021/7502023	M	
名称	黄土漏斗的名称	字符型 60		C	
深度	黄土漏斗的深度(m)	浮点型 4.2		C	
数据源	数据来源类型	字符型 10		C	
更新日期	数据更新日期	日期型		C	

几何表示

几何特征	图形代码	表示方法	属性
点	1	定位点	代码、名称、深度、数据源、更新日期
面	3	范围线构成的面	代码、名称、深度、数据源、更新日期

几何表示示例	制图表示示例

相关要素	
关系	
备注	

要素名称　坑穴
要素描述　地表面突然凹下的部分，坑壁较陡，坑口有较明显的边缘。
要素分类代码　750203

属性表

属性名称	属性描述	数据类型字段要求	属性值域或示例	约束/条件	备注
代码	要素分类代码及第七位的图形代码	长整型 10	7502031/7502033	M	
名称	坑穴的名称	字符型 60		C	
深度	坑穴的深度(m)	浮点型 4.2		C	
数据源	数据来源类型	字符型 10		C	
更新日期	数据更新日期	日期型		C	

几何表示

几何特征	图形代码	表示方法	属性
点	1	定位点	代码、名称、深度、数据源、更新日期
面	3	范围线构成的面	代码、名称、深度、数据源、更新日期

几何表示示例	制图表示示例
	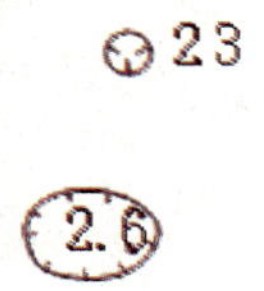

相关要素	陡坎
关系	连接
备注	

要素名称 山洞、溶洞

要素描述 山洞是山体中的洞穴;溶洞是受水溶蚀或岩层塌陷而形成的地下空洞。

要素分类代码 750300

属性表

属性名称	属性描述	数据类型 字段要求	属性值域或示例	约束/条件	备注
代码	要素分类代码及第七位的图形代码	长整型 10	7503001	M	
名称	山洞、溶洞名称	字符型 60		C	
方向	与正东方向逆时针形成的夹角(°)	浮点型 4.8	0～360	M	
数据源	数据来源类型	字符型 10		C	
更新日期	数据更新日期	日期型		C	

几何表示

几何特征	图形代码	表示方法	属性
点	1	有向点	代码、名称、方向、数据源、更新日期

几何表示示例	制图表示示例

相关要素	
关系	
备注	

要素名称　冲沟

要素描述　地面长期被雨水急流冲蚀而形成的沟壑。

要素分类代码　750501

属性表

属性名称	属性描述	数据类型 字段要求	属性值域或示例	约束/条件	备注
代码	要素分类代码及第七位的图形代码	长整型 10	7505012	M	
名称	冲沟的名称	字符型 60		C	
比高	冲沟的比高(m)	浮点型 3.2		C	
数据源	数据来源类型	字符型 10		C	
更新日期	数据更新日期	日期型		C	

几何表示

几何特征	图形代码	表示方法	属性
线	2	有向线	代码、名称、比高、数据源、更新日期

几何表示示例	制图表示示例
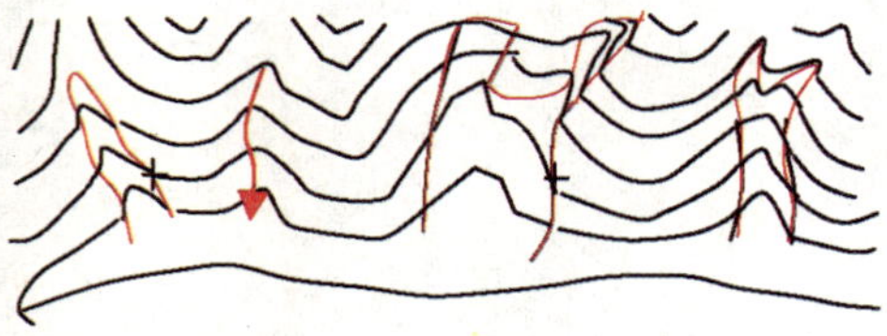	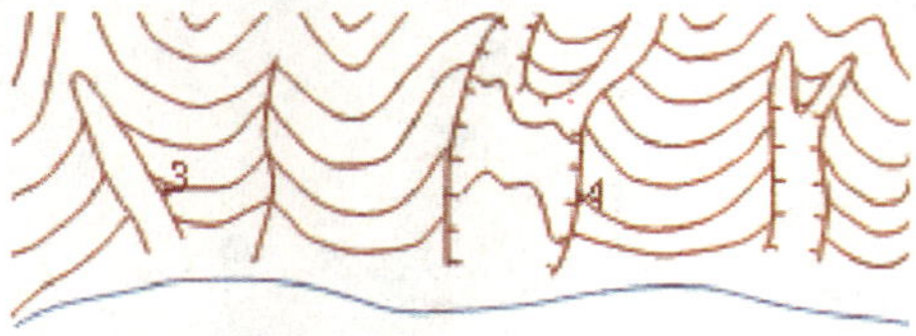

相关要素	土质陡崖、石质陡崖
关系	包含
备注	

要素名称 地裂缝

要素描述 由地壳运动引起的地裂或采掘矿物后的采空区因地表塌陷造成的裂缝。

要素分类代码 750502

属性表

属性名称	属性描述	数据类型 字段要求	属性值域或示例	约束/条件	备注
代码	要素分类代码及第七位的图形代码	长整型 10	7505022/7505023	M	
名称	地裂缝所在地的名称	字符型 60		C	
宽度	地裂缝的宽度(m)	浮点型 3.2		C	
深度	地裂缝的深度(m)	浮点型 3.2		C	
数据源	数据来源类型	字符型 10		C	
更新日期	数据更新日期	日期型		C	

几何表示

几何特征	图形代码	表示方法	属性
线	2	中心线	代码、名称、宽度、深度、数据源、更新日期
面	3	范围线构成的面	代码、名称、宽度、深度、数据源、更新日期

几何表示示例	制图表示示例
	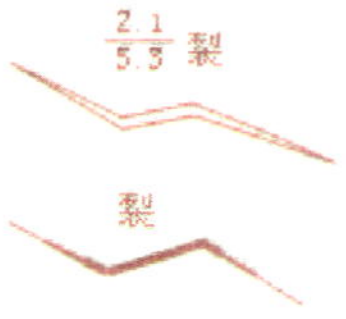

相关要素	
关系	
备注	

要素名称　土质陡崖、土质有滩陡岸

要素描述　土质陡崖指土质的形态壁立、难于攀登的陡峭崖壁(坡度在70°以上);土质有滩陡岸指岸坡比较陡峻、坡度在50°以上且下缘与水涯线之间有滩的地段。

要素分类代码　750601

属性表

属性名称	属性描述	数据类型 字段要求	属性值域或示例	约束/条件	备注
代码	要素分类代码及第七位的图形代码	长整型 10	7506012/7506013/7506014	M	
比高	土质陡崖、土质有滩陡岸的比高(m)	浮点型 3.2		C	
数据源	数据来源类型	字符型 10		C	
更新日期	数据更新日期	日期型		C	

几何表示

<table>
<tr><th colspan="2">几何特征</th><th>图形代码</th><th>表示方法</th><th>属性</th></tr>
<tr><td colspan="2">线</td><td>2</td><td>有向线</td><td>代码、比高、数据源、更新日期</td></tr>
<tr><td rowspan="2">复合</td><td>线</td><td>4</td><td>坡顶线为有向线</td><td>代码</td></tr>
<tr><td>面</td><td>3</td><td>范围线构成的面</td><td>代码、比高、数据源、更新日期</td></tr>
</table>

几何表示示例	制图表示示例
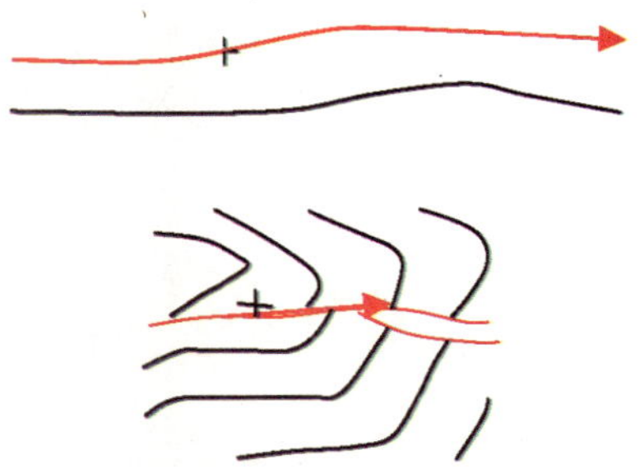	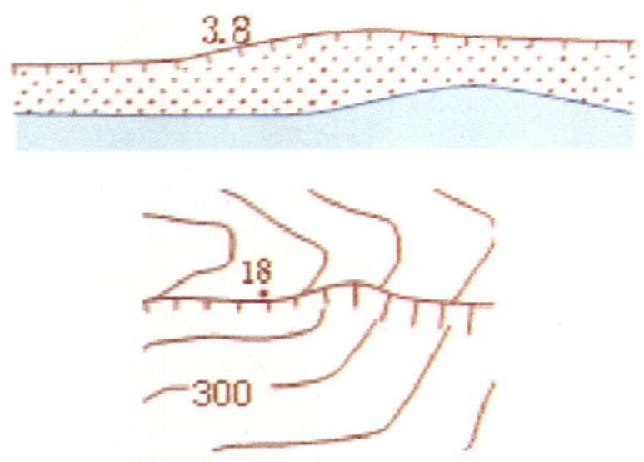

相关要素	
关系	
备注	

要素名称 石质陡崖、石质有滩陡岸

要素描述 石质陡崖指石质的形态壁立、难于攀登的陡峭崖壁（坡度在70°以上）；石质有滩陡岸指岸坡比较陡峻、坡度在50°以上且下缘与水涯线之间有滩的地段。

要素分类代码 750602

属性表

属性名称	属性描述	数据类型字段要求	属性值域或示例	约束/条件	备注
代码	要素分类代码及第七位的图形代码	长整型 10	7506022/7506023/7506024	M	
比高	石质陡崖、石质有滩陡岸的比高(m)	浮点型 3.2		C	
数据源	数据来源类型	字符型 10		C	
更新日期	数据更新日期	日期型		C	

几何表示

几何特征		图形代码	表示方法	属性
线		2	有向线	代码、比高、数据源、更新日期
复合	线	4	坡顶线为有向线	代码
	面	3	范围线构成的面	代码、比高、数据源、更新日期

几何表示示例	制图表示示例
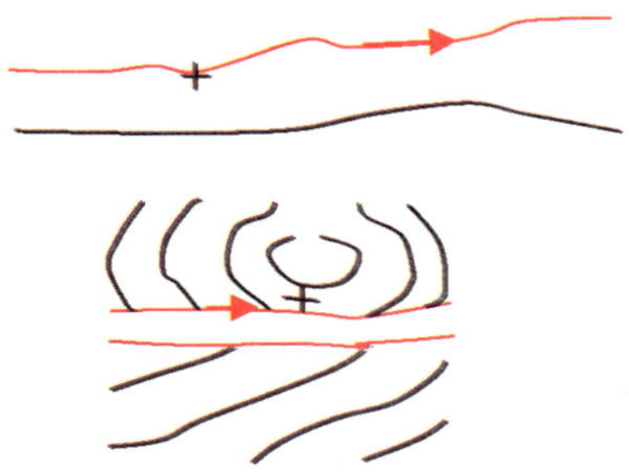	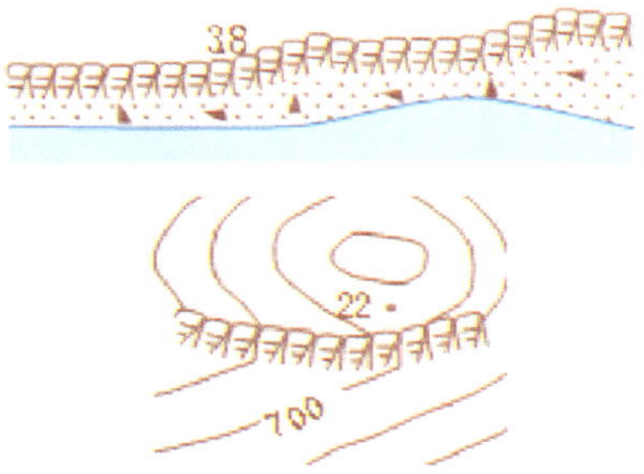

相关要素	
关系	
备注	

要素名称　土质无滩陡岸

要素描述　土质的坡度在50°以上，岸坡比较陡峻且直接伸入水面，其间无法通行的地段。

要素分类代码　750603

属性表

属性名称	属性描述	数据类型 字段要求	属性值域或示例	约束/条件	备注
代码	要素分类代码及第七位的图形代码	长整型 10	7506032	M	
比高	土质无滩陡岸的比高(m)	浮点型 3.2		C	
数据源	数据来源类型	字符型 10		C	
更新日期	数据更新日期	日期型		C	

几何表示

几何特征	图形代码	表示方法	属性
线	2	有向线	代码、比高、数据源、更新日期

几何表示示例	制图表示示例
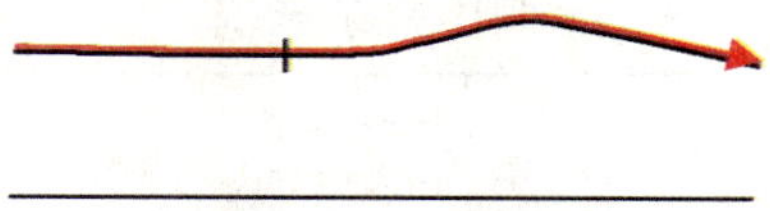	

相关要素	河流
关系	包含
备注	

要素名称 石质无滩陡岸
要素描述 石质的坡度在50°以上，岸坡比较陡峻且直接伸入水面，其间无法通行的地段。
要素分类代码 750604

属性表

属性名称	属性描述	数据类型字段要求	属性值域或示例	约束/条件	备注
代码	要素分类代码及第七位的图形代码	长整型 10	7506042	M	
比高	石质无滩陡岸的比高(m)	浮点型 3.2		C	
数据源	数据来源类型	字符型 10		C	
更新日期	数据更新日期	日期型		C	

几何表示

几何特征	图形代码	表示方法	属性
线	2	有向线	代码、比高、数据源、更新日期

几何表示示例	制图表示示例
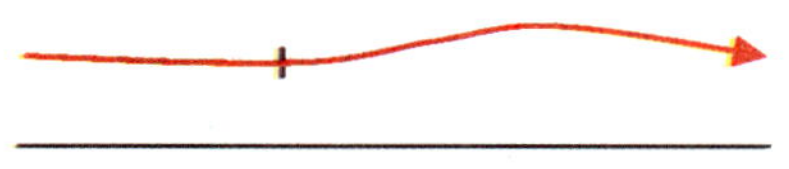	

相关要素	河流
关系	包含
备注	

要素名称 陡石山
要素描述 全部或大部分岩石裸露且坡度大于70°的陡峻山岭。
要素分类代码 750701

属性表

属性名称	属性描述	数据类型 字段要求	属性值域或示例	约束/条件	备注
代码	要素分类代码及第七位的图形代码	长整型 10	7507013/7507014	M	
名称	陡石山的名称	字符型 60		C	
数据源	数据来源类型	字符型 10		C	
更新日期	数据更新日期	日期型		C	

几何表示

几何特征		图形代码	表示方法	属性
复合	线	4	山脊线	代码
	面	3	范围线构成的面	代码、名称、数据源、更新日期

几何表示示例	制图表示示例
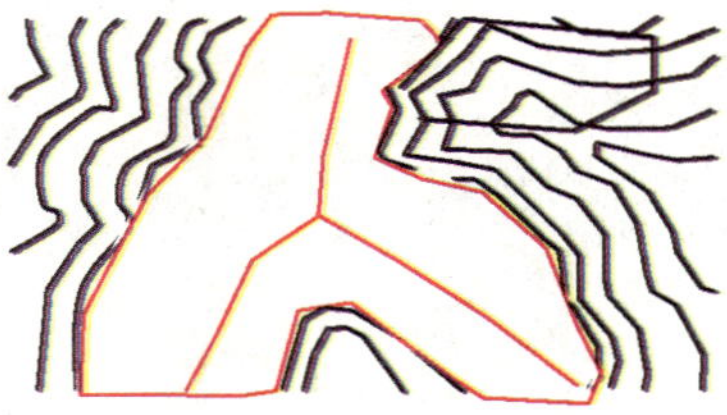	

相关要素	
关系	
备注	

要素名称 露岩地

要素描述 岩石露出地面且分布较集中的地段。

要素分类代码 750702

属性表

属性名称	属性描述	数据类型 字段要求	属性值域或示例	约束/条件	备注
代码	要素分类代码及第七位的图形代码	长整型 10	7507023	M	
数据源	数据来源类型	字符型 10		C	
更新日期	数据更新日期	日期型		C	

几何表示

几何特征	图形代码	表示方法	属性
面	3	范围线构成的面	代码、数据源、更新日期

几何表示示例	制图表示示例
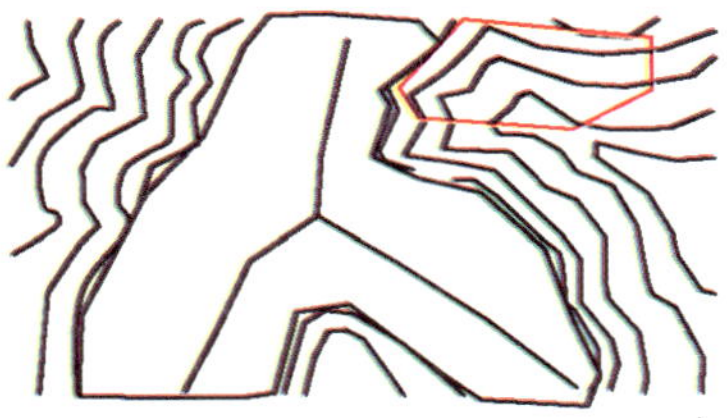	

相关要素	等高线
关系	重叠、包含
备注	

要素名称 沙地
要素描述 平坦沙地或起伏不明显的沙地。
要素分类代码 750800

属性表

属性名称	属性描述	数据类型 字段要求	属性值域或示例	约束/条件	备注
代码	要素分类代码及第七位的图形代码	长整型 10	7508003	M	
名称	沙地的名称	字符型 60		C	
性质	沙地的性质	字符型 8	固定/不固定	C	
数据源	数据来源类型	字符型 10		C	
更新日期	数据更新日期	日期型		C	

几何表示

几何特征	图形代码	表示方法	属性
面	3	范围线构成的面	代码、名称、性质、数据源、更新日期

几何表示示例	制图表示示例

相关要素	
关系	
备注	

要素名称　沙土崩崖

要素描述　指沙土的山坡受风化作用，碎屑向山坡下崩落的地段。

要素分类代码　751001

属性表

属性名称	属性描述	数据类型 字段要求	属性值域或示例	约束/条件	备注
代码	要素分类代码及第七位的图形代码	长整型 10	7510013/7510014	M	
数据源	数据来源类型	字符型 10		C	
更新日期	数据更新日期	日期型		C	

几何表示

几何特征		图形代码	表示方法	属性
复合	线	4	上缘线为有向线	代码
	面	3	范围线构成的面	代码、数据源、更新日期

几何表示示例	制图表示示例
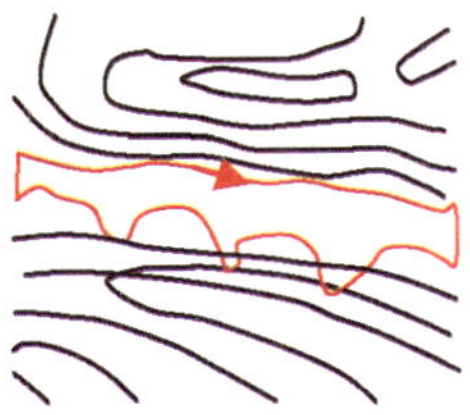	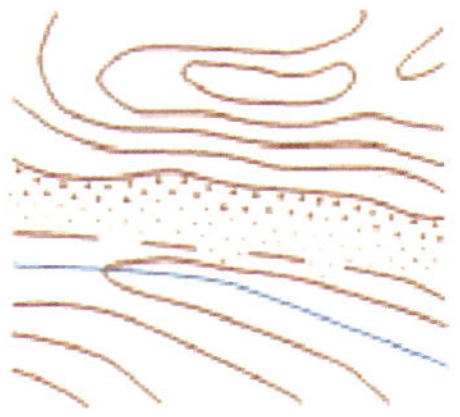

相关要素	
关系	
备注	

要素名称 石崩崖

要素描述 石质山坡受风化作用，碎屑向山坡下崩落的地段。

要素分类代码 751002

属性表

属性名称	属性描述	数据类型 字段要求	属性值域或示例	约束/条件	备注
代码	要素分类代码及第七位的图形代码	长整型 10	7510023/7510024	M	
数据源	数据来源类型	字符型 10		C	
更新日期	数据更新日期	日期型		C	

几何表示

几何特征		图形代码	表示方法	属性
复合	线	4	上缘线为有向线	代码
	面	3	范围线构成的面	代码、数据源、更新日期

几何表示示例	制图表示示例
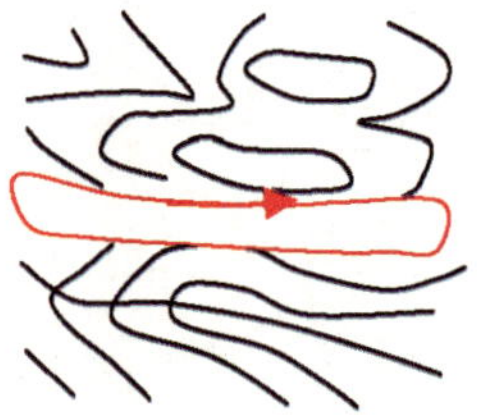	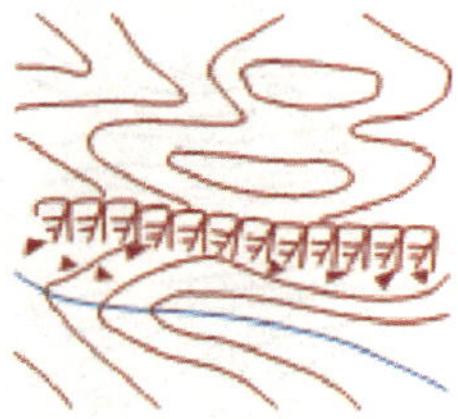

相关要素	
关系	
备注	

要素名称 滑坡

要素描述 斜坡表层岩石或碎屑堆积物由于地下水和地表水的影响，在重力作用下向下滑动的地段。

要素分类代码 751003

属性表

属性名称	属性描述	数据类型 字段要求	属性值域或示例	约束/条件	备注
代码	要素分类代码及第七位的图形代码	长整型 10	7510033/7510034	M	
数据源	数据来源类型	字符型 10		C	
更新日期	数据更新日期	日期型		C	

几何表示

几何特征		图形代码	表示方法	属性
复合	线	4	上缘线为有向线	代码
	面	3	范围线构成的面	代码、数据源、更新日期

几何表示示例	制图表示示例
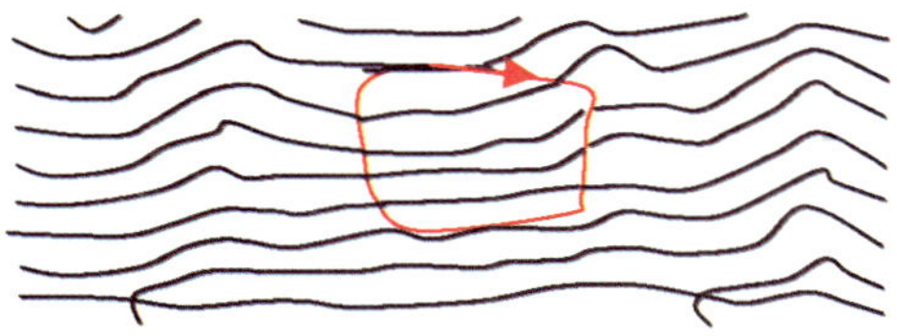	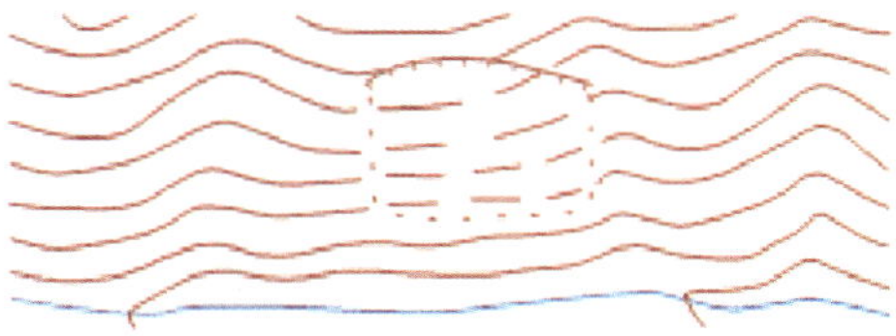

相关要素	
关系	
备注	

要素名称 泥石流

要素描述 山坡大量泥沙堆积受水侵蚀突然大量坠滑具有强大破坏力的特殊洪流。

要素分类代码 751004

属性表

属性名称	属性描述	数据类型 字段要求	属性值域或示例	约束/条件	备注
代码	要素分类代码及第七位的图形代码	长整型 10	7510043	M	
数据源	数据来源类型	字符型 10		C	
更新日期	数据更新日期	日期型		C	

几何表示

几何特征	图形代码	表示方法	属性
面	3	范围线构成的面	代码、数据源、更新日期

几何表示示例	制图表示示例
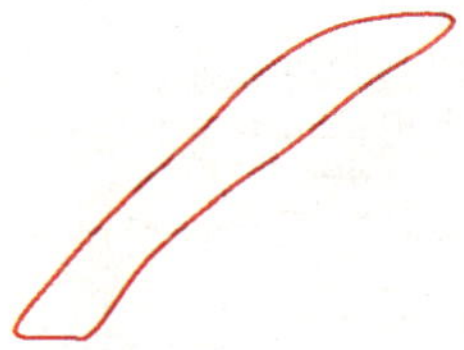	制图不表示

相关要素	
关系	
备注	

要素名称 熔岩流

要素描述 呈液态在地表流动的熔岩冷却后形成的固体岩石堆积。

要素分类代码 751005

属性表

属性名称	属性描述	数据类型字段要求	属性值域或示例	约束/条件	备注
代码	要素分类代码及第七位的图形代码	长整型 10	7510053	M	
数据源	数据来源类型	字符型 10		C	
更新日期	数据更新日期	日期型		C	

几何表示

几何特征	图形代码	表示方法	属性
面	3	范围线构成的面	代码、数据源、更新日期

几何表示示例	制图表示示例
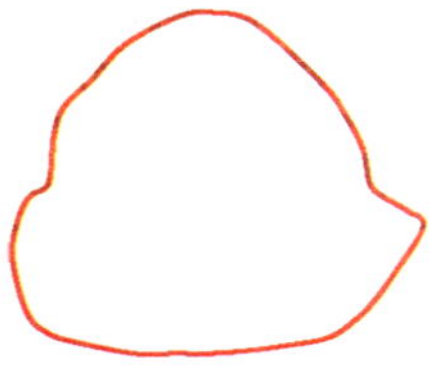	制图不表示

相关要素	
关系	
备注	

要素名称　未加固斜坡

要素描述　各种天然形成或人工修筑但未加固的坡度在70°以下的坡面地段。

要素分类代码　760101

属性表

属性名称	属性描述	数据类型 字段要求	属性值域或示例	约束/条件	备注
代码	要素分类代码及第七位的图形代码	长整型 10	7601012/7601013/7601014	M	
类型	未加固斜坡形成的类型	字符型 6	天然/人工	M	
比高	未加固斜坡的比高(m)	浮点型 3.2		C	
数据源	数据来源类型	字符型 10		C	
更新日期	数据更新日期	日期型		C	

几何表示

几何特征		图形代码	表示方法	属性
线		2	有向线	代码、类型、比高、数据源、更新日期
复合	面	3	范围线构成的面	代码、类型、比高、数据源、更新日期
	线	4	坡顶线(有向线)	代码

几何表示示例	制图表示示例

相关要素	
关系	
备注	

要素名称 已加固斜坡
要素描述 人工修筑的已加固的坡度在70°以下的坡面地段。
要素分类代码 760102

属性表

属性名称	属性描述	数据类型 字段要求	属性值域或示例	约束/条件	备注
代码	要素分类代码及第七位的图形代码	长整型 10	7601023/7601024	M	
比高	已加固斜坡的比高(m)	浮点型 3.2		C	
数据源	数据来源类型	字符型 10		C	
更新日期	数据更新日期	日期型		C	

几何表示

几何特征		图形代码	表示方法	属性
复合	面	3	范围线构成的面	代码、比高、数据源、更新日期
	线	4	坡顶线(有向线)	代码

几何表示示例	制图表示示例

相关要素	
关系	
备注	

要素名称　田坎、路堑、沟堑、路堤—未加固

要素描述　山坡、谷地、路旁、沟旁人工修筑的未加固梯田坎、路堑、沟堑、路堤。

要素分类代码　760201

属性表

属性名称	属性描述	数据类型 字段要求	属性值域或示例	约束/条件	备注
代码	要素分类代码及第七位的图形代码	长整型 10	7602012/7602013/7602014	M	
类型	田坎/路堑/沟堑/路堤的类型	字符型 4	田坎/路堑/沟堑/路堤	M	
比高	田坎/路堑/沟堑/路堤的比高(m)	浮点型 3.2		C	
数据源	数据来源类型	字符型 10		C	
更新日期	数据更新日期	日期型		C	

几何表示

几何特征		图形代码	表示方法	属性
线		2	有向线	代码、类型、比高、数据源、更新日期
复合	线	4	坡顶线(有向线)	代码
	面	3	范围线构成的面	代码、类型、比高、数据源、更新日期

几何表示示例	制图表示示例
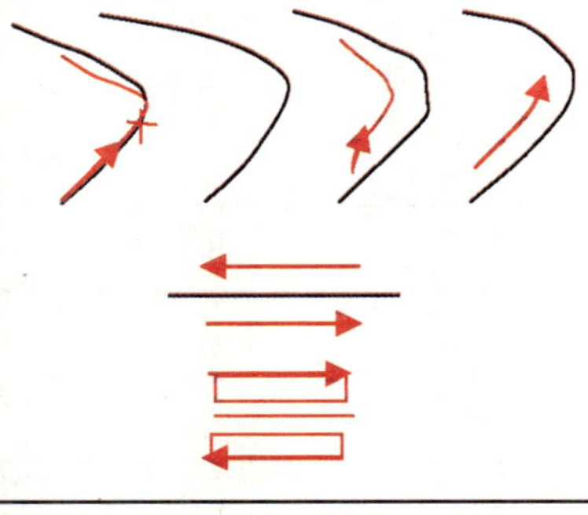	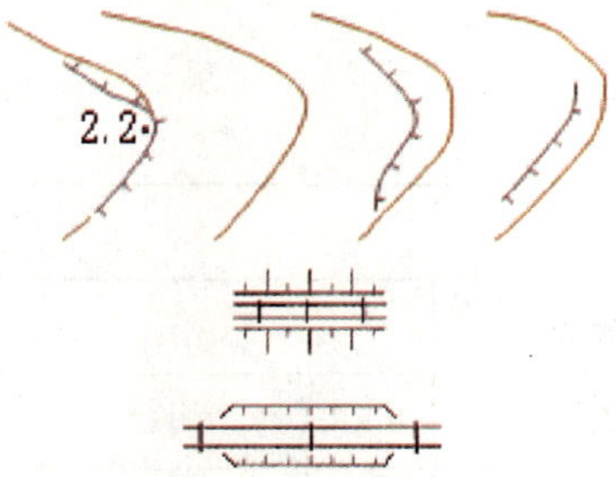

相关要素	
关系	
备注	

要素名称 田坎、路堑、沟堑、路堤—已加固
要素描述 山坡、谷地、路旁、沟旁人工修筑的已加固梯田坎、路堑、沟堑、路堤。
要素分类代码 760202

属性表

属性名称	属性描述	数据类型 字段要求	属性值域或示例	约束/条件	备注
代码	要素分类代码及第七位的图形代码	长整型 10	7602022/7602023/7602024	M	
类型	田坎/路堑/沟堑/路堤的类型	字符型 4	田坎/路堑/沟堑/路堤	M	
比高	田坎/路堑/沟堑/路堤的比高(m)	浮点型 3.2		C	
数据源	数据来源类型	字符型 10		C	
更新日期	数据更新日期	日期型		C	

几何表示

几何特征		图形代码	表示方法	属性
线		2	有向线	代码、类型、比高、数据源、更新日期
复合	面	3	范围线构成的面	代码、类型、比高、数据源、更新日期
	线	4	坡顶线(有向线)	代码

几何表示示例	制图表示示例
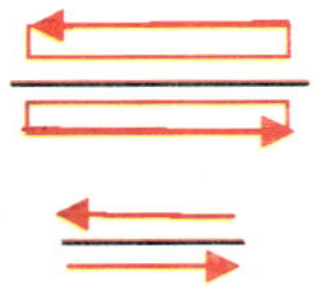	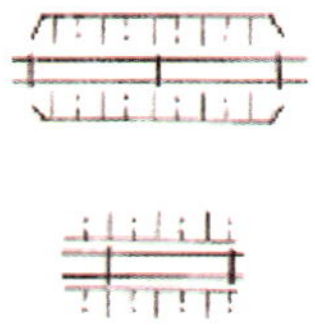

相关要素	
关系	
备注	

要素名称 石垄

要素描述 在山坡或河滩地上，用大小不同的石块，由人工堆积而成的狭长石围。

要素分类代码 760301

属性表

属性名称	属性描述	数据类型 字段要求	属性值域或示例	约束/条件	备注
代码	要素分类代码及第七位的图形代码	长整型 10	7603012/7603013/7603014	M	
数据源	数据来源类型	字符型 10		C	
更新日期	数据更新日期	日期型		C	

几何表示

几何特征		图形代码	表示方法	属性
线		2	中心线	代码、数据源、更新日期
复合	线	4	中心线	代码
	面	3	范围线构成的面	代码、数据源、更新日期

几何表示示例	制图表示示例
	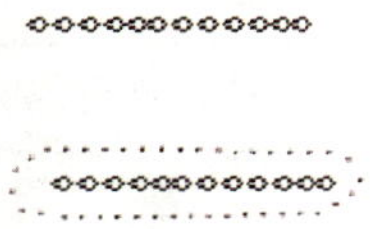

相关要素	
关系	
备注	

要素名称　土垄

要素描述　在山坡或河滩地上，由人工堆积的狭长土围。

要素分类代码　760302

属性表

属性名称	属性描述	数据类型字段要求	属性值域或示例	约束/条件	备注
代码	要素分类代码及第七位的图形代码	长整型 10	7603022	M	
比高	地物顶部至地物基部的高度(m)	浮点型 3.2		C	
宽度	土垄坡脚宽度(m)	浮点型 3.2		C	
数据源	数据来源类型	字符型 10		C	
更新日期	数据更新日期	日期型		C	

几何表示

几何特征	图形代码	表示方法	属性
线	2	中心线	代码、比高、宽度、数据源、更新日期

几何表示示例	制图表示示例
	制图不表示

相关要素	
关系	
备注	

要素名称　地类界

要素描述　各类植被用地或地物分布的范围界线。

要素分类代码　810100

属性表

属性名称	属性描述	数据类型 字段要求	属性值域或示例	约束/条件	备注
代码	要素分类代码及第七位的图形代码	长整型 10	8101002	M	
类型	地类界的类型	字符型 10	植被/地物/水系/地貌	M	
数据源	数据来源类型	字符型 10		C	
更新日期	数据更新日期	日期型		C	

几何表示

几何特征	图形代码	表示方法	属性
线	2	线	代码、类型、数据源、更新日期

几何表示示例	制图表示示例

相关要素	
关系	
备注	

要素名称　田埂

要素描述　田块与田块之间便于人走路或蓄水用的高起的长条地方。

要素分类代码　810200

属性表

属性名称	属性描述	数据类型 字段要求	属性值域或示例	约束/条件	备注
代码	要素分类代码及第七位的图形代码	长整型 10	8102002/8102003	M	
数据源	数据来源类型	字符型 10		C	
更新日期	数据更新日期	日期型		C	

几何表示

几何特征	图形代码	表示方法	属性
线	2	线	代码、数据源、更新日期
面	3	范围线构成的面	代码、数据源、更新日期

几何表示示例	制图表示示例
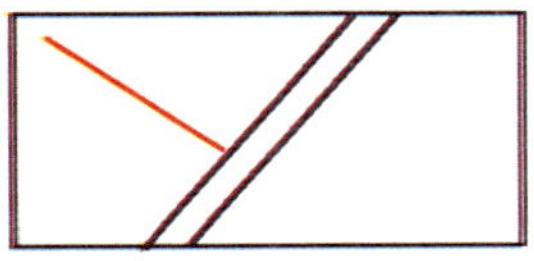	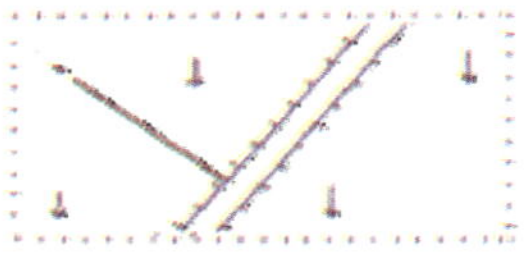

相关要素	
关系	
备注	

要素名称　稻田

要素描述　种植水稻的耕地。

要素分类代码　810301

属性表

属性名称	属性描述	数据类型 字段要求	属性值域或示例	约束/条件	备注
代码	要素分类代码及第七位的图形代码	长整型 10	8103013	M	
数据源	数据来源类型	字符型 10		C	
更新日期	数据更新日期	日期型		C	

几何表示

几何特征	图形代码	表示方法	属性
面	3	范围线构成的面	代码、数据源、更新日期

几何表示示例	制图表示示例
	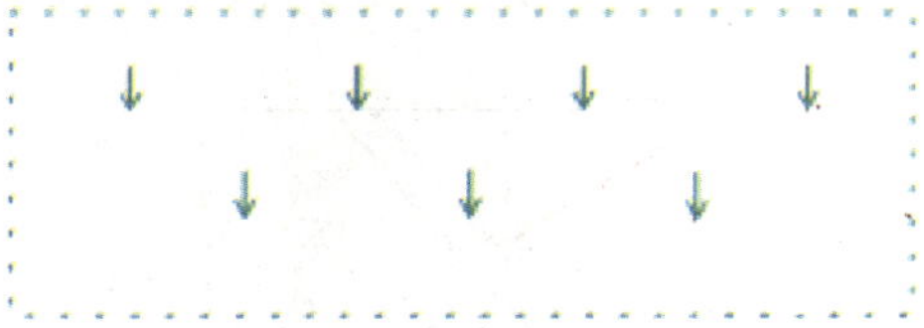

相关要素	地类界
关系	连接
备注	

要素名称 旱地

要素描述 稻田以外的农作物耕种地，包括撂荒未满三年的轮歇地。

要素分类代码 810302

属性表

属性名称	属性描述	数据类型 字段要求	属性值域或示例	约束/条件	备注
代码	要素分类代码及第七位的图形代码	长整型 10	8103023	M	
数据源	数据来源类型	字符型 10		C	
更新日期	数据更新日期	日期型		C	

几何表示

几何特征	图形代码	表示方法	属性
面	3	范围线构成的面	代码、数据源、更新日期

几何表示示例	制图表示示例

相关要素	地类界
关系	连接
备注	

要素名称 菜地
要素描述 以种植蔬菜为主的耕地。
要素分类代码 810303

属性表

属性名称	属性描述	数据类型 字段要求	属性值域或示例	约束/条件	备注
代码	要素分类代码及第七位的图形代码	长整型 10	8103033	M	
数据源	数据来源类型	字符型 10		C	
更新日期	数据更新日期	日期型		C	

几何表示

几何特征	图形代码	表示方法	属性
面	3	范围线构成的面	代码、数据源、更新日期

几何表示示例	制图表示示例

相关要素	地类界
关系	连接
备注	

要素名称 水生作物地

要素描述 比较固定的以种植水生作物为主的用地，如菱角、莲藕、茭白地等。

要素分类代码 810304

属性表

属性名称	属性描述	数据类型 字段要求	属性值域或示例	约束/条件	备注
代码	要素分类代码及第七位的图形代码	长整型 10	8103043	M	
类型	水生作物类型	字符型 4	菱角/莲藕/茭白/其他	C	
状态	水生作物地状态	字符型 20	常年积水/非常年积水	M	
数据源	数据来源类型	字符型 10		C	
更新日期	数据更新日期	日期型		C	

几何表示

几何特征	图形代码	表示方法	属性
面	3	范围线构成的面	代码、类型、状态、数据源、更新日期

几何表示示例	制图表示示例
	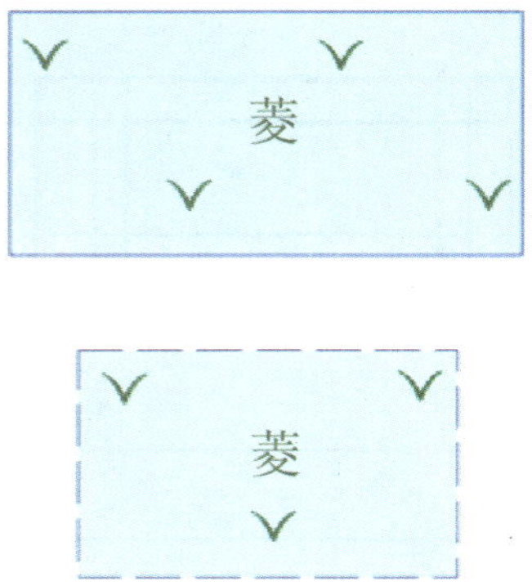

相关要素	地类界、河流、湖泊
关系	包含、连接
备注	

要素名称 台田、条田

要素描述 台田指土壤含盐、碱成分较重地区(非盐碱地),为改造土壤挖有排盐、排碱沟渠的地面抬高的农田;条田指在平原地区,由各级灌排渠道和道路合理布局形成便于机械化作业和灌溉、排水的条状农田。

要素分类代码 810305

属性表

属性名称	属性描述	数据类型 字段要求	属性值域或示例	约束/条件	备注
代码	要素分类代码及第七位的图形代码	长整型 10	8103053	M	
类型	台田、条田的类型	字符型 10	台田/条田	M	
数据源	数据来源类型	字符型 10		C	
更新日期	数据更新日期	日期型		C	

几何表示

几何特征	图形代码	表示方法	属性
面	3	范围线构成的面	代码、类型、数据源、更新日期

几何表示示例	制图表示示例
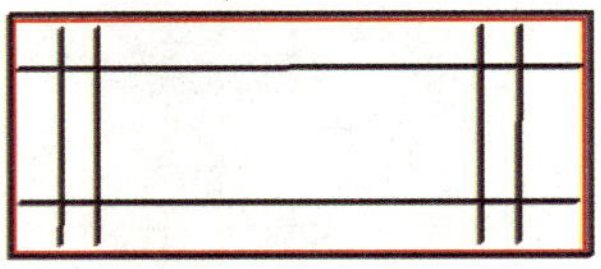	

相关要素	地类界
关系	连接
备注	

要素名称　果园

要素描述　以种植果树为主，集约经营的多年生木本和草本作物，覆盖度大于50%或每亩株数大于合理株数70%的土地。

要素分类代码　810401

属性表

属性名称	属性描述	数据类型 字段要求	属性值域或示例	约束/条件	备注
代码	要素分类代码及第七位的图形代码	长整型 10	8104013	M	
种类	果树种类	字符型 4	“桃”	M	
数据源	数据来源类型	字符型 10		C	
更新日期	数据更新日期	日期型		C	

几何表示

几何特征	图形代码	表示方法	属性
面	3	范围线构成的面	代码、种类、数据源、更新日期

几何表示示例	制图表示示例
	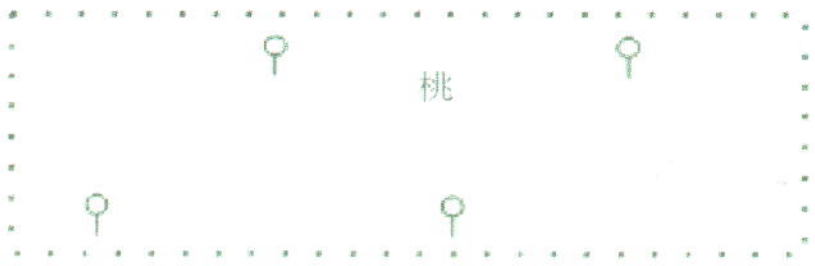

相关要素	地类界
关系	连接
备注	

要素名称 桑园

要素描述 以种植桑树为主，集约经营的多年生木本和草本作物，覆盖度大于50%或每亩株数大于合理株数70%的土地。

要素分类代码 810402

属性表

属性名称	属性描述	数据类型 字段要求	属性值域或示例	约束/条件	备注
代码	要素分类代码及第七位的图形代码	长整型 10	8104023	M	
数据源	数据来源类型	字符型 10		C	
更新日期	数据更新日期	日期型		C	

几何表示

几何特征	图形代码	表示方法	属性
面	3	范围线构成的面	代码、数据源、更新日期

几何表示示例	制图表示示例

相关要素	地类界
关系	连接
备注	

要素名称 茶园

要素描述 以种植茶树为主的园地，集约经营的多年生木本和草本作物，覆盖度大于50%或每亩株数大于合理株数70%的土地。

要素分类代码 810403

属性表

属性名称	属性描述	数据类型 字段要求	属性值域或示例	约束/条件	备注
代码	要素分类代码及第七位的图形代码	长整型 10	8104033	M	
数据源	数据来源类型	字符型 10		C	
更新日期	数据更新日期	日期型		C	

几何表示

几何特征	图形代码	表示方法	属性
面	3	范围线构成的面	代码、数据源、更新日期

几何表示示例	制图表示示例

相关要素	地类界
关系	连接
备注	

要素名称 橡胶园

要素描述 以种植橡胶为主，集约经营的多年生木本和草本作物，覆盖度大于50%或每亩株数大于合理株数70%的土地。

要素分类代码 810404

属性表

属性名称	属性描述	数据类型 字段要求	属性值域或示例	约束/条件	备注
代码	要素分类代码及第七位的图形代码	长整型 10	8104043	M	
数据源	数据来源类型	字符型 10		C	
更新日期	数据更新日期	日期型		C	

几何表示

几何特征	图形代码	表示方法	属性
面	3	范围线构成的面	代码、数据源、更新日期

几何表示示例	制图表示示例
	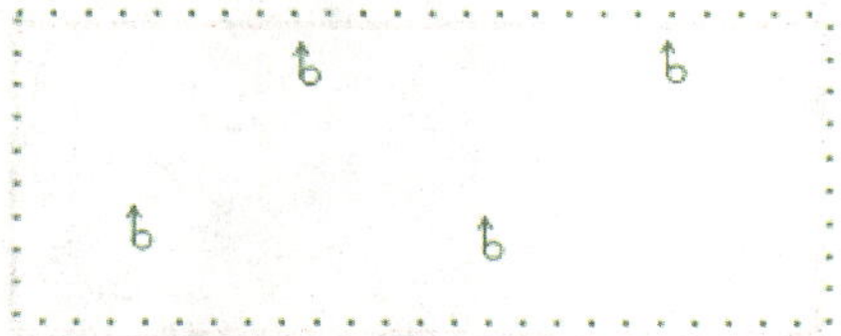

相关要素	地类界
关系	连接
备注	

要素名称 其他园地

要素描述 以种植比较固定的多年生长植物，如甘蔗、麻类、香蕉、药材、香茅草、啤酒花、可可、咖啡、胡椒、油棕等为主，集约经营的多年生木本和草本作物，覆盖度大于50%或每亩株数大于合理株数70%的土地。

要素分类代码 810405

属性表

属性名称	属性描述	数据类型 字段要求	属性值域或示例	约束/条件	备注
代码	要素分类代码及第七位的图形代码	长整型 10	8104053	M	
种类	其他园地种植作物种类	字符型 4		C	
数据源	数据来源类型	字符型 10		C	
更新日期	数据更新日期	日期型		C	

几何表示

几何特征	图形代码	表示方法	属性
面	3	范围线构成的面	代码、种类、数据源、更新日期

几何表示示例	制图表示示例
	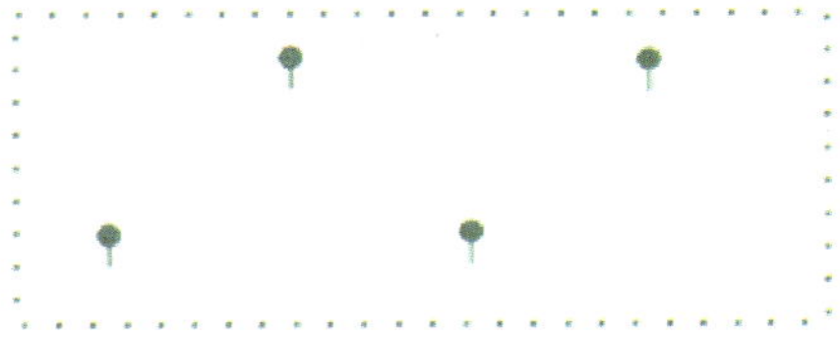

相关要素	地类界
关系	连接
备注	

要素名称 成林

要素描述 林木进入成熟期，郁闭度（树冠覆盖地面的程度）在0.3（不含0.3）以上，林龄在20年以上，已构成稳定的林分（林木的内部结构特征），能影响周围环境的生物群落。

要素分类代码 810501

属性表

属性名称	属性描述	数据类型 字段要求	属性值域或示例	约束/条件	备注
代码	要素分类代码及第七位的图形代码	长整型 10	8105013	M	
种类	林木种类	字符型 10	针/阔/针阔混交林	C	
树种	树木品种	字符型 4		C	
树高	估计的树木平均高度(m)	浮点型 2.1		C	
数据源	数据来源类型	字符型 10		C	
更新日期	数据更新日期	日期型		C	

几何表示

几何特征	图形代码	表示方法	属性
面	3	范围线构成的面	代码、种类、树种、树高、数据源、更新日期

几何表示示例	制图表示示例
	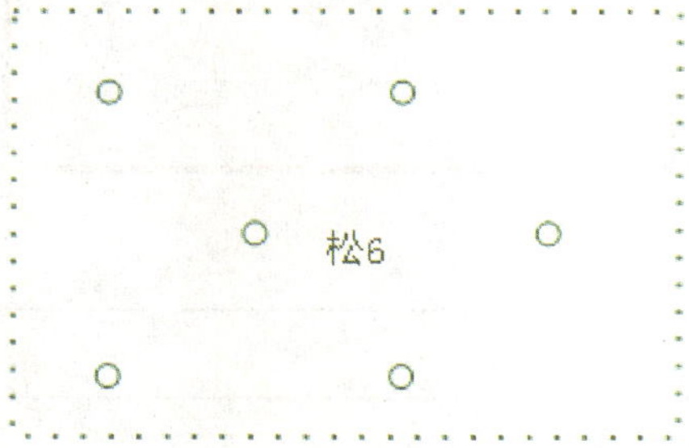

相关要素	地类界
关系	连接
备注	

要素名称 幼林

要素描述 林木处于生长发育阶段,郁闭度在 0.3(不含 0.3)以上,通常树龄在 20 年以下,尚未达到成熟的林分。

要素分类代码 810502

属性表

属性名称	属性描述	数据类型 字段要求	属性值域或示例	约束/条件	备注
代码	要素分类代码及第七位的图形代码	长整型 10	8105023	M	
数据源	数据来源类型	字符型 10		C	
更新日期	数据更新日期	日期型		C	

几何表示

几何特征	图形代码	表示方法	属性
面	3	范围线构成的面	代码、数据源、更新日期

几何表示示例	制图表示示例

相关要素	地类界
关系	连接
备注	

要素名称 灌木林
要素描述 成片生长、无明显主干、枝叉丛生的木本植物地。
要素分类代码 810503

属性表

属性名称	属性描述	数据类型字段要求	属性值域或示例	约束/条件	备注
代码	要素分类代码及第七位的图形代码	长整型 10	8105031/8105032/8105033	M	
郁闭度	灌木树冠覆盖地面的程度	字符型 6	密集/稀疏	M	
数据源	数据来源类型	字符型 10		C	
更新日期	数据更新日期	日期型		C	

几何表示

几何特征	图形代码	表示方法	属性
点	1	定位点	代码、数据源、更新日期
线	2	中心线	代码、数据源、更新日期
面	3	范围线构成的面	代码、郁闭度、数据源、更新日期

几何表示示例	制图表示示例
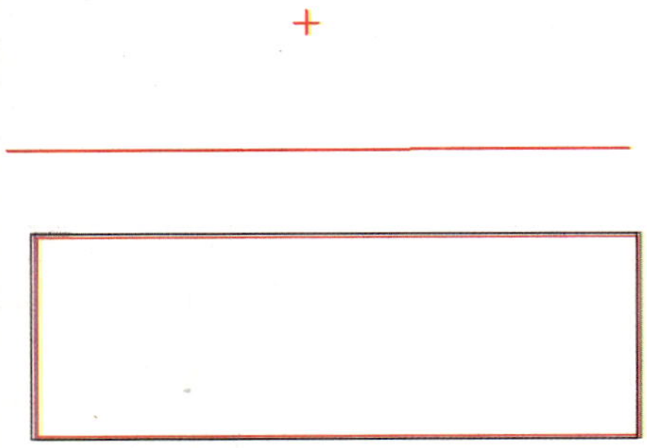	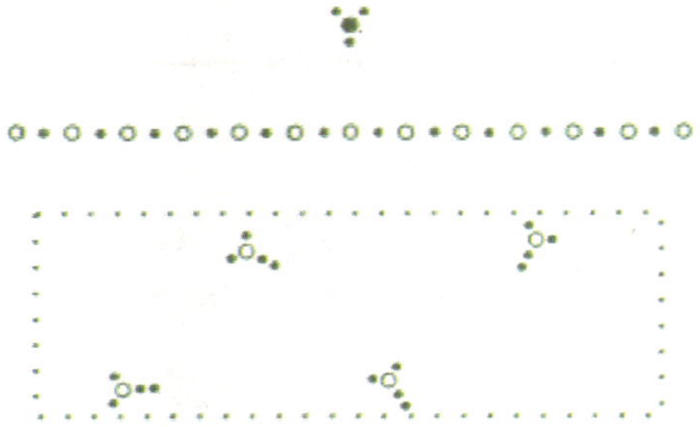

相关要素	地类界
关系	连接
备注	

要素名称 竹林

要素描述 以生长竹子为主的林地。

要素分类代码 810504

属性表

属性名称	属性描述	数据类型 字段要求	属性值域或示例	约束/条件	备注
代码	要素分类代码及第七位的图形代码	长整型 10	8105041/8105042/8105043	M	
数据源	数据来源类型	字符型 10		C	
更新日期	数据更新日期	日期型		C	

几何表示

几何特征	图形代码	表示方法	属性
点	1	定位点	代码、数据源、更新日期
线	2	中心线	代码、数据源、更新日期
面	3	范围线构成的面	代码、数据源、更新日期

几何表示示例	制图表示示例
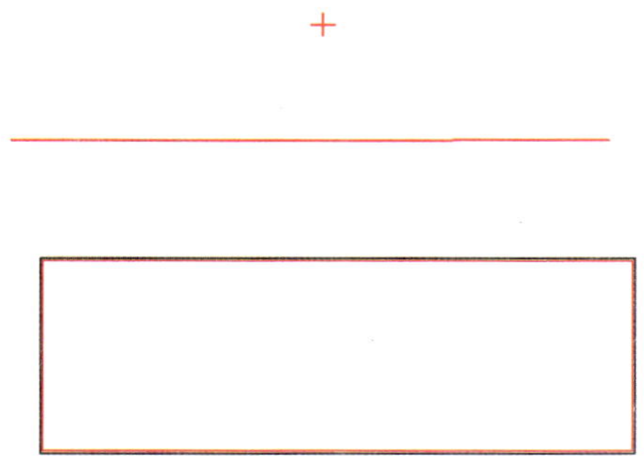	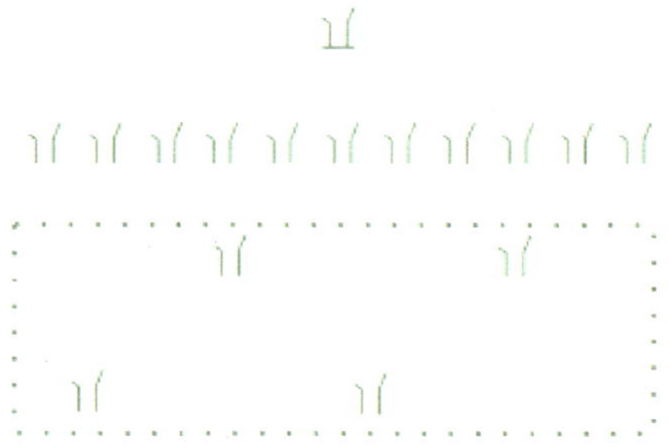

相关要素	地类界
关系	连接
备注	

要素名称 疏林

要素描述 树木郁闭度在 0.1～0.3 的林地。

要素分类代码 810505

属性表

属性名称	属性描述	数据类型 字段要求	属性值域或示例	约束/条件	备注
代码	要素分类代码及第七位的图形代码	长整型 10	8105053	M	
数据源	数据来源类型	字符型 10		C	
更新日期	数据更新日期	日期型		C	

几何表示

几何特征	图形代码	表示方法	属性
面	3	范围线构成的面	代码、数据源、更新日期

几何表示示例	制图表示示例

相关要素	
关系	
备注	

要素名称 迹地
要素描述 林地采伐后或火烧后 5 年内未更新的土地。
要素分类代码 810506

属性表

属性名称	属性描述	数据类型 字段要求	属性值域或示例	约束/条件	备注
代码	要素分类代码及第七位的图形代码	长整型 10	8105063	M	
数据源	数据来源类型	字符型 10		C	
更新日期	数据更新日期	日期型		C	

几何表示

几何特征	图形代码	表示方法	属性
面	3	范围线构成的面	代码、数据源、更新日期

几何表示示例	制图表示示例

相关要素	
关系	
备注	

要素名称　苗圃
要素描述　固定的林木育苗地。
要素分类代码　810507

属性表

属性名称	属性描述	数据类型 字段要求	属性值域或示例	约束/条件	备注
代码	要素分类代码及第七位的图形代码	长整型 10	8105073	M	
数据源	数据来源类型	字符型 10		C	
更新日期	数据更新日期	日期型		C	

几何表示

几何特征	图形代码	表示方法	属性
面	3	范围线构成的面	代码、数据源、更新日期

几何表示示例	制图表示示例
	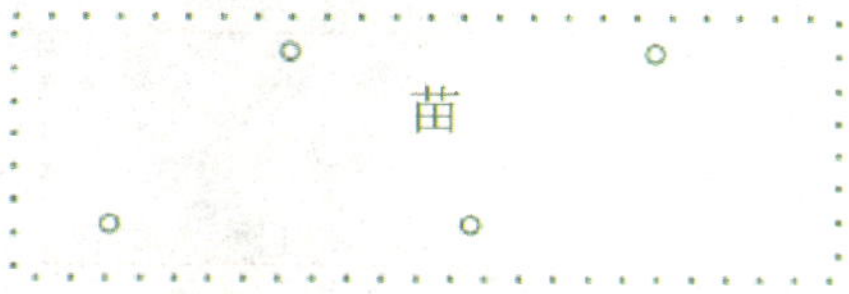

相关要素	地类界
关系	连接
备注	

要素名称 防火带

要素描述 林区、草原中为防止火灾蔓延而开辟的空道。

要素分类代码 810508

属性表

属性名称	属性描述	数据类型 字段要求	属性值域或示例	约束/条件	备注
代码	要素分类代码及第七位的图形代码	长整型 10	8105083	M	
数据源	数据来源类型	字符型 10		C	
更新日期	数据更新日期	日期型		C	

几何表示

几何特征	图形代码	表示方法	属性
面	3	范围线构成的面	代码、数据源、更新日期

几何表示示例	制图表示示例

相关要素	林地
关系	连接
备注	

要素名称 零星树木

要素描述 杂生在灌木林、草地中或散生在田间、水边、村落附近等处的树木。

要素分类代码 810509

属性表

属性名称	属性描述	数据类型 字段要求	属性值域或示例	约束/条件	备注
代码	要素分类代码及第七位的图形代码	长整型 10	8105091	M	
数据源	数据来源类型	字符型 10		C	
更新日期	数据更新日期	日期型		C	

几何表示

几何特征	图形代码	表示方法	属性
点	1	定位点	代码、数据源、更新日期

几何表示示例	制图表示示例

相关要素	
关系	
备注	

要素名称 行树
要素描述 沿道路、沟渠和其他线状地物一侧或两侧种植的成行树木或狭长灌木林。
要素分类代码 810510

属性表

属性名称	属性描述	数据类型 字段要求	属性值域或示例	约束/条件	备注
代码	要素分类代码及第七位的图形代码	长整型 10	8105102	M	
类型	行树的类型	字符型 4	乔木/灌木	M	
数据源	数据来源类型	字符型 10		C	
更新日期	数据更新日期	日期型		C	

几何表示

几何特征	图形代码	表示方法	属性
线	2	中心线	代码、类型、数据源、更新日期

几何表示示例	制图表示示例
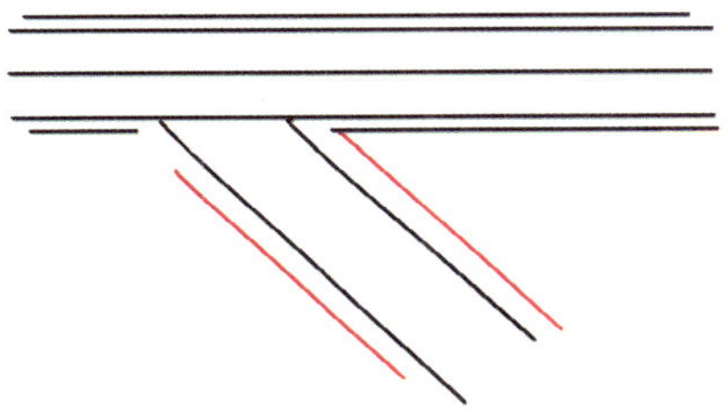	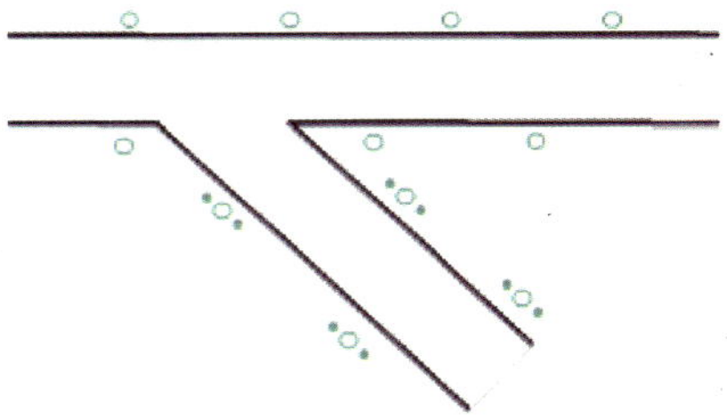

相关要素	
关系	
备注	

要素名称 独立树

要素描述 有良好方位意义的或著名的单棵树。

要素分类代码 810511

属性表

属性名称	属性描述	数据类型 字段要求	属性值域或示例	约束/条件	备注
代码	要素分类代码及第七位的图形代码	长整型 10	8105111	M	
类型	独立树类型	字符型 6	针叶/阔叶/棕榈/椰子/槟榔/果树	M	
数据源	数据来源类型	字符型 10		C	
更新日期	数据更新日期	日期型		C	

几何表示

几何特征	图形代码	表示方法	属性
点	1	定位点	代码、类型、数据源、更新日期

几何表示示例	制图表示示例

相关要素	
关系	
备注	

要素名称 独立树丛
要素描述 有方位意义的树丛。
要素分类代码 810512

属性表

属性名称	属性描述	数据类型 字段要求	属性值域或示例	约束/条件	备注
代码	要素分类代码及第七位的图形代码	长整型 10	8105121	M	
类型	独立树丛类型	字符型 6	针叶/阔叶/针阔混交/棕榈	M	
数据源	数据来源类型	字符型 10		C	
更新日期	数据更新日期	日期型		C	

几何表示

几何特征	图形代码	表示方法	属性
点	1	定位点	代码、类型、数据源、更新日期

几何表示示例	制图表示示例
+	制图不表示

相关要素	
关系	
备注	

要素名称 特殊树

要素描述 文物管理部门确定的有特殊保护意义的树木。

要素分类代码 810513

属性表

属性名称	属性描述	数据类型 字段要求	属性值域或示例	约束/条件	备注
代码	要素分类代码及第七位的图形代码	长整型 10	8105131	M	
编号	特殊树编号	字符型 6		M	
类型	特殊树类型	字符型 6	针叶/阔叶/棕榈/椰子/槟榔/果树	M	
数据源	数据来源类型	字符型 10		C	
更新日期	数据更新日期	日期型		C	

几何表示

几何特征	图形代码	表示方法	属性
点	1	定位点	代码、编号、类型、数据源、更新日期

几何表示示例	制图表示示例
	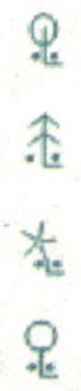

相关要素	
关系	
备注	

要素名称 高草地
要素描述 以生长芦苇、席草、芒草、芨芨草和其他高杆草本植物为主的草地。
要素分类代码 810601

属性表

属性名称	属性描述	数据类型 字段要求	属性值域或示例	约束/条件	备注
代码	要素分类代码及第七位的图形代码	长整型 10	8106013	M	
类型	植物类型	字符型 6	芦苇/芒草/芨芨草/茅草/蒲草/茴草/席草	C	
数据源	数据来源类型	字符型 10		C	
更新日期	数据更新日期	日期型		C	

几何表示

几何特征	图形代码	表示方法	属性
面	3	范围线构成的面	代码、类型、数据源、更新日期

几何表示示例	制图表示示例
	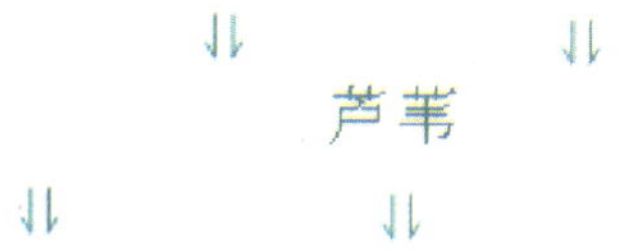

相关要素	
关系	
备注	

要素名称 草地
要素描述 以生长草本植物为主的土地。
要素分类代码 810602

属性表

属性名称	属性描述	数据类型 字段要求	属性值域或示例	约束/条件	备注
代码	要素分类代码及第七位的图形代码	长整型 10	8106023	M	
类型	草地的类型	字符型 10	天然草地/改良草地/人工牧草地	M	
数据源	数据来源类型	字符型 10		C	
更新日期	数据更新日期	日期型		C	

几何表示

几何特征	图形代码	表示方法	属性
面	3	范围线构成的面	代码、类型、数据源、更新日期

几何表示示例	制图表示示例

相关要素	
关系	
备注	

要素名称　半荒草地

要素描述　草类生长比较稀疏，覆盖度在20%～50%的草地。

要素分类代码　810603

属性表

属性名称	属性描述	数据类型 字段要求	属性值域或示例	约束/条件	备注
代码	要素分类代码及第七位的图形代码	长整型 10	8106033	M	
数据源	数据来源类型	字符型 10		C	
更新日期	数据更新日期	日期型		C	

几何表示

几何特征	图形代码	表示方法	属性
面	3	范围线构成的面	代码、数据源、更新日期

几何表示示例	制图表示示例

相关要素	
关系	
备注	

要素名称 荒草地
要素描述 植物特别稀少，其覆盖度在5%～20%的土地。
要素分类代码 810604

属性表

属性名称	属性描述	数据类型 字段要求	属性值域或示例	约束/条件	备注
代码	要素分类代码及第七位的图形代码	长整型 10	8106043	M	
数据源	数据来源类型	字符型 10		C	
更新日期	数据更新日期	日期型		C	

几何表示

几何特征	图形代码	表示方法	属性
面	3	范围线构成的面	代码、数据源、更新日期

几何表示示例	制图表示示例

相关要素	
关系	
备注	

要素名称 人工绿地

要素描述 人工种植的花草地。

要素分类代码 820100

属性表

属性名称	属性描述	数据类型 字段要求	属性值域或示例	约束/条件	备注
代码	要素分类代码及第七位的图形代码	长整型 10	8201003	M	
数据源	数据来源类型	字符型 10		C	
更新日期	数据更新日期	日期型		C	

几何表示

几何特征	图形代码	表示方法	属性
面	3	范围线构成的面	代码、数据源、更新日期

几何表示示例	制图表示示例

相关要素	
关系	
备注	

要素名称 花圃、花坛

要素描述 用来美化庭院，种植花卉的土台。

要素分类代码 820200

属性表

属性名称	属性描述	数据类型 字段要求	属性值域或示例	约束/条件	备注
代码	要素分类代码及第七位的图形代码	长整型 10	8202003	M	
数据源	数据来源类型	字符型 10		C	
更新日期	数据更新日期	日期型		C	

几何表示

几何特征	图形代码	表示方法	属性
面	3	范围线构成的面	代码、数据源、更新日期

几何表示示例	制图表示示例

相关要素	地类界
关系	连接
备注	

要素名称　盐碱地

要素描述　盐碱聚积的地面。

要素分类代码　830100

属性表

属性名称	属性描述	数据类型 字段要求	属性值域或示例	约束/条件	备注
代码	要素分类代码及第七位的图形代码	长整型 10	8301003	M	
数据源	数据来源类型	字符型 10		C	
更新日期	数据更新日期	日期型		C	

几何表示

几何特征	图形代码	表示方法	属性
面	3	范围线构成的面	代码、数据源、更新日期

几何表示示例	制图表示示例

相关要素	
关系	
备注	

要素名称 小草丘地

要素描述 在沼泽、草原和荒漠地区长有草类或灌木的小丘成群分布的地面。

要素分类代码 830200

属性表

属性名称	属性描述	数据类型 字段要求	属性值域或示例	约束/条件	备注
代码	要素分类代码及第七位的图形代码	长整型 10	8302003	M	
数据源	数据来源类型	字符型 10		C	
更新日期	数据更新日期	日期型		C	

几何表示

几何特征	图形代码	表示方法	属性
面	3	范围线构成的面	代码、数据源、更新日期

几何表示示例	制图表示示例
	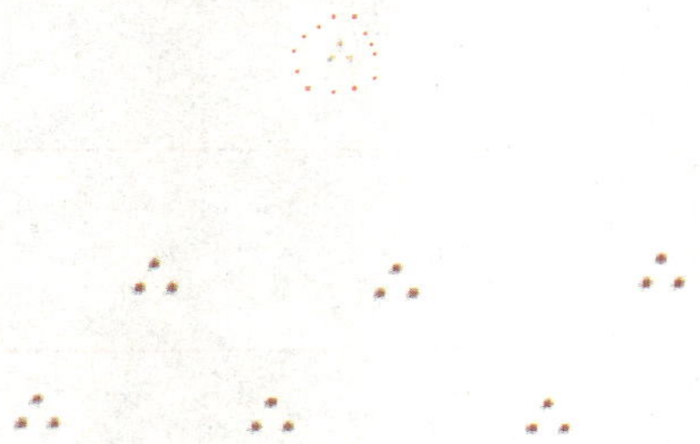

相关要素	
关系	
备注	

要素名称 龟裂地
要素描述 粘土地表水分被强烈蒸发后而形成坚硬网状裂隙，类似龟纹的泥裂地面。
要素分类代码 830301

属性表

属性名称	属性描述	数据类型 字段要求	属性值域或示例	约束/条件	备注
代码	要素分类代码及第七位的图形代码	长整型 10	8303013	M	
数据源	数据来源类型	字符型 10		C	
更新日期	数据更新日期	日期型		C	

几何表示

几何特征	图形代码	表示方法	属性
面	3	范围线构成的面	代码、数据源、更新日期

几何表示示例	制图表示示例

相关要素	
关系	
备注	

要素名称　沙砾地、戈壁滩

要素描述　沙砾地指沙和砾石混合分布的地段；戈壁滩指地表几乎全为砾石覆盖的地段。

要素分类代码　830401

属性表

属性名称	属性描述	数据类型 字段要求	属性值域或示例	约束/条件	备注
代码	要素分类代码及第七位的图形代码	长整型 10	8304013	M	
名称	沙砾地、戈壁滩名称	字符型 60		C	
数据源	数据来源类型	字符型 10		C	
更新日期	数据更新日期	日期型		C	

几何表示

几何特征	图形代码	表示方法	属性
面	3	范围线构成的面	代码、名称、数据源、更新日期

几何表示示例	制图表示示例
	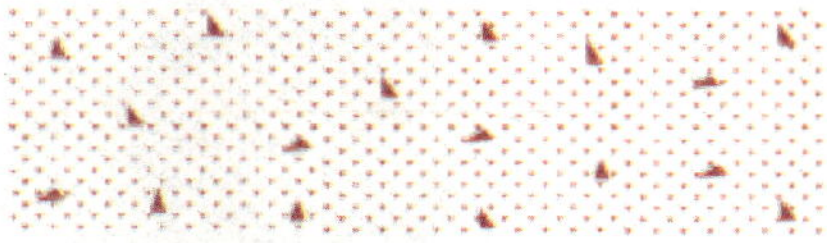

相关要素	
关系	
备注	

要素名称　石块地
要素描述　岩石受风化作用而形成的石块堆积地面。
要素分类代码　830402

属性表

属性名称	属性描述	数据类型字段要求	属性值域或示例	约束/条件	备注
代码	要素分类代码及第七位的图形代码	长整型 10	8304023	M	
数据源	数据来源类型	字符型 10		C	
更新日期	数据更新日期	日期型		C	

几何表示

几何特征	图形代码	表示方法	属性
面	3	范围线构成的面	代码、数据源、更新日期

几何表示示例	制图表示示例

相关要素	
关系	
备注	

要素名称 残丘地

要素描述 由于风蚀或其他原因形成的成群石质(或土质)小丘。

要素分类代码 830403

属性表

属性名称	属性描述	数据类型 字段要求	属性值域或示例	约束/条件	备注
代码	要素分类代码及第七位的图形代码	长整型 10	8304033	M	
数据源	数据来源类型	字符型 10		C	
更新日期	数据更新日期	日期型		C	

几何表示

几何特征	图形代码	表示方法	属性
面	3	范围线构成的面	代码、数据源、更新日期

几何表示示例	制图表示示例
	制图不表示

相关要素	
关系	
备注	

要素分类代码索引

1

2

3

5

6

7

8

中 文 索 引

F

G

T

W

X

Y

Z